控制工程项目指南

——过程自动化工程

Kongzhi Gongcheng Xiangmu Zhinan —— Guocheng Zidonghua Gongcheng

西门子杯全国大学生控制大赛组委会

孙洪程　马　昕　谢　非　编

高等教育出版社·北京
HIGHER EDUCATION PRESS　BEIJING

内容简介

刚毕业的大学生或初入工程领域的新人，往往会产生工程是什么、怎样做工程、工程项目都包含哪些工作、如何开始一个工程项目等问题，实际上这些问题正是由学术思维向工程思维转化时不可避免的问题。 为了给自动化专业的新人一个框架式的、提纲挈领的工程项目引导，本书将自动化工程项目所涉及的主要内容，按照项目实施过程分别加以介绍。

本书分别从项目流程、系统分析、工程设计、工程实施、试运行及验收和项目管理这几个方面介绍了自动化工程项目所涉及的主要内容。 书中结合工程项目的各部分内容，介绍了西门子杯全国大学生控制大赛优秀参赛作品的例子作为参考案例。

图书在版编目(CIP)数据

控制工程项目指南——过程自动化工程/孙洪程,马昕,谢非编．—北京：高等教育出版社，2011.10

ISBN 978-7-04-032255-2

Ⅰ.①控… Ⅱ.①孙… ②马… ③谢… Ⅲ.①过程控制-高等学校-教材 Ⅳ.①TP273

中国版本图书馆 CIP 数据核字(2011)第 186011 号

策划编辑 韩 颖　责任编辑 王耀锋　封面设计 于文燕　版式设计 马敬茹
插图绘制 尹 莉　责任校对 刘 莉　责任印制 田 甜

出版发行 高等教育出版社
社　　址 北京市西城区德外大街4号
邮政编码 100120
印　　刷 北京铭传印刷有限公司
开　　本 787mm×1092mm 1/16
印　　张 13.5
字　　数 290千字
购书热线 010-58581118
咨询电话 400-810-0598
网　　址 http://www.hep.edu.cn
　　　　 http://www.hep.com.cn
网上订购 http://www.landraco.com
　　　　 http://www.landraco.com.cn
版　　次 2011年10月第1版
印　　次 2011年10月第1次印刷
定　　价 25.60元

物 料 号 32255-00

前　言

学完了4年的自动化专业，你知道真实世界里的自动化工程项目是怎么进行的吗？为什么上课学得很好，但是在工程项目中遇到实际问题就不知道从何下手呢？学校的实践教学环节与真实世界的自动化工程项目相比，差异到底在哪里？

自动化工程项目是什么？怎样做一个自动化工程项目？自动化工程项目都要经历什么环节？自动化工程项目过程是怎样的？怎样才能做出成熟的、能让甲方满意的自动化工程项目？

与国外优秀的自动化工程师相比，我们的工程师主要欠缺在哪里了？

这是一本关于讲述如何进行（过程）自动化工程项目的入门书，是一本指南。书中会对上述问题给出一些描述，是一本写给即将进入社会的高等院校自动化专业学生的一本从业指导书。

在这本书里，我们将告诉你：

一项完整的自动化工程项目全流程中需要经历哪些？注意哪些？

在工程项目分析过程中，哪些工具和方法可以帮助你理清思路？

在工程项目设计过程中，如何进行设备选型以及总体设计、基础控制系统设计、安全控制系统设计、人机界面设计、电气设计等各项设计工作？如何使用符合行业标准的符号来表达设计意图？

在项目实施过程中，如何进行信号接线、组态、编程、调试和质量监督等相关工作？都需要注意哪些问题？

如何进行自动化工程项目管理？

当然，本书的最后还将提供一个工程案例供参考。

本书试图帮助刚刚进入工程领域的人，特别是刚刚毕业的大学生，建立起一个工程项目的轮廓，帮助学生建立其工程思维。学会用工程思维面对工程问题。同时该书附录中介绍了著名的西门子杯全国大学生控制大赛，这是一项由教育部高等学校自动化专业教学指导分委员会主办的赛事。这是一项以工程应用为主导的赛事，注重工程的可实施性、方案的合理性、技术的创新性。这项赛事对学生的工程教育是十分有益的。

如果你准备出国、准备考公务员、准备做销售，这本书不适合你。

但是，如果你准备成长为一名优秀的自动化工程师，那么，这本书可以帮到你！

华东理工大学顾幸生教授，宝钢集团有限公司任德祥教授对本书进行了审阅，提出了非常宝贵的意见，在此表示非常感谢。

参与本书编写的人员还有：李文博、王平、杨钊、杨天治。

作者

于2011年2月

目　录

第 0 章

绪　　论

——卓越工程师培养的一些思考

0.1 卓越工程人才培养正在成为中国高等教育的主流

不可否认的是，任何一个大国都会把工业水平作为衡量综合国力的一项重要参数。对于人口和地域都庞大的中国来说，更是要以雄厚的工业基础作为民族振兴的基础。随着“中国制造”在全球的广泛传播，中国正在世界舞台上扮演越来越重要的角色。

然而，随着这几年国际竞争的加剧和国际环境的变化，“中国制造”同样开始面临巨大的挑战。因为，缺乏自主创新能力、高端设计能力和研发能力的低端制造业其本质是一个代加工行业，在整个产业链中处于非常不利的地位。中国要想真正成为世界强国，制造业水平必须要提升到新的高度。

因此，胡锦涛总书记、温家宝总理等国家领导人已经明确提出了中国工业的发展方向要从制造业大国向制造业强国转型，要成为创新型、设计型大国。这是我们在面临国际生存压力下做出的正确选择。然而，国家这一宏伟战略目标是否能够实现，关键在于人才！我们国家如果没有一大批卓越的工程人才，制造业转型无从谈起。因此，从这个意义上讲，卓越工程人才的培养是国家战略转型的第一步，也将成为中国高等教育的主流之一。

正是源于此，教育部在 2010 年启动了一项重点工程——卓越工程师教育培养计划，其目的就是为了探索一条工程人才培养的中国之路。在该培养计划的指导性意见里，教育部也明确提出了对工程硕士生的要求是具备应用研发能力，博士生的要求是具备创新研究能力。这代表着中国高等教育改革的一项巨大进步。

然而，前方的道路并不平坦。卓越工程人才如何定义，如何培养，如何评价……许许多多的问题摆在我们教育工作者面前，需要我们去努力探索。

0.2 目前高等教育在工程人才培养方面面临的挑战

“千里之行，始于足下！”

挑战与机遇一向是共存的。高等教育对工程人才的重视代表了教育务实的一种回归。因此作为直接面向社会就业和企业用人需求的工程人才培养，必须要遵循务实为第一要务的原则，从人才培养的目标、体系和评估等多方面必须要与社会需求相结合。作为教育部门，我们必须时刻以服务之心满足社会、国家对人才的要求。

当前高校对工程人才培养探索中，我们认为以下几项属于关键问题。

1. 需求分析是重中之重

这是工程教育改革的方向性问题。教育部门本质上是服务部门，对人才的培养必须要遵循社会的需求和学生成才的需求。如何办出让人民满意的教育，首要问题是进行深入的教学目标需求分析，即我们要培养什么样的人才。只有对人才培养的目标明确，教育改革的各项措施才能找到正确的方向，具体教学内容的改革才能具有针对性。在教学目标的需求分析过程中，尤其要避免高校关起门来自己搞一套的做法，应当敞开大门，将社会上用人单位请进学校，倾听企业对人才的要求，结合国家对人才中长期发展的需要，建设合理的教学体系。

2. 探索新机制，努力改善工程人才培养环境与条件

工程人才培养必须依赖一流的实践环境。脱离了大量的实验、实训等实践环境，工程人才的培养只会是纸上谈兵。长期以来教育部门与产业部门的脱节，导致在现实中高校对工程人才培养缺乏良好的条件。必须因地制宜地探索出一条工程实践的新机制，努力改善工程实践环境与条件。

3. 多元化发展与多元化评价

工程人才培养应当依据各自的优势积极探索多元化发展的道路。社会需要各层次、各专业，尤其是独具个性和特色的工程型人才。就像我们要小心翼翼地保护生物的多样性一样，同样要对不同学校、不同层次和不同学生营造个性化发展的环境。与之相匹配，对工程人才培养的效果评价也同样应当是多元化的体系。

4. 工程人才培养必须以学生为中心展开教学

工程人才的培养，重点在于我们要培养的是学生的能力。知识与能力的不同，在于知识是可以在教师与学生之间进行传递，而能力只有本人的体会和理解才能完整获取。以教师为主体的教学方式的最大问题在于养成了学生靠记忆来代替学习的做法，应试模式又进一步加强了这种

做法的效果，其结果导致了能力仍然是教师的，而不是学生的。必须让学生自己去体会，自己去理解，教师只需起到引导和支持的作用。在这样的教学环境下，学生所掌握的知识与技能才是完全属于他（她）自己的，而且还有利于培养出个性化的能力。这不仅仅是“鱼”与“渔”的区别，同样也是创新能力培养的关键。

0.3 卓越工程人才能力模型

卓越工程人才能力模型是我们根据社会需求与发展所提出的理想中的工程师所应具备的各类优秀特质的集合。能力模型是在卓越工程人才培养的需求分析基础上得到的结论，是工程教育的一种朴素目标。能力模型的提出，其意义在于纠正了过去在应试教育下所形成的以知识为导向的教育体系。知识是能力的必要条件，但不是充分条件。换句话讲，一个人的知识不一定能顺利地转化为能力。现实中，许多人往往就在知识向能力转化的过程中遇到了困难，形成高分低能的状况。

从某种意义上讲，知识是教育部门使用的术语，教育部门期望以知识的传授达到能力培养的目的。在目前高校里，判断是否是人才的标准是看他（她）有没有某项知识（映射为考试成绩）。正因为此，高校的教学活动都以知识为单元划分，客观上造成了知识体系的支离破碎。反过来看，能力是用人单位和个人职业发展诉求中使用的术语。对企业或个人而言，判断是否是人才就看他（她）有没有某种能力。以能力为导向，就是站在人才培养的终极目标的基础上，才最可能将所需的知识与技能进行高效和合理地组织。这时，学生所学的每一条知识与技能都将顺利地转化为某项能力。因此，以能力模型为导向，以能力为基本单元来设计教学内容和教学活动，是培养社会所需工程人才的一条捷径。然而，能力模型的好坏是工程人才培养体系好坏的关键。能力模型的获得，至少必须从用人单位及个人成长的需求、国外优秀工程师认证体系的参考以及中国社会发展趋势对人才能力的预测三方面结合才能得出。

我们认为，卓越工程人才的能力模型应当包括四个方面，如图0–1 所示。

除专业技能与专业知识外，该能力模型强调个人素质与工程管理的能力。个人素质是精神、理念和习惯层面的内容，对个人的发展和潜力影响巨大。工程管理能力是卓越工程师成长为技术领导所必需的管理技能。

具体而言，四个方面展开的示例如图 0–2 所示。

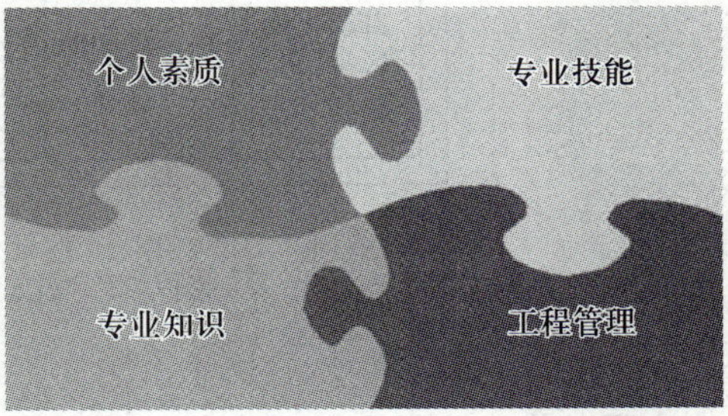

图 0–1　卓越工程人才的能力模型

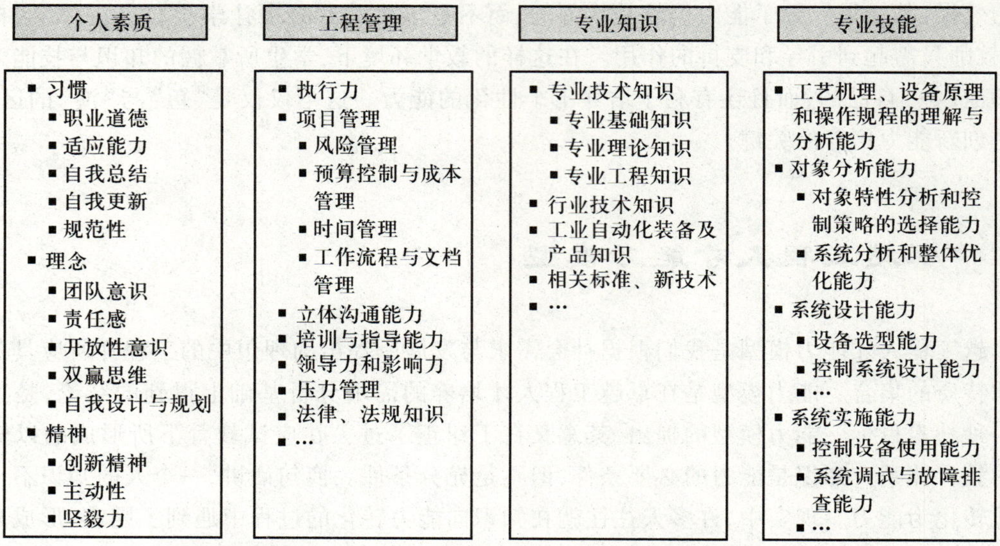

图 0-2　能力模型的展开

运用能力模型为导向的工程人才教育理念,可以将现阶段的专业教学内容按知识与技能两大维度,从易到难进行排列和划分,形成教学内容矩阵。以过程控制的专业教学内容为例,如图 0-3 所示。

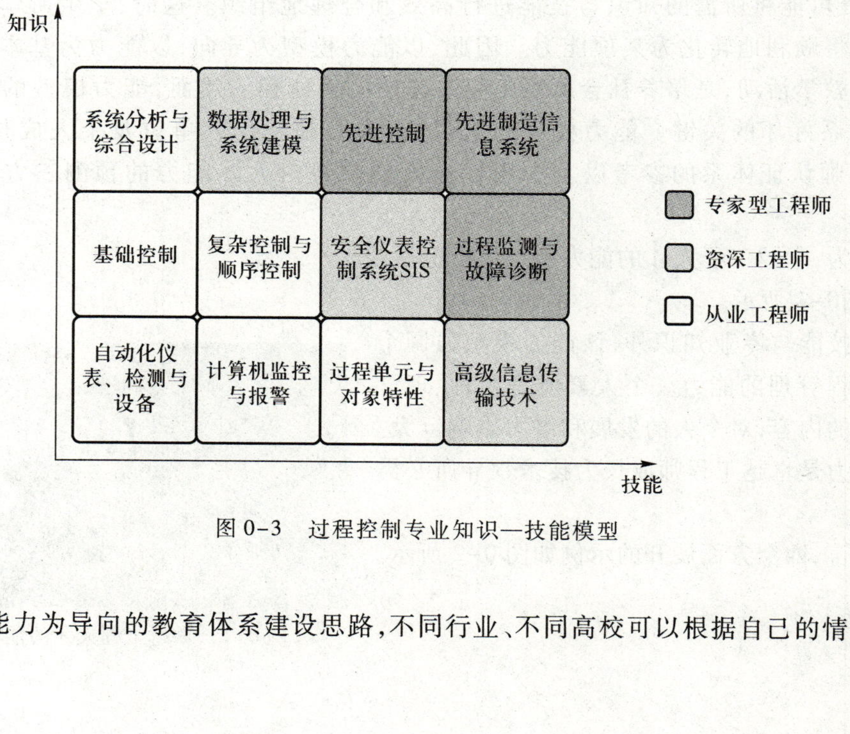

图 0-3　过程控制专业知识—技能模型

按照以能力为导向的教育体系建设思路,不同行业、不同高校可以根据自己的情况设计和划分出独具特色的教学内容矩阵，并依据难易程度和前后顺序安排教学活动。

以能力模型为导向组织教学活动、教学任务即是培养学生的能力，教学效果的评价也是以是否具有某项能力为依据。围绕能力为教学单元展开教学，而不是围绕知识展开教学，同样有利于形成以学生为主体的教学体系，使其真正体会和理解所学知识与技能，形成自己独特的能力。

第 1 章

项目流程绪论

工程项目是在一定时间内，满足一系列特定目标的多项相关工作的总称。工程项目大致可分为前期准备、论证、规划、设计、建设、生产、仓储、运输等阶段。图 1–1 是一个化工项目过程示意图。

该项目过程是一个化工项目宏观结构，其中涉及宏观分析、政策分析、需求分析等。项目过程中涉及许多管理内容，这些内容在相应的管理专业书中有很多，在此本书不再赘述。本书只就

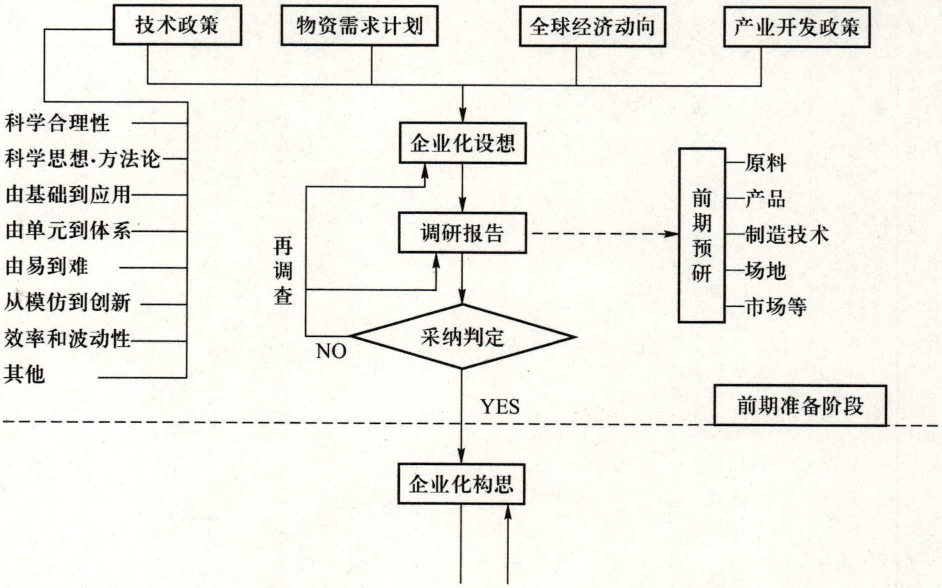

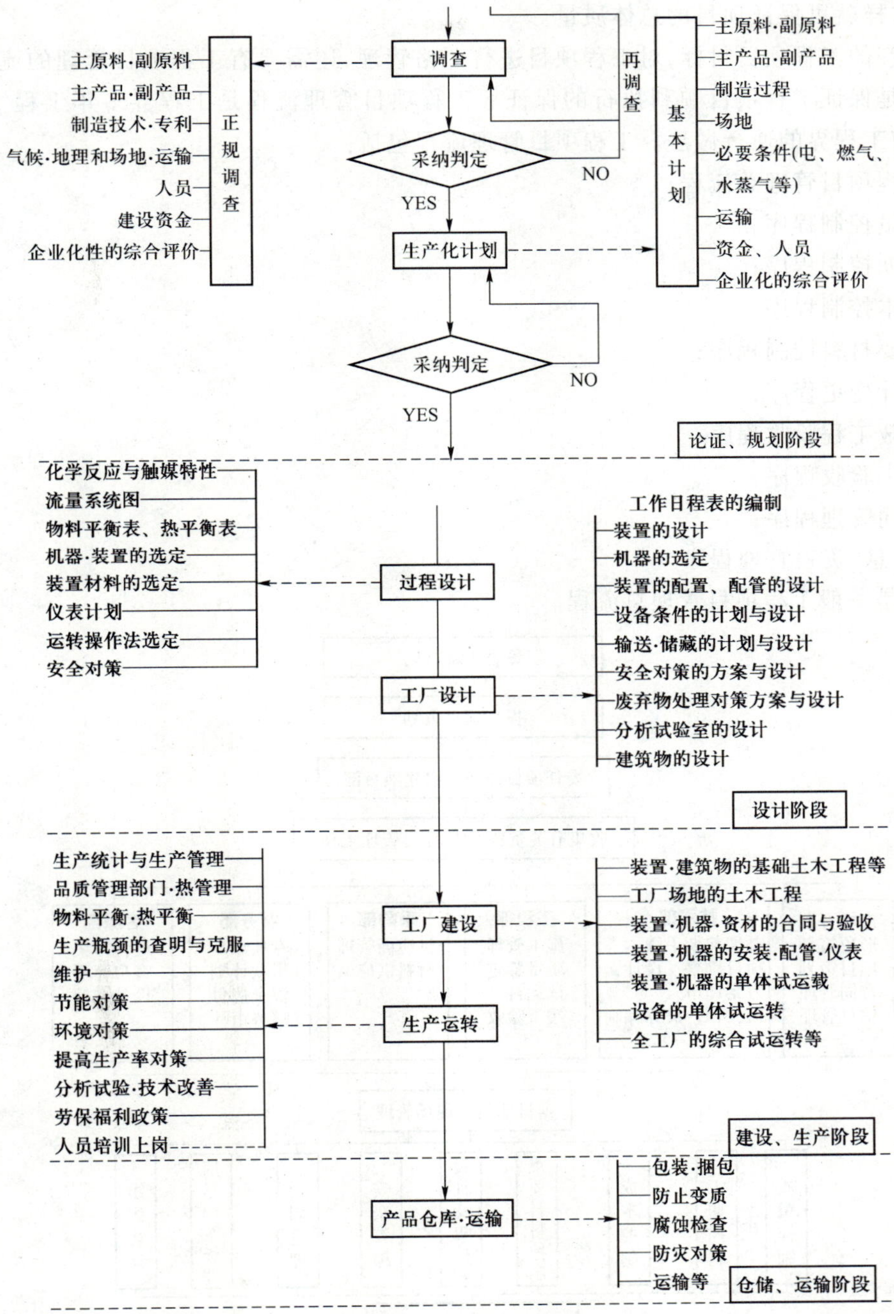

图 1-1　化工项目过程示意图

设计阶段、建设阶段和部分生产阶段的工作,给出一些纲领性的说明。这些内容包括:工程质量目标、工期进度目标、成本控制目标、安全管理目标、文明施工目标。制订相应的目标并且按目标进行管理,这样就可保证项目的总体质量。

有了合理的工程项目目标,对工程项目进行严格管理,还需要有工程项目管理的流程,管理及控制流程是保证工程项目顺利执行的保证。工程项目管理流程是工程界多年工程实践的总结,也是目前工程界的通行做法。工程项目管理流程包括:

(1) 工程项目管理总流程;

(2) 质量控制程序;

(3) 工期控制程序;

(4) 成本控制程序;

(5) 重要材料控制程序;

(6) 设计变更程序;

(7) 隐蔽工程验收程序;

(8) 竣工验收程序;

(9) 合同管理程序;

(10) 信息、资料管理程序。

图 1-2 是一般工程项目管理总流程。

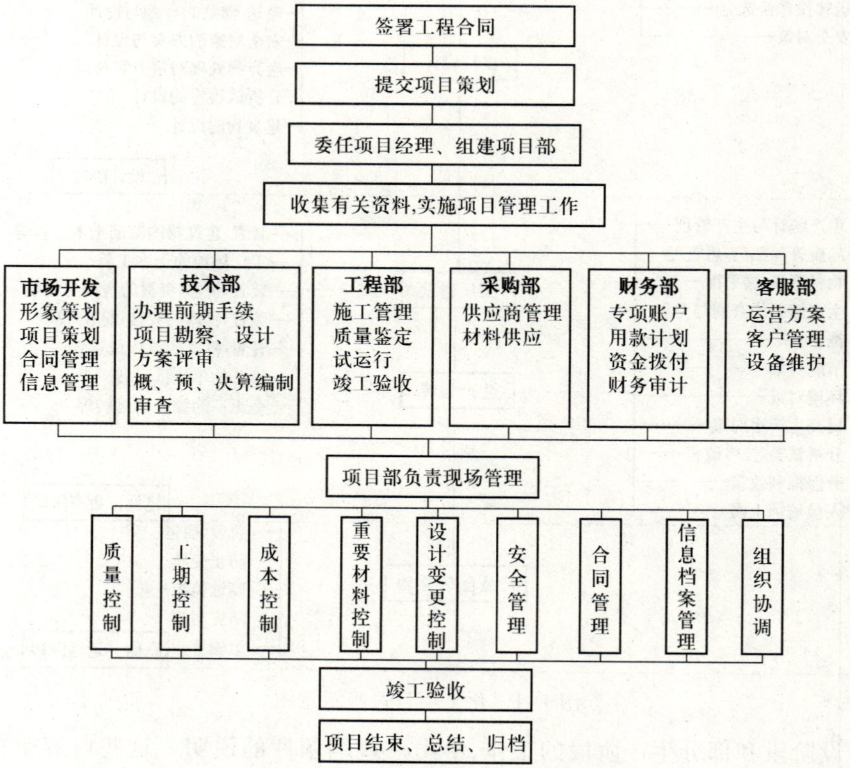

图 1-2 一般工程项目管理总流程

自控专业的工程项目是工程项目中的一类，企业公司中常常把自控专业叫做仪表专业。控制工程项目包含三层含义：

（1）工程项目是一项有待完成的任务，有特定的环境与要求；

（2）在一定的组织机构内，利用有限资源（人力、物力、财力等）在规定的时间内完成任务；

（3）任务要满足一定性能、质量、数量、技术指标等要求。

这三层含义对应着控制工程项目的三重约束——时间、费用和性能。项目的目标就是满足客户、管理层和供应商在时间、费用和性能（质量）上的不同要求。

1.1 控制工程项目中的专业责任范围

控制工程项目是多专业相互交叉、相互协调、共同工作的结果。图1-3是控制工程所涵盖的内容。

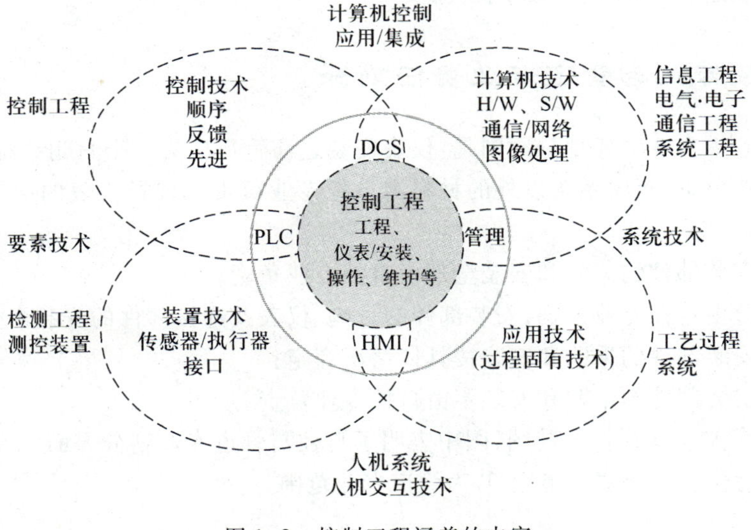

图1-3　控制工程涵盖的内容

由图1-3可知，控制工程由要素技术与系统技术构成。其中要素技术包括控制技术与装置技术；系统技术包括电子通信系统与工艺过程系统。从实施角度来看，生产过程控制是通过计算机控制应用/集成实现的，同时为了建立起人和生产过程控制系统之间的交互，人机交互技术是十分必要的。

为了解决项目过程中相互交叉、相互协调、共同工作的问题，必须就各个专业的责任范围进行约定，这样才能提高效率，避免出现工作覆盖面重叠或者工作覆盖面缺失。工程项目中各个专业的责任范围，在设计、施工、验收、试运行、投产阶段都会涉及，所以在工程项目的开始阶段就必须将各个专业的责任范围划分清楚，工程项目中责任范围的划分具体体现在专业界面的划分。详细内容参见《自控专业设计管理规定（HG/T 20636—1998）》。

1.1.1 自控专业与工艺、系统专业责任划分

自控专业在项目过程中需要工艺、系统专业提供的信息：

(1) 工艺流程图(PFD)、工艺说明书与物性参数表；

(2) 物料平衡表；

(3) 工艺数据表(包括容器、塔器换热器、工业炉和特殊设备)和设备简图；

(4) 主要控制系统和特殊检测要求(包括联锁条件)和条件表；

(5) 安全备忘录；

(6) 建议的设备布置图。

自控专业向工艺、系统专业提出的信息：

(1) 工艺控制流程图(PCD)；

(2) 联锁系统逻辑框图(需要时)；

(3) 程控系统逻辑框图或时(顺)表(需要时)。

1.1.2 自控专业与管道专业责任划分

自控专业与管道专业责任划分原则是：仪表安装之前管道应为一个封闭系统，封闭系统以内的材料由管道专业负责，封闭系统以外的材料由自控专业负责。现场仪表的取源及连接部件责任有四种情况：

(1) 仪表和安装部件的采购和安装全部由自控专业负责；

(2) 仪表部分由自控专业采购，安装部件的采购、仪表及连接部件的安装由管道专业负责；

(3) 仪表和安装部件的采购和安装按具体情况商定；

(4) 仪表和安装部件的采购和安装不由自控专业负责。

图 1-4 是一台差压变送器安装图，图中表明了自控与管道专业划分界面。

图 1-4 中 I 为仪表专业责任范围，P 为管道专业范围。

1.1.3 自控专业与电气专业责任划分

自控专业与电气专业责任划分包括：电源责任划分；联锁系统责任划分；仪表接地系统责任划分；共用操作盘(台)责任划分；信号转换与照明、伴热电源责任划分。

(1) 电源责任划分

仪表用 380/220V 和 110V 交流电源由自控专业提出条件，电气专业设计，责任划分以仪表供电箱(柜)接线端子为界。

(2) 联锁系统责任划分

发信端是工艺参数，执行端是仪表设备时，由自控负责；发信端是电气参数，执行端是电气设

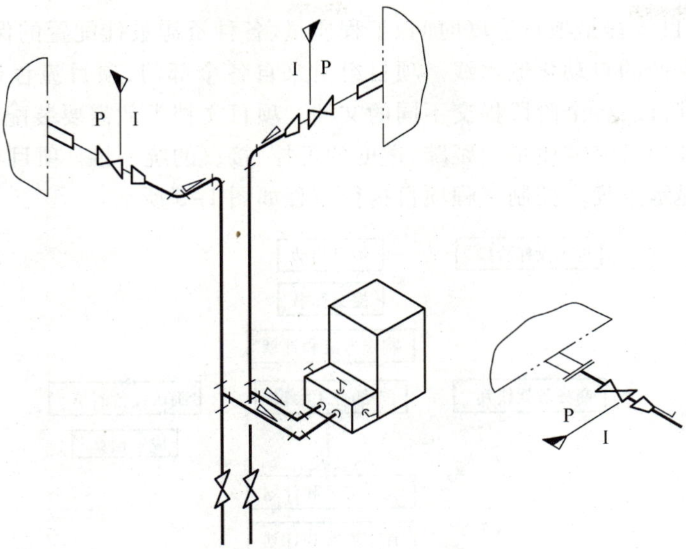

图 1–4　差压变送器安装及专业责任界面图

备时，由电气负责；发信端是电气参数，执行端是仪表设备时，由自控负责；发信端是工艺参数，执行端是电气设备时，由自控负责。

（3）接地系统责任划分

现场仪表的保护接地，其接地体和接地网干线由电气专业负责，现场仪表到接地网之间的连线由自控专业负责。控制室接地系统，由自控专业决定接地板位置和接地干线入口，由电气专业负责将接地干线引到接地板。采用 DCS 系统的，由 DCS 供货商提供条件，由电气专业负责。

1.2　控制工程项目的一般执行流程

控制工程项目是在特定条件下，在一定时间内利用可利用资源，完成满足一定性能、质量、数量、技术指标等要求的任务。

控制工程项目需要解决三个基本问题：

（1）首先分析完成任务的条件都有哪些，例如工艺提供什么条件、生产现场是什么状况、环境条件如何等；

（2）有哪些资源可以利用，例如人力资源、设备资源等；

（3）任务要求是什么，例如性能指标、质量指标、技术指标、经济指标、环保与节能指标等。

面对一个具体的工程项目，针对项目的具体目标和要求，需要规划、制定项目的各个阶段的具体内容，制定项目的流程。项目环节的内容与流程需要依据相应的标准、规范、规程来制定。这些标准、规范、规程可保证项目内容的合理性，保证项目流程的可实施性。

规范的工程项目流程是项目进度时间、工程质量、各种资源最佳配置的保证。通过项目的流程管理，建立项目生产的自动化流水线。项目组员来自各个部门，项目流程运转自动分派任务，驱动项目进入不同阶段，各个阶段提交不同的文档。项目文档类似需要装配的零部件，技术员就是生产线工人，保证项目完成质量的跟踪、进度的可控、接口的统一性。项目在部门内部、部门之间顺利交接，实时显示进度。控制工程项目执行流程如图 1-5 所示。

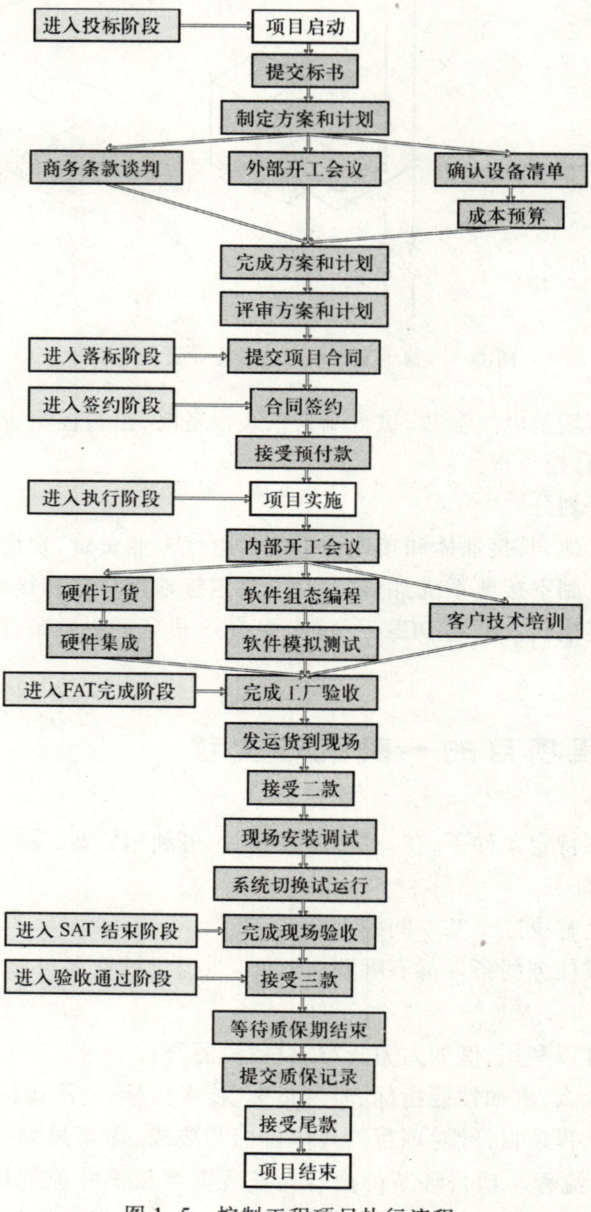

图 1-5　控制工程项目执行流程

1.3 控制工程项目评价

控制工程项目质量如何？是否合理？项目成本如何？所有这些都涉及控制工程项目的评价问题。

控制工程项目评价包括：

（1）方案评价；

（2）项目过程评价；

（3）项目结果评价。

1.3.1 方案评价

方案评价的基本原则是适合、适度、适用。

1. 适合

适合的方案是指该方案适合该被控流程。工程上往往有一些借鉴，比如借鉴 30 万吨/年生产流程设计 60 万吨/年生产流程的控制方案。此时需要对控制方案进行调整以适合该被控生产流程。用在一种被控对象上的方案、控制策略不一定适合另一种被控对象。总体上应当考虑：

（1）整体控制系统结构是否适合该生产过程。如集中控制还是分散控制，整体控制系统规模是否适合，安全等级是否适合等。

（2）控制策略与控制算法是否适合，各种补偿模块是否适合等。

2. 适度

适度的方案首先是一个可行的控制方案，在可行的前提下，控制、记录、显示、报警等手段要适度。生产过程自动化本质上是生产过程信息的实时、在线管理。为了掌握生产过程状况，除需要对生产过程进行控制之外，还需要从生产过程提取信息，还需向生产过程施加干预信息。图 1-6 是生产过程信息实时、在线管理示意图。

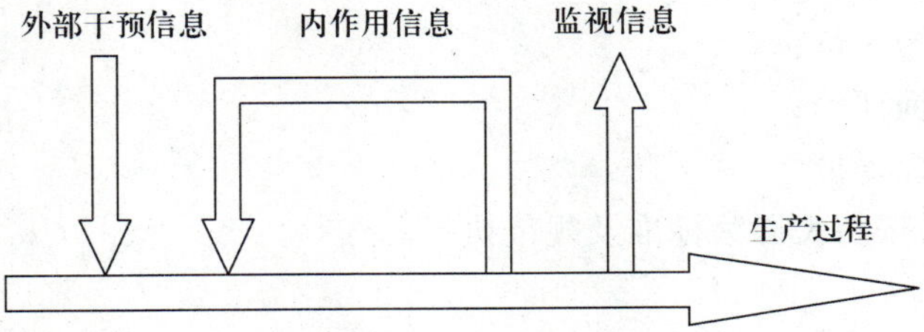

图 1-6 生产过程信息实时、在线管理示意图

方案中的所有信息都要适度，信息不足会使得控制、监视、干预不够及时，可能出现生产不稳定。信息过多会造成浪费，出现信息冗杂，也有可能出现生产不稳定。

3. 适用

适用的控制方案是一个可实施、好用的控制方案。可实施性是指工程实施比较容易实现,工程实施的开销不大。适用性方面还要考虑:

(1) 适当的冗余部件和冗余量。比如 CPU 冗余、电源冗余、网络冗余、重要 I/O 冗余等。这些冗余提高了系统的可靠性。

(2) 适当的备用量。例如 10% 的备用 I/O 量、10% 的部件备用安装空间、10% 的电源备用容量等。

(3) 恰当的信号传输与保护技术措施。

1.3.2 项目过程评价

有了合理的控制方案,有了合理的计划,其执行过程到底怎样?特别是比较大的工程项目,项目过程中的检查与评价是非常重要的,通过项目中的检查与评价可评估项目的执行质量,发现偏差与问题并且及时纠正。

项目执行过程是控制工程项目质量的保证,项目开始阶段制定一个完备的计划,并在项目过程中严格执行。项目执行过程中需要做的事情大致有三个方面:

(1) 时间进度计划的执行与检查;

(2) 各专业间的交接与检查;

(3) 阶段结果与验收。

项目执行过程的各个阶段都要有详细、完备的检测报告和验收报告。项目执行过程以及阶段检查与验收,按相关国家标准及规范执行。

1.3.3 项目结果评价

项目结束之后要对项目进行评价,以评估该项目是否达到了预期效果,项目执行过程中有什么偏差,偏差有多大。项目结果的评价包括:

(1) 项目质量的评价;

(2) 项目技术指标评价;

(3) 项目经济指标评价;

(4) 其他质量指标评价。

项目验收与评价,按相关国家标准及规范执行。

1.4 控制工程的层次

控制工程有不同的划分,从项目角度按时间循序关系看,控制工程可以划分为项目前期、项目中和项目后期，如图 1-7 所示。

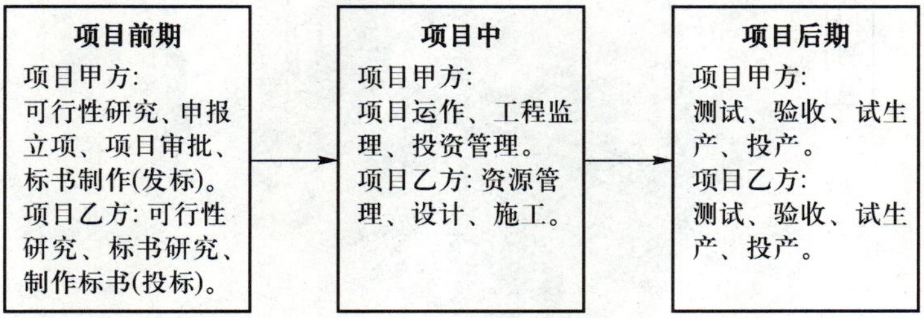

图 1-7　设计阶段的划分

项目甲方的项目前期主要工作是可行性研究、申报立项、项目审批，审批之后还要进行招标准备工作，主要工作是项目标书的制作。如果是项目乙方，则要进行项目可行性研究、发标方的标书研究，然后根据发标方的标书制作投标标书。

项目中的主要工作是项目运作。甲方的主要工作是工程监理、质量监督、投资管理等项目运作管理。项目乙方的主要工作是乙方资源管理，包括人员、资金、工时等，同时开展设计、施工、采购等工作。

项目后期主要是测试、验收、试生产、投产、验收等工作，按合同要求进行培训、工程资料交接，然后进入质量保证期。

从工程角度划分，可分为初步设计、扩大初步设计、施工设计，或者基础工程设计、详细工程设计，如图 1-8 所示。

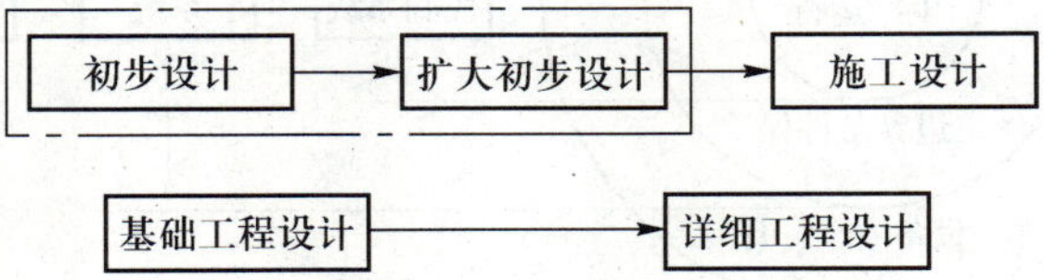

图 1-8　设计阶段的划分

图 1-8 中上面是老设计体制的划分，下面是新设计体制的划分。关于设计深度、工作内容、完成设计文件等，参见《自控专业施工图设计内容深度规定》（HG /T20506）和《自控专业工程设计文件深度的规定》（HG / T 20638—1998）。

从工程实施角度划分，可分为仪表工程和 DCS 工程。这种划分主要是根据集中控制方式划分的。由于 DCS 系统是放置在中央控制室的，接收来自现场的信号，进行控制计算，然后再将信号送到现场。工程界常常把现场部分叫做“仪表工程”，其余叫做 DCS 工程。仪表工程包括检测、变送、执行器的安装、调试；电缆敷设；供电与接地等内容。图 1-9 所示为中央控制室现场位置与生产装置图。

从功能上划分，可分为基础过程控制系统设计、软保护系统设计和安全联锁系统设计。工程常常把软保护系统划入基础过程控制系统，而将安全联锁系统叫做硬保护系统。

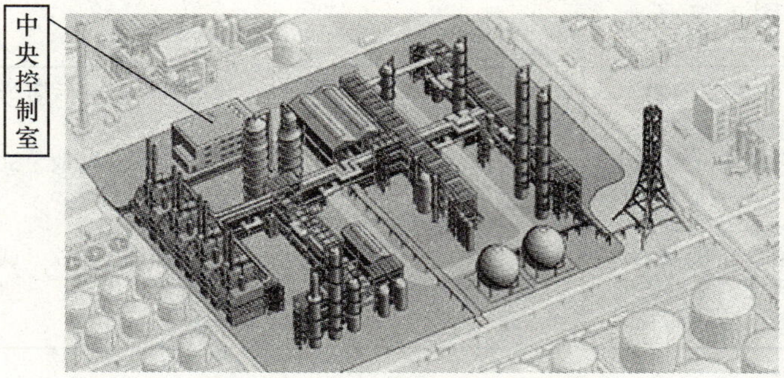

图 1-9　生产现场与中央控制室

基础过程控制系统是保证正常、平稳生产的调整手段。软保护系统是生产过程已经脱离正常、平稳生产比较远，但是还没有达到危险的程度时采用比较强烈的手段干预生产过程，等待生产过程恢复到正常状态。安全联锁系统是生产过程接近或达到危险条件时保证生产安全的控制手段。安全联锁系统所采用的干预手段是最为强烈的，采取强烈的手段保证人身、设备、环境安全。图 1-10 是三种系统的示意图。

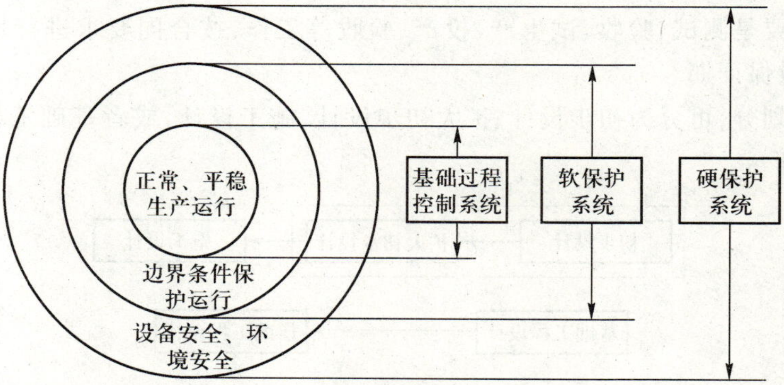

图 1-10　生产安全条件

第 2 章

系统分析

2.1 系统分析的重要性

对一个生产过程进行控制，首先要对生产过程进行缜密的分析，只有对生产过程进行透彻分析，才有可能设计出完美的控制方案。这里所说的系统包括两个含义，一个是生产过程，一个是生产过程与自动化系统构成的一个生产系统。所谓系统分析分为两个部分，首先是对生产过程进行分析，这包括客户需求分析、对象特性分析、工艺流程分析，然后对整个生产系统进行安全分析。

对生产过程进行控制，客户首先应当提出其控制要求，应当形成完备清晰的控制功能要求并能详细描述控制要求。客户的控制功能要求应当形成控制功能规格书，给出测控条件表等技术文件，详细提出生产的操作、控制条件和要求。控制功能规格书和测控条件表等技术文件也是将来自控工程验收的重要依据。自控人员首先要对客户的需求进行分析，抽提出核心需求、重要需求、一般需求，将客户需求清晰化、条理化。做好这些工作，才能有的放矢，制订出一个满足客户需求、满足生产需求的合理方案。在客户需求分析过程中，如果搜集信息不完整、忽略某些重要信息，制订出的方案往往不能使客户满意，造成投资浪费，不能使生产过程平稳、安全地进行。

生产过程与自动化系统构成了一个生产系统。自动化系统不仅仅包括各种控制系统，同时也包括生产数据的显示与记录、生产数据的存储、报警与联锁、数据报表系统、操作记录等。自动化系统就是现代生产系统的一个重要部分。

生产进行中各种控制系统在调整、影响着生产过程。显示与纪录实时地将生产过程的参数提供给操作人员，以便于操作人员随时掌控生产过程。报警与联锁是生产过程安全条件的监视与保护措施，当生产过程接近某些极限的时候，报警系统需要向操作人员提供警告信号。当生产过程已经达到某些极限的时候，联锁系统就要采取动作，以确保生产安全。数据报表系统会按规定方式打印生产数据报告。例如按小时、按班次、按天打印生产数据报告。操作记录系统将操作人员对生产过程的所有操作进行记录，包括设备的启动与停止、生产参数的修改与调整。

显然通过系统分析，需要将这些客户需求搞清楚。原则上要有足够的技术措施保证客户需求，如果措施不足，可能达不到生产设计负荷，生产不平稳，生产信息量不够。如果出现不必要的措施手段，同样可能造成达不到生产设计负荷，生产不平稳，产生某些冗杂生产信息，造成过度投资。

2.2 客户需求分析

客户需求分析是形成合理方案的前提条件。方案应当在深入研究客户需求、生产要求、工艺要求的基础上确定。客户需求分析应当从以下几个方面来考虑。

2.2.1 自动化水平考虑

自动化水平的考虑，首先应当保证生产过程在最佳状态下运行，获取最大的经济效益。先进性将是衡量设计水平的另一个重要标准。除了常规的单回路、串级、比值、均匀、前馈、选择性控制系统的应用，根据用户需求分析，决定是否需要采用一些纯滞后补偿、解耦、推断、预测、自适应、最优等先进控制算法，是否采用神经元网络、专家系统、模糊控制等智能控制策略。

2.2.2 生产控制要求

生产线都是为生产某些产品设计的，例如制药、轻工、化工等。现以化工生产过程为例来说明。化工生产过程的构成可由图 2-1 表示。

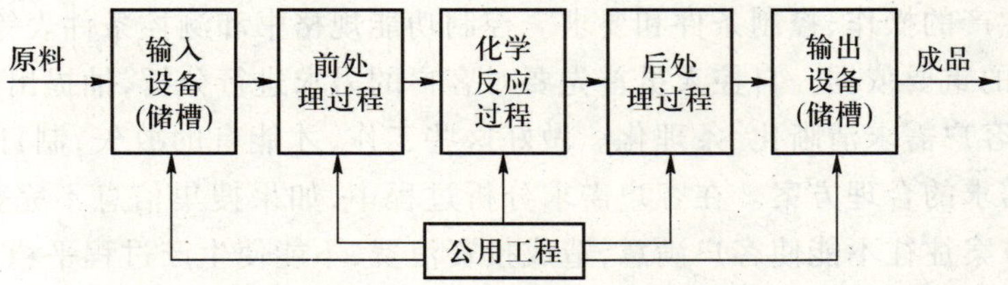

图 2-1　化工生产过程的构成

化工生产过程的主体，一般是化学反应过程。化学反应过程中所需的化工原料，首先送入输入设备。然后将原料送入前处理过程，对原料进行分离或精制，使它符合化学反应对原料提出的要求和规格。化学反应后的生成物进入后处理过程，在此将半成品提纯为合格的产品并回收未反应的原料和副产品，然后进入输出设备中贮存。同时为了化学反应及前、后处理过程的需要，还有从外部提供必要的水、电、气以及冷量等能源的公用工程。有时，还有能量回收和三废处理系统等附加部分。

生产控制要求应当从关键生产环节入手，例如聚丙烯生产线，其 CSTR（Continuous Stirred - Tank Reactor，连续带搅拌釜式反应器）是关键生产环节，首先应当从 CSTR 控制要求分析，得到局部合适的控制方案，然后从这个点展开，根据物料平衡、能量平衡原理将相互关联环节的控制方案一并考虑。

从原料加工到产品完成，流程都较长而复杂，工艺内部各变量间关系复杂，操作要求高，关键设备停车会影响全厂生产。考虑方案的时候要从整体出发，兼顾各方面的操作要求，制定出各点方案。各个局部最佳方案组合到一起未必是整体最佳方案。制订方案的时候要充分考虑这些因素。

2.2.3 可靠性、安全要求

确定方案时首先应考虑到它的可靠性，否则设计的方案不能保证生产的平稳运行，甚至不能投运。从技术性能考虑，关键的重要部件需要冗余设置，比如 CPU 冗余、电源冗余、网络冗余、I/O 冗余等。制订方案的时候，还要考虑一定备用量，例如 I/O 备用量、机柜安装空间备用量、电缆芯备用量等。在出现卡件、信号线等损坏的时候，可方便地进行替换而不必停产维修。某些项目还要考虑到将来可能的扩展，比如多期项目、产能提升等。方案应当预留扩展的空间，预留扩展的接口。

安全要求是保证安全生产的重要条件，安全考虑是建立在系统安全分析的基础之上的。根据生产特点、工艺特点，确定危险区域划分、确定安全度等级。根据这些划分，决定工程设计、施工的安全措施，例如采用本质安全还是隔离安全措施，是否采用独立的 SIS（安全仪表系统，安全联锁系统）系统等。

2.2.4 管理要求

现代自动化项目，有时需要考虑管控一体化。此时需要考虑自动化项目与管理网之间的接口，甚至将管理与自控一并考虑。在规划系统的时候，要考虑整体的网络结构，设置必要的服务器接入。有的时候，发包方会将自控与管理整体作为一个合同包进行招标。此时需要将管理网络与自控项目一并考虑。

现代生产过程自动化，必须要考虑节能、环境保护问题。

节能问题分两个方面，一方面是工艺上采取的节能措施需要自控与之配合，比如热泵式精馏。除了需要对精馏过程进行控制之外，还要对配套的热泵进行控制，以保证该精馏过程的平稳生产。此外，公用工程中的能源管理也是自控工程要考虑的重要方面。另一方面，从控制的角度采取节能控制，使得生产过程在低能耗水平下生产。

环境保护问题包括控制生产过程中的三废排放、控制生产过程中三废的生成、环境污染事件的防止。同时也包括公用工程中的三废治理流程的控制，例如水处理、废气处理等。

2.2.5 技术经济要求

自控方案中要有生产成本核算等信息考虑。例如原料消耗量、能源消耗量、产品计量、中间产品计量等。

制订方案的时候，还需要考虑实施成本。总体上自控方案的预算应当符合总预算要求，应当与整个大项目预算相符合。

自控水平的提高将会增加仪表等软、硬件的投资，但可能会改变操作、节省设备投资或在提高生产效益、节省能源等方面得到补偿。盲目追求自控水平的提高而无实效的做法，可能造成经济上的损失。此外，自动化水平的高低也应从工程实际出发，对于不同规模和类型的工程，做出相应的选择。

2.3 对象特性分析

对于对象特性的关注与研究，从早期的黑箱(Black Box)理论开始，到深灰色、灰色、浅灰色，逐渐向对象特性透明方向发展，使得控制系统设计更加符合对象特性，更加符合控制要求。

对象特性分析即被控对象特性分析。要对一个特定对象进行控制，显然需要了解其特性如何。所谓被控对象特性，是指某些量对被控变量影响通道的特性，控制变量(操纵变量)对被控变量的影响通道即控制通道特性，除此以外的其他变量对被控变量的影响通道叫做干扰通道。可用图 2-2 表示这种关系。

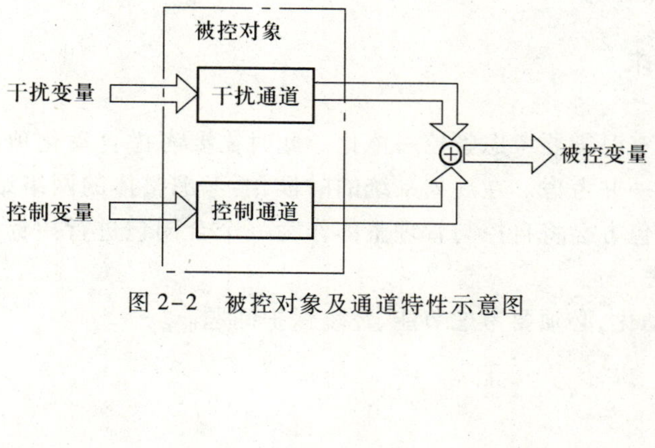

图 2-2　被控对象及通道特性示意图

对于对象特性的研究，首先要获得对象模型。对象模型可分为两大类，即物理模型和数学模型。对象模型是对象在一定范围内的镜像，对象模型的描述即是对象在一定范围内的描述。现在业内大量采用的是数学模型，即对象在一定范围内其特性的数学描述。所谓“一定范围”是指在一定条件下，或者在某一区间，该数学模型是准确的。同时，“一定范围”也表示获得该数学模型是经过某些简化，或是在某些假定前提下获得的。根据数学模型的建立、获得过程不同，可分为机理模型、经验模型和混合模型。

2.3.1 机理数学模型

顾名思义，机理模型是根据工艺机理建立起的数学模型。根据生产工艺中的流体输送、质量传递、化学反应机理，根据生产过程中的能量守衡、物料守衡原理，采用某些数学工具经过缜密分析，建立起被控对象(过程)的数学模型。建立机理模型的过程中，以下几点是非常重要的。

1. 关于工艺机理

工艺机理分析是建立机理模型的基础。只有对生产工艺机理有足够的理解才能建立起一个精确、真实、可信的数学模型。这要求分析人员具有深厚的生产工艺知识，对每一个生产环节有足够的了解。

2. 关于守衡原理

守衡原理是建立机理模型的一个重要理论。守衡原理包括静态守衡和动态守衡。

静态守衡可描述为：所有进入该系统的量之和等于所有离开该系统的量之和。对于能量守衡来说，所有进入该系统的能量之和等于所有离开该系统的能量之和。对于物料守衡来说，所有进入该系统的物料之和等于所有离开该系统的物料之和。此时该系统是静态稳定的。

动态守衡可描述为：所有进入该系统的量之和减去所有离开该系统的量之和等于系统积存量的增加量。对于能量守衡来说，所有进入该系统的能量之和减去所有离开该系统的能量之和等于该系统能量积存量的增加量。对于物料守衡来说，所有进入该系统的物料之和减去所有离开该系统的物料之和等于该系统物料积存量的增加量。此时该系统是动态变化的。

守衡原理可用图 2-3 表示。

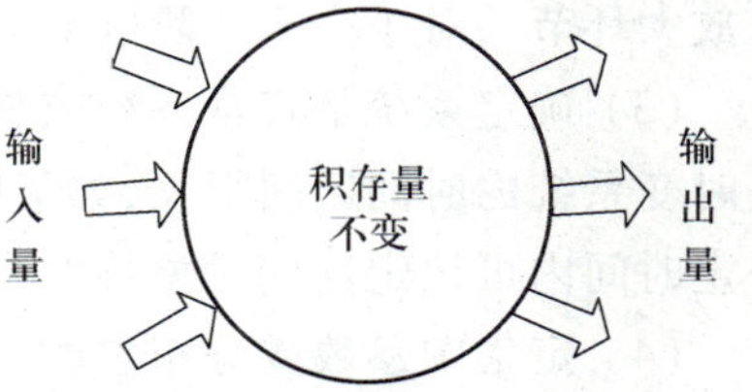

(a) 静态守衡

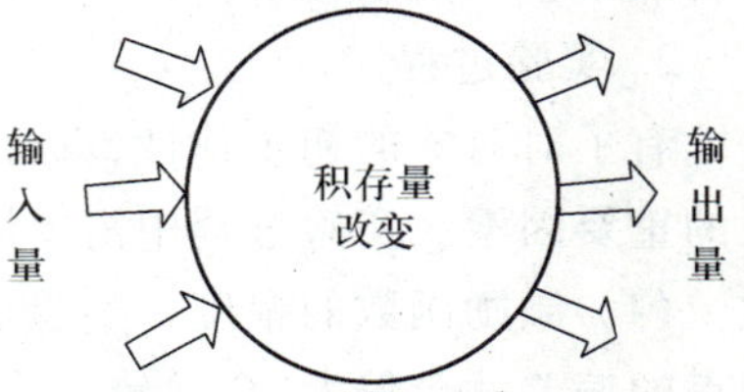

(b) 动态守衡

图 2-3　守衡原理示意图

3. 系统动态分析

由于在系统分析过程中关注的重点是变化量，系统的静态情况往往不是关注重点，所以所建立的数学模型常常是动态变量之间的关系，也就是增量对增量的对应关系，有时不再明确标注增量符号。

4. 初始条件与边界条件

初始条件是系统动态分析的基准点，表明系统动态变化是从这个基准点出发的。上面所讲静态守衡就是系统分析的一种初始条件。

边界条件是系统动态分析的约束条件，表明该系统分析的作用区间，即该系统分析是受这些边界条件约束的。超出边界条件后，该系统分析往往不能成立。

2.3.2 经验数学模型

经验数学模型是基于大量经验数据而建立起来的数学模型。经验模型有多种形式，可以有数据的、曲线的、表格的、经验公式的等。这些数据、曲线往往是由大量的实验总结而来。基于实验数据的数学模型，建立于对象的激励与响应原理之上。系统的激励输入是非常重要的，不同的激励输入系统会有不同的响应数据。常用的激励函数有阶跃函数、脉冲函数、斜坡函数、正弦函数、伪随机函数等。

通过实验建立经验数学模型的过程可划分为以下几步。

1. 对象判断

进行实验设计首先要对被控对象有一个初步判断。有了这些初步判断就可选择合适的激励函数，选择恰当的数据处理方法。这些初步判断是很重要的，如果激励函数选择不合适，数据处理方法不恰当，可能会使将来的数学模型精度大大降低。

对被控对象的初步判断涉及以下几个方面。

(1) 模型类型判断，主要包括是自衡对象还是非自衡对象、是线性特性还是非线性特性等内容。例如非自衡对象就适合选用阶跃函数。被控对象中真正的线性特性是很少的，如果是非线性特性，则需要对非线性规律有所了解，对非线性程度，特别是在工作点附近的非线性程度要有清晰的了解。如果需要了解大尺度范围内的特性，则需要在不同工作点附近重复进行实验。

(2) 确定模型阶次，简单对象特性可能是一阶的，某些时间常数比较小的特性，可近似认为是放大环节。对于高于二阶以上的特性，通常会近似为二阶加纯滞后环节。

(3) 确定系统是定常系统或是时变系统。过程工业中的对象特性基本上都是定常系统，有些时变系统的时间区间很长，如某些触媒反应过程的触媒活性问题，换热过程的结垢现象等。在一定时间内可认定这些对象特性是定长系统。

(4) 定集中参数或分布参数。分布参数系统是时间与空间坐标的函数。一般过程对象大多可看成集中参数系统。

2. 实验过程

有了对对象的初步估计，就可以制定恰当的实验方案了。实验过程也是影响数学模型精确度的重要因素。实验过程中需要注意以下几点。

(1) 激励函数的幅度。实验过程中确定激励函数幅度的原则是幅度不可过大，否则偏离工作点的偏差就会偏大，会导致实验数据误差增大；幅度也不可过小，那样的话有可能使得实验数据偏小，甚至可能湮灭在系统噪声当中，实验效果不够明显。

(2) 激励函数的作用方向。除了选择合适的激励函数幅度之外，激励函数的作用方向也是很重要的。特别是对于非线性系统来说,如果采用同一作用激励函数连续实验,就会越发偏离工作点(实验点),所以,应当采用一个正向作用、一个反向作用交替进行实验。对于大范围的实验,应当在每点(实验点)都采用一个正向作用、一个反向作用交替方式进行,然后再在新的工作点上继续实验。

(3) 实验点间隔。线性特性可选择等间隔点进行实验,某些非线性特性可采用在某些区间间隔加密实验。对于饱和特性可在初始段加密,对于加速特性可在高端加密。

(4) 实验过程要获得足够的实验数据样本。

3. 数据处理

获得足够的实验数据之后,就要根据预先设定的实验方案,选择适当的数据处理方法。数据处理方法的目的就是获得数学模型中未定常数的数值。简单的数据处理方法有作图法、切线法,还有曲线拟合、相关分析、数据发掘等方法。

4. 模型验证及调整

经过前面的步骤获得了初步的对象数学模型,然后需要对数学模型精度进行验证。工作区间的精度要有保证,某些偏差比较大的部分可采用适当方法进行调整,以保证整体数学模型的精确度。

2.3.3 混合模型

工程实践中采用机理分析的方法建立数学模型,有时候由于对象机理太复杂,得出的数学模型非常复杂,甚至不能得到实用的数学模型。这时不得不做一些简化和限制性约定,忽略掉一些次要因素,此时得到的数学模型的可信度与精确度也未必就好。由于经验数学模型是基于经验(实验)数据的,如果实验设计不合理,或者实验过程有偏离,或者实验数据样本不够大,可能会影响数学模型精度。如果将机理分析与实验方法相结合,可提高模型精度,减少建模工作量。

混合模型是机理分析与实验方法的结合,首先进行机理分析,得出一个数学模型的框架,在局部通过实验的方法加以补足。混合模型的建立思路是机理分析与实验方法的结合。

2.4 工艺流程分析

工艺流程是指一个生产装置将输入原料经过加工处理转化为半成品、成品的一系列环节。只有对工艺流程进行分析,才能够清楚地了解生产装置从原料输入到产品输出的动态变化过程,了解工艺流程的特点和要求,确保控制系统的设计符合工艺需求。工艺流程分析的目的是为基础过程控制系统与安全仪表系统做准备,基础过程控制系统又包括连续过程控制系统与顺序控制系统。

2.4.1 作用

工艺流程分析的目的是时刻把对产品质量的控制融入工业生产过程之中，通过工业过程的长周期稳定生产，获得可以预期的产物。如果单纯通过对最终产品的性能测试来控制产品质量，只是工艺流程控制结果的确认而已，是一种离线检测方式，而现代化生产过程要求对生产过程实现在线实时监控。生产流程中的各个单元都是相互关联的，将工艺流程中任何单元孤立考虑，都很难保证生产平稳，也很难保证生产出符合质量要求的产品或半成品，因此生产过程中的每一道工序，都应该符合后续加工操作要求，都应该符合最终产品质量的要求。例如，要保证生产流程的设计产量，生产过程中的哪些变量是关键参数？为达到工艺流程平稳、安全地生产出合格产品，必须在进行充分系统分析的基础上设计合理的控制系统，而非控制系统的后期调试。通过工艺流程分析，可将注意力集中在生产过程的监测和控制之上，分析工艺过程输入量与输出量之间的关系，明确控制任务和控制范围，明确必需的动作（包括动作时序、动作条件、保护和联锁等）以及操作方式（手动、自动、间断、连续和单步等），合理制定和选取被控参数、控制参数及控制设备，在控制系统设计过程中更好地整合生产过程信息，减少产品的可变性，更好地了解生产过程并持续促进和确保产品质量。

工艺流程分析工作做得好，可提高生产效率，提升控制水平，保证生产安全运行和改善产品品质。工艺流程分析的目标是了解和掌控工艺流程。工艺流程分析时，自控工程设计人员的注意力应当始终放在工艺流程之上。当所有关键因素的变化与影响都分析透彻，工艺流程中这些扰动因素都得到管理，这些干扰对产品品质的影响都进行了准确预测，那么这个工艺流程就得到了足够的了解和掌控。工艺流程分析具体又包括影响关系分析、系统状态分析以及顺序流程分析等。

2.4.2 影响关系分析

复杂工艺过程是一个多输入、多输出系统，且系统输入、输出参数与中间参数之间存在高度耦合和相互关联，分析这些过程参数之间的相互影响关系，对于深入了解工艺过程、设计合理可行的控制系统具有重要意义。

影响关系分析不同于对象特性分析的地方在于，影响关系分析从更为系统和整体的角度考虑工艺过程中变量、参数之间的相互关系，而非仅仅像对象特性分析那样，研究控制通道或干扰通道对某个被控变量的影响。一个连续生产过程中出现的所有变量、参数都是影响关系分析所关注的研究对象，这些变量、参数通过物料传递、能量传递或信息传递相互影响，形成整个工艺流程的网络状影响关系，有些变量在其中具有关键作用，有些变量仅仅起到传递的作用。通过影响关系分析，能够清楚掌握工艺流程中哪些变量、参数起到驱动力的作用，哪些变量、参数是被影响的，有助于找出工艺流程中的关键变量，考虑是否设置基础控制回路或是安全仪表系统。例如精馏塔的灵敏板温度，它的变化对生产过程的平稳运行具有决定性作用，通过影响关系分析，可以在众多对其有影响的因素中找出具有显著影响的变量作为操纵变量,并为其设置相关报警以及安全联锁等。同时,对于具有复杂耦合关系的工艺过程,通过影响关系分析,可以更为清晰地表明变量、参数之间的耦合程度,进行适当解耦,以减轻控制系统设计压力。

在控制系统设计过程中,往往会忽略对于影响关系的分析,这将可能导致在控制系统的后期实施乃至投用之后发现控制系统设计不合理,选取了不具备典型性的被控变量或操纵变量,联锁系统设计不科学等问题。

2.4.3 系统状态分析

系统状态分析的关注点侧重于系统状态、设备动作条件发生改变时系统所处的运行状态。一个工艺过程从开车、正常运行到停车,会经历多个不同的运行状态。系统状态分析的目的就是掌握整个工艺过程存在多少种运行状态、各种运行状态之间如何转换、各个状态之间的相互关系,这对划分系统的工作阶段、确定不同阶段的动作切换和操作步骤等有很大帮助。例如,生产装置在开车阶段通常需要经过联合检查、蒸汽吹扫、试压试漏、气密试验、水油联运、单机试运、联机运行等过程,各个过程的操作要求和动作条件是什么,采取自动方式还是手动方式,是连续操作还是间歇操作,通过系统状态分析可以明确自控工程设计在此所起的作用。同时,通过系统状态分析,还可以掌握生产系统由正常生产工况进入到异常状态的状态转换过程,对于安全控制系统的设计和实施具有指导意义。

系统状态分析通常是顺序流程分析的前提。当系统处于不同的状态时,都可能需要进行顺序流程分析,在某个系统状态进行顺控程序设计。而系统在不同状态之间的转换,通常也需要通过顺序控制来实现。

2.4.4 顺序流程分析

工艺流程中各种状态的转换、生产过程开停车、安全联锁系统以及紧急停车系统均需要通过顺序控制实现。通过顺序流程分析,可以明确每一操作步骤中所必需的动作条件和动作时序,以及所采取的操作方式。顺序控制系统的动作取决于控制条件是否成立,条件成立不仅仅是某个物理量达到规定值,时间也是一种条件。对顺序控制流程进行分析,根据生产需要预先确定操作动作顺序,或者根据生产过程中是否满足某些条件来采取相应的操作动作,确定顺序控制条件是实施顺序控制的先决条件。

2.4.5 常用分析工具

1. 符号有向图

符号有向图(Signed Direct Graph,SDG)是一种能够有效描述变量之间定性影响关系的图形化方法，它是一种由节点和节点之间的有方向连线（又称支路）构成的网络图。图 2-4 就是一个简单的关于某床式反应器的 SDG 模型。

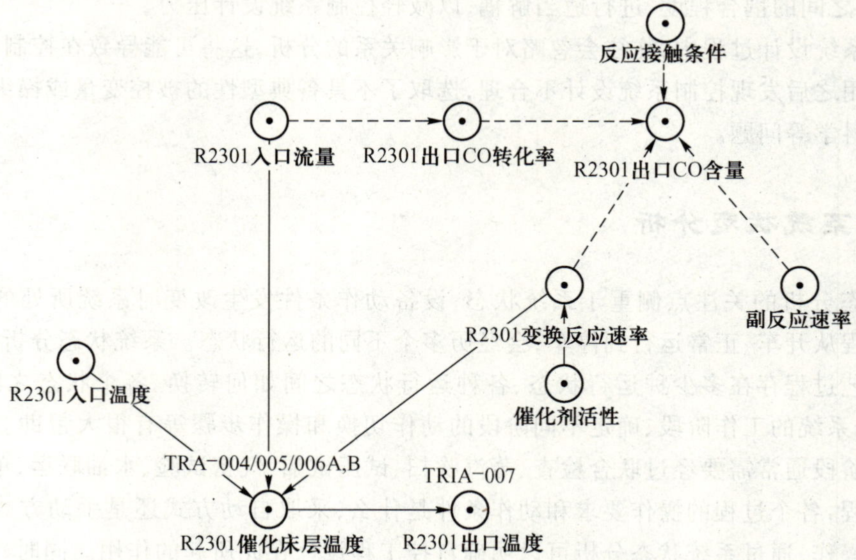

图 2-4　某床式反应器 SDG 模型

圆圈表示节点，对应过程的工艺变量或工艺参数，节点的状态可以定性地分为三级、五级以及多级。常用的三级 SDG 定义为：当被测变量取值正常时，节点取“0”状态；当被测变量大于其上限阈值时，节点取“+”状态；反之取“-”状态。节点间的有向线表示节点间的因果关系，有向线的始端代表影响变量，末端代表被影响变量。有向线的符号代表节点间影响的方向：当有向线为实线时，表明影响变量与被影响变量的变化方向相同；当有向线为虚线时，表明影响变量与被影响变量的变化方向相反。如果对支路进行权值的定义，则会形成加权 SDG。

通过工艺流程的 SDG 模型，可以直观地表达出各输入、输出变量以及中间变量之间的相互影响关系以及参数之间的耦合关系。如图 2-4 所示的床式反应器 SDG 模型，可以看出反应器 R2301 出口 CO 含量以及 R2301 催化床层温度是该生产单元中的两个关键参数，若要保证该反应器平稳运行，必须考虑对这两个参数进行直接或间接控制。

2. 状态机

状态机是一种描述系统状态以及相互转换关系的工具。状态机包括四个基本要素，即现态、条件、动作、次态。其中“现态”和“条件”是因，“动作”和“次态”是果。现态是指工艺过程当前所处的状态；次态是条件满足后要迁往的新状态，次态是相对现态而言的，次态一旦被激活，就转变成新的现态了；条件又称为事件，当一个条件被满足，将会触发一个动作或者执行一次状态的迁移；动作是条件满足后执行的动作，动作执行完毕后，可以迁移到新的状态，也可以仍旧保持原状态。动作不是必需的，当条件满足后，也可以不执行任何动作，直接迁移到新状态。如果进一步归纳，把现态和次态统一起来，把动作忽略，则状态机只剩下两个最关键的要素，即：状态和迁移条件。

状态机的表示方法有许多种，可以用文字、图形或表格的形式来表示一个状态机。

（1）状态图

状态图是一种描述系统的状态以及相互转换关系的图形方式，图 2-5 是一个状态图的例子。

用圆圈表示状态，包括所谓的现态和次态。用箭头表示状态转移的方向，并在该箭头上标注触发条件。用椭圆形表示动作，用六角菱形表示附加条件判断框。

图 2-5 中，“状态 1”节点代表了所描述系统的初始状态，因为系统中的其他状态均由“状态 1”节点触发。而“状态 4”节点代表了一种系统的终止状态，如果该状态所描述的是系统进入到异常生产工况，则需要在进行安全控制系统设计时对此详细加以关注，避免从“条件 3”或“条件 4”进入到“状态 4”。

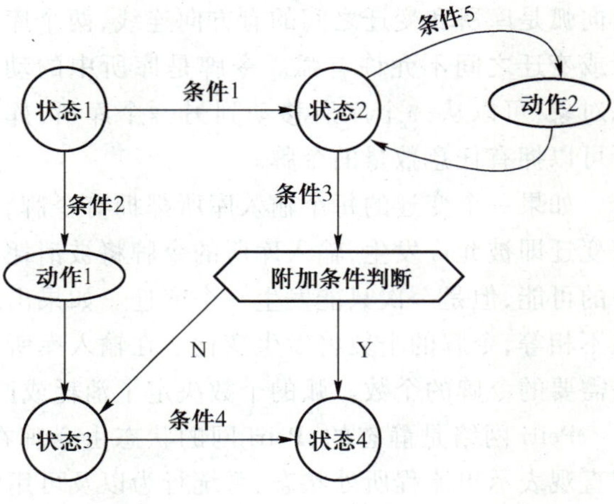

图 2-5　状态图

（2）状态转移表

除了状态图，还可以用表格的形式来表示状态之间的关系，这种表格一般称为状态转移表。表 2-1 就是图 2-5 的另一种描述形式。

表 2-1　状态转移表

状态（现态）	状态描述	条件		动作	状态（次态）
状态 1	…	条件 1		–	状态 2
		条件 2		动作 1	状态 3
状态 2	…	条件 3	附加条件满足	–	状态 4
			附加条件不满足	–	状态 3
		条件 5		动作 2	–
状态 3	…	条件 4		–	状态 4
状态 4	…	–		–	–

采用表格的方式描述状态机，优点是信息涵盖量大，缺点是不够直观，因此它不能取代状态图，但是可以作为状态图的有益补充。比较理想的方式是用图形表现宏观的状态关系，用表格说明细节内容。

3. 皮特里网（Petri Net）

Petri 网是一种过程建模和分析的图形化、数学化工具,能够描述异步的、并发的混杂系统。由于 Petri 网能表达并发的事件,被认为是自动化理论的一种。有研究者认为 Petri 网是所有流程定义语言之母。

经典的 Petri 网是简单的过程模型,由库所节点、变迁节点、有向弧以及令牌等元素组成。图 2-6 是一个简单的 Petri 网。

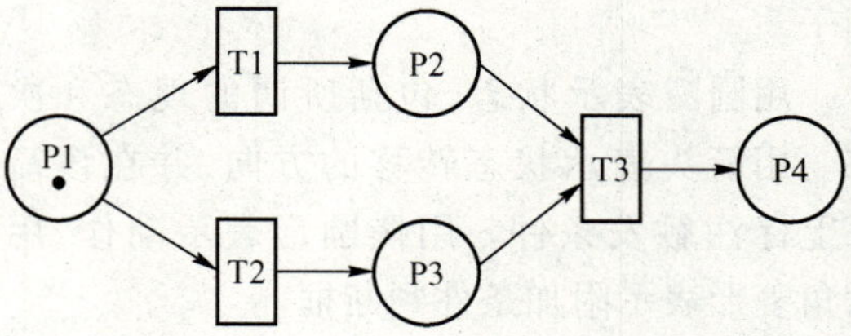

图 2-6　Petri 网

圆形节点表示库所,长方形节点表示变迁。有向弧是库所和变迁之间的有方向连线,两个库所或变迁之间不允许有弧。令牌是库所中的动态对象,可以从一个库所移动到另一个库所,库所可以拥有任意数量的令牌。

如果一个变迁的每个输入库所都拥有令牌,该变迁即被允许发生,输入库所的令牌将被消耗,同时为输出库所产生令牌。有两个变迁都被允许的可能,但是一次只能发生一个变迁。如果出现一个变迁,其输入库所的个数与输出库所的个数不相等,令牌的个数将发生变化。在输入库所和变迁之间的弧的个数决定了该变迁变为被允许需要的令牌的个数。弧的个数决定了消耗或产生的令牌的个数。

Petri 网络是静态的,Petri 网的状态由令牌在库所的分布决定。工艺流程的 Petri 网描述能够直观表示出流程所处状态、系统行为以及可用资源的分布情况。

4. 时序图

对于顺序控制来说,顺序控制系统时序图可以在逻辑功能分析阶段表达出被控对象的动作顺序和逻辑关系。《自控专业工程设计文件深度规定》(HG/T 20638—1998)中规定:顺序控制系统应当采用表格和图形的形式表示出顺序控制系统的工艺操作、执行器和时间(或条件)的程序动作关系。该规定中给出的描述顺序控制系统的图形语言就是时序图,如图 2-7 所示。

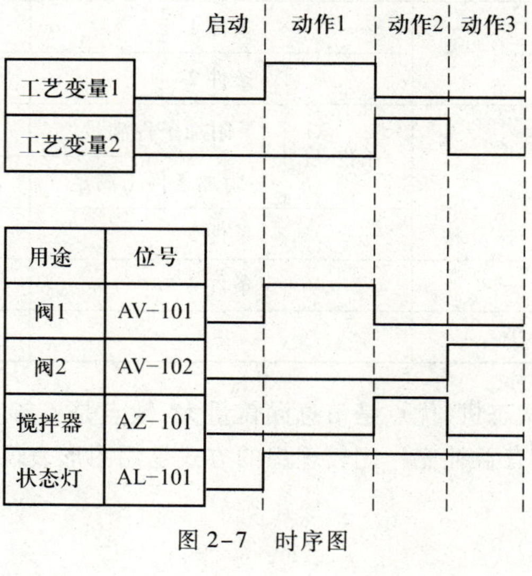

图 2-7　时序图

时序图分为上下两部分:上部分为顺序控制系统的条件,即系统的输入信号;下部分是该系统的执行器或指示灯的动作,即系统的输出信号。图 2-7 中描述了由操作人员按下启动按钮启动操作到操作结束后自动停车等待下次启动的过程:开始先打开阀 1;当工艺变量 1 达到设定值时关闭阀 1,同时启动搅拌器搅拌;搅拌一定时间后,工艺变量 1 的值变为 0,工艺变量 2 达到设定值;此后,停搅拌器并打开阀 2,工艺变量 2 的值逐渐下降到 0。该例中顺序控制系统的条件既有时间条件,例如搅拌时间,也有工艺参数条件。当某个条件成立时,就要发生相应的动作。另一方面,某些动作又是建立某个条件的前提,例如打开阀 1 是建立工艺变量 1 的前提。

2.5 安全分析

流程工业生产系统属于典型的大规模复杂系统,各类设备、操作和工艺变量之间存在相当复杂的影响关系,一个局部看似无关紧要的操作失误,其导致的工艺波动可能会沿着管道传播到其他装置的薄弱环节,一旦发生毒物泄漏、火灾和爆炸事故,将导致生产停顿、设备损坏、人身伤亡、环境污染、产品生产不出来、原料积压,从而造成社会生产链中断,使社会生产力下降,产生无法估量的损失和难以挽回的影响。

安全分析是实现系统安全的重要手段,它以保障生产装置的整体安全水平为目的,按照安全规范,以科学的程序和方法,从系统的角度对工业生产或工程项目中潜在的危险及危险可能造成的损失进行预先识别、分析和评价,掌握系统中存在的潜在危险和薄弱环节、发生事故的概率和可能的严重程度等,以判断当前的 DCS、SIS 等保护措施能起到多大的作用,为改进防护措施和管理决策提供依据,在满足安全生产需要的前提下保证安全相关系统设计的合理性和经济性。

2.5.1 风险定义

1. 事故演变规律

对于流程工业的系统安全事故,可以用图 2-8 所示的事件链来说明事故的发生、发展和爆发过程。

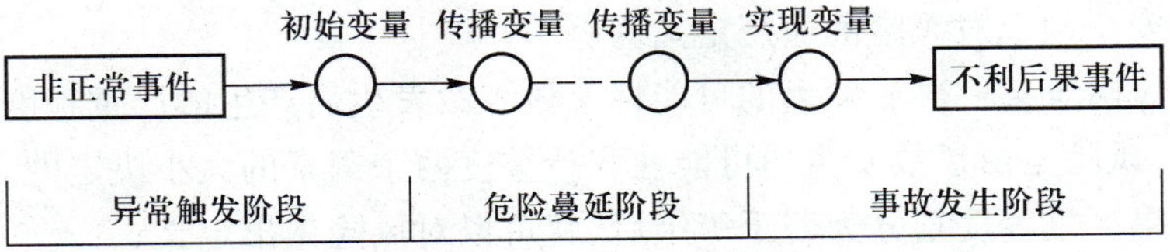

图 2-8 事件链

事故是由一次非正常的事件触发。比如某个阀门误操作,导致某一工艺变量发生偏差。当该偏差通过变量与变量之间的影响关系,传播到生产装置中的某一薄弱环节时,生成最终的不利后果，即爆发一次事故，整个过程类似多米诺骨牌效应。而生产装置中的防护措施，其作用就是防止偏差在生产装置中沿流程传播，使偏差能够在蔓延过程中被消除。因此，安全分析首先要对生产装置中存在的所有可能的事故链，进行保护措施的充分核查，以确定当前装置是否安全。对于不存在任何防护措施或措施水平不够的事故链，则需要考虑在事故链的何处设置防护手段才是最为有效的。

2. 安全分析步骤

安全分析的过程包括定义风险等级、识别潜在风险、防护层分析三个步骤。

(1) 定义风险等级

定义风险等级的目的是定义可以接受的风险水平。任何防护手段都不可能完全消除风险，在生产装置中引进安全防护手段，其作用是为了将风险降低到企业可接受的水平。

流程工业生产装置的复杂性导致潜在风险的数目极大，不可能对所有的风险都采取措施。因此，需要在进行安全相关系统设计之前，就明确地定义多大程度的风险可以接受，而什么样的风险必须采取措施。只有将风险等级进行明确定义和划分后，才能以此为衡量指标，在众多的潜在风险中找到必须要解决的关键风险。

(2) 识别潜在风险

定义了风险等级后，需要使用合理的安全评价方法对装置中可能存在的风险进行充分、彻底的识别，获得装置中所有潜在风险发生原因和所导致后果之间的对偶关系。只有在获得所有可能的潜在风险的基础上，才能对装置进行充分、完整的防护层分析、设计与校核。

(3) 防护层分析

针对所识别出来的每一个可能的风险，考虑当前已有的保护措施对风险的降低程度，校核其是否满足在风险等级定义的可接受范围内。如果不能满足要求，则需要引入新的防护措施。

对于新引入的防护措施，需计算其风险降低程度，检查该风险是否已达到可以接受的等级。对于所有不可接受的风险都需要检查是否已受到防护，即所有风险的等级都达到可以接受的范围内。如若不然，需要重新进行防护层设计与校核。

2.5.2 风险等级

目前国际上安全领域对风险的通用定义为：

风险 = 某一事故发生的可能性 × 该事故发生后产生的严重程度

按照该定义，风险是由事故发生的可能性和严重度两个因素的大小决定的。因此，将事故发生概率与事故后果严重程度划分为若干等级后，就可以对风险做出定义。

常用的定义风险等级的工具有风险矩阵、风险图等，下面主要以风险矩阵为例进行介绍。风险矩阵是一种定性的风险定义方法，其形式随着对事故发生可能性和严重程度划分等级的不同而有所不同，如最简单的 3 × 3 矩阵、国际标准化组织提供的 5 × 5 矩阵、美国化学工程师协会化学过程安全中心应用的 5 × 7 矩阵等。下面以 5 × 5 矩阵为例加以说明，如图 2-9 所示。

频率 \ 后果	1	2	3	4	5
1	无危害	可接受	可接受	待审查	待审查
2	可接受	可接受	待审查	待审查	待审查
3	可接受	待审查	待审查	待审查	不可接受
4	待审查	待审查	待审查	不可接受	不可接受
5	待审查	待审查	不可接受	不可接受	不可接受

图 2-9　加热炉装置风险矩阵

风险矩阵的行代表风险发生的频率，列代表风险发生所导致的后果的严重程度。风险发生的频率和后果严重程度均划分为 5 级，矩阵中每一个元素代表某个风险发生时，其后果是否可以接受，如果不能接受或需要审查，则需要进行防护层分析、设计与校核。

风险发生的频率等级、风险发生所导致的后果严重度等级以及事故风险等级的定义，见表 2-2、表 2-3、表 2-4。

表 2-2　风险发生的频率等级

频率等级	1	2	3	4	5
发生次数	1000 年 1 次	100 年 1 次	10 年 1 次	1 年 1 次	1 年 10 次

事故后果的危害考虑了 4 个方面，即对人员、公众、环境和设备的危害。

表 2-3　风险发生所导致的后果严重度等级

后果等级	后果严重程度
1	人员：无伤害，无时间损失 公众：无伤害、危险 环境：不会带来工作场所和环境危害 设备：估计损失低于 1 万元
2	人员：很小伤害或无伤害，无时间损失 公众：无伤害、危险 环境：不会受到通告或违反允许条件 设备：很小的设施损害，估计损失低于 10 万元
3	人员：1 人受到伤害，不是特别严重，可能会损失时间 公众：因气味或噪声引起公众报怨 环境：受到通告或违反允许条件 设备：有些设施受到损害，估计损失大于 10 万元

续表

后果等级	后果严重程度
4	人员:1 人或多人严重受伤 公众:1 人或多人受伤 环境:重大泄漏,给工作场所外带来严重影响 设备:生产过程设施受到损害,估计损失大于 50 万元
5	人员:人员死亡或永久性失去劳动能力的伤害 公众:1 人或多人严重受伤 环境:重大泄漏,给工作场所带来严重环境影响,导致直接或潜在的健康危害 设备:生产设施严重或全部损害,估计损失大于 100 万元

表 2-4　事故风险等级

风险等级	说明
无危害	不需要采取行动
可接受	可选择性地采取行动,需评估可选择的方案
待审查	选择合适的时机采取行动,通知公司管理部门
不可接受	立即采取行动,通知公司管理部门

装置中所有潜在的事故风险,都需要用风险矩阵进行核查。只有当所有事故风险的计算结果都落在风险矩阵左上角的“可接受”区域内,才能认为该装置目前属于可接受的安全水平。

在应用风险矩阵时,应根据企业自身的承受能力来确定事故后果的等级。如对一小企业来讲,一百万元的损失可能就称得上重大事故,而对一大企业来讲,这一数值可能为一千万元。所以在应用风险矩阵时,首先应是根据实际情况确定事故等级划分准则,而不要机械地套用。

2.5.3 风险辨识

在明确定义了风险等级后,需要用科学、系统的安全评价方法对装置中可能存在的风险进行充分、彻底的辨识。只有在获得所有可能的潜在风险的基础上,才能对装置进行充分、完整的防护层分析、设计与校核。

目前提出的安全评价方法不下几十种,各种方法分别适合于特定场合,具有不同特点,美国化学工程师协会下属的化工安全中心 1985 年出版了《安全评价指南》,其中介绍了 12 种常用的评价方法:过程/系统检查表、安全复查法、道公司及蒙德公司危险指数法、预先危险分析、如果……怎么样法、危险与可操作性分析、故障类型分析、影响及致命度分析、故障树分析、事件树分析、原因 - 后果分析、人员失误分析等。

1. 危险与可操作性分析(HAZOP)

危险与可操作性分析方法是国际上目前公认的适用于流程工业风险识别的方法,国际电工委员会已于2001年出版了关于危险与可操作性分析的国际标准(IEC61882)。

HAZOP一词提出于20世纪70年代早期,其含义是危险与可操作性分析(Hazard and Operability Analysis)。可操作性分析也称为安全操作研究,该方法全面、系统地研究系统中的每一个参数,找出系统运行过程中工艺状态参数(如温度、压力、流量等)的变动以及操作、控制中可能出现的偏差(离),检查参数偏离设计条件所导致的危险和可操作性问题,识别出所有可能导致该偏差的非正常原因,以及该偏差可能导致的所有的不利后果,对每一条可能事故均按照风险等级的定义,进行可能性与严重度的取值,得出当前的防护装置和安全措施。

HAZOP方法是基于这样一个基本概念,即各个专业、具有不同知识背景的人员所组成的分析组一起工作比他们独自一人单独工作更具有创造性与系统性,能识别更多的问题。危险性分析实际上是一个系统工程,需要各专业人员的共同参与。现代科学技术迅猛发展,某一个人几乎不可能独自解决一个系统或过程的所有问题。在装置的设计、操作、维修等过程中,需要工艺、工程、仪表、土建、给排水等专业的人员一起工作,对过程的HAZOP也不例外。该方法采用表格式分析形式,具有专家分析法的特性,主要适用于连续性生产系统的安全分析与评价,是一种启发性的、实用性的、基于偏差进行的定性分析方法。为了HAZOP过程高效率和高质量,整个分析过程必须有一个系统的规则,按一定的程序进行。

通常,HAZOP会议以表格形式记录,如表2-5所示。

表2-5 HAZOP记录表

分析人员: 图纸号:

会议日期: 版本号:

分析节点或操作步骤说明,确定设计工艺指标

序号	偏差	原因	后果	安全保护	建议措施

2. 故障树分析

故障树指用以表明产品哪些组成部分的故障或外界事件或它们的组合将导致产品发生一种

给定故障的逻辑图。故障树模型根据布尔逻辑，用图表示系统特定故障间的相互关系，通过对故障发生的基本原因进行推理分析，建立从结果到原因描述故障的有向逻辑图。它是一种自顶向下的图形演绎方法，形成逻辑因果关系图，构图的元素是事件和逻辑门。事件用矩形框表示，用来描述系统和元、部件故障的状态；逻辑门把事件联系起来，表示事件之间的逻辑关系，逻辑门主要是与门和或门。

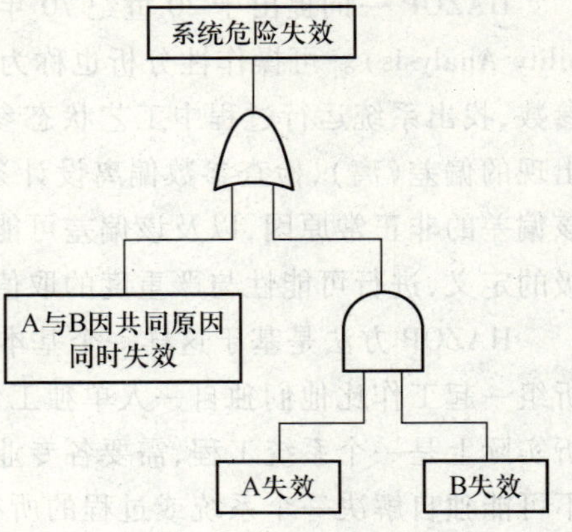

图 2-10　故障树模型

假设一个系统由互为冗余的 A、B 两个部件组成，该系统危险失效的故障树模型如图 2-10 所示。有两种可能会导致系统危险失效：一是系统中的两个部件 A、B 由于某些共同原因（如雷击、断电等）同时发生失效；二是 A、B 先后由于不同的原因发生失效，A（或 B）失效的情况下 B（或 A）若再发生失效，则系统发生危险失效。

顶事件（系统危险失效）发生的概率 $P_{系统危险失效}=P_{A与B共因失效}+(P_{A失效}\times P_{B失效})$。

这样，只要获得“A 与 B 因共同原因同时发生失效”、“A 失效”以及“B 失效”三个基础事件的概率，即可计算得到顶事件系统危险失效的概率。

3. 事件树分析

事件树分析方法是根据一些规则，用图形来表示由某些激发事件可能引起的许多事件链，以追踪事件破坏的过程和评价系统的可靠性。随着事件数目的增加，这个图形表示法就像一棵树的枝叶一样展开，这就是事件树名称的由来。运用事件树分析方法，可以进行风险概率计算。

事件树分析中有如下基本概念。

（1）初因事件：可能引发系统安全性后果的系统内部的故障或外部的事件。

（2）后续事件：在初因事件发生后，可能相继发生的其他事件，这些事件可能是系统功能设计中所决定的某些备用设施或安全保证设施的启用，也可能是系统外部正常或非正常事件的发生。后续事件一般是按一定顺序发生的。

（3）后果事件：由初因事件和后续事件的发生或不发生所构成的不同的结果。

初因事件是事件树上的第一个节点，它是激发系统失效的事件。通常每一初因事件及其引发结果都是独立考虑的，即独立的。事件树的绘制从某些偶然发生的初因事件开始，事件树分析试图生成由这些初因事件引起的所有后续事件。后续事件由从代表某一特定事件的概率点引出的一个分支表示，如此一直进行下去。事件树的后续事件通常都限制为一个具有两个分支的叉状结构。一个事件的后果事件要满足一定条件，即其结果是相互排斥且是没有遗漏的。一个概率节点只能紧跟着一个分支，事件树上任何事件链末尾的节点成为枝叶，每一枝叶发生的概率及其导致的结果就是风险分析所关心的两个要素。图 2-11 给出了一个简单的事件树实例。

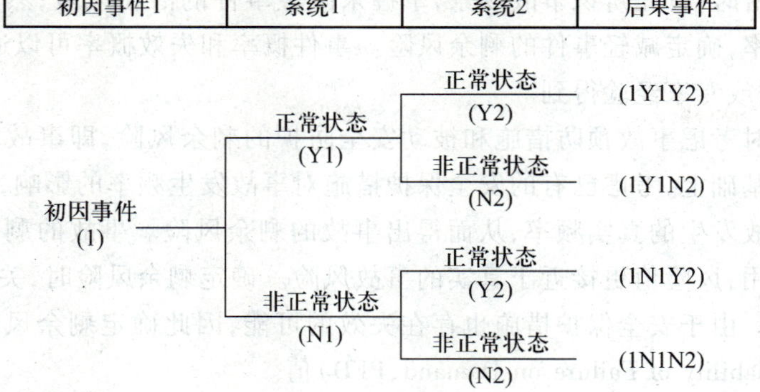

图 2-11　事件树

2.5.4 防护层分析与安全仪表系统

(1) 防护层分析的含义

生产过程发生不期望的后果或灾难性事故，通常是由于预防、防止事故发生的层层防护措施相继失效所造成的。防护层分析(Layers of Protection Analysis，LOPA)是一种半定量的方法，首先分析未采取安全防护措施之前的风险水平，然后分析各种安全防护措施将风险水平降低的程度。

防护层的作用主要有两个方面：一是预防事故发生的措施，即在事故发生之前采取适当的安全措施，排除危险因素，避免事故发生；二是控制事故损失扩大的措施，即在事故发生之后采取补救措施，避免事故继续扩大，使损失减到最小。共有七种防护层可对生产装置起到降低事故风险的作用。

第 1 层：工艺设计层，包含固有的安全设计特性，如工艺、动设备、静设备、自动化仪表、软件系统等。

第 2 层：基础控制与过程报警层。

第 3 层：操作人员干预与停车级报警层。

第 4 层：安全仪表功能与紧急停车系统层。

第 5 层：积极的物理防护层，主要指释放设备，如安全阀、爆破片、释放到火炬等。

第 6 层：消极的物理防护层，用于切断对水源、土壤、地下水、大气的污染，如围堰、隔离系统等。

第 7 层：紧急响应层，包括厂级紧急响应和社会紧急响应。

(2) 剩余风险和潜在风险

在未考虑任何安全防护措施的情况下，发生某种事故的事件称为未减轻事件，其风险称为潜在风险；采取独立防护层安全防护措施之后，发生事故的事件称为减轻事件，其风险称为剩余风险。

进行防护层分析时，首先辨识事故场景，掌握未减轻事件的潜在风险；然后分析各种安全防护措施及其失效概率，确定减轻事件的剩余风险。事件概率和失效概率可以通过分析统计数据、类似案例、通用数据或专家经验得到。

剩余风险是同时考虑事故预防措施和被动安全防护的剩余风险，即事故频率的确定是在潜在风险事故频率的基础上，考虑已有的安全保护措施对事故发生频率的影响，得出在已有的安全保护措施作用下事故发生的真实频率，从而得出事故的剩余风险。事故的剩余风险考虑了安全保护措施的控制作用，风险值更接近于真实的事故风险。确定剩余风险时，关于事故后果的考虑与潜在的风险相同。由于安全保护措施也存在失效的可能，因此确定剩余风险时需计算各防护层的失效概率（Probability of Failure on Demand，PFD）值。

在 HAZOP 中，对事故风险的评估是从引发事故的初始原因事件入手的。潜在风险是不考虑已有的安全保护措施，由原因事件发生的频率，推算出事故发生的频率，即原始风险概率；再分析采取已有安全减缓措施下事故的后果及等级，得到事故的潜在风险。所以潜在风险表征了工艺过程固有的风险程度。

增加的防护层对风险发生概率的降低作用的计算公式为：

防护下的风险概率 = 原始风险概率 × 防护层 1 失效概率 × … × 防护层 N 失效概率

原始风险概率 Fu 由初始原因事件频率和促使原因事件发展为后果事件的条件事故发生的概率决定。

独立防护层的失效概率为 PFD，则安全防护层总失效概率为已有各独立防护层失效概率的乘积，即：$TPFD = PFD_1 \times PFD_2 \times \cdots \times PFD_i$。式中，TPFD 为安全防护层总失效概率，$PFD_i$ 为各独立防护层失效概率。防护下的剩余风险概率 Fm 为原始风险概率 Fu 与安全防护层总失效概率 TPFD 的乘积，即：$Fm = Fu \times TPFD$。

使用该计算公式的前提是各防护层相互独立。根据防护下的风险概率值，可以确定加入安全防护措施后的事故风险是否降低。根据剩余事故频率的值即可确定加入安全防护措施后的事故频率等级（见表 2-2）以及剩余事故风险等级（见表 2-4）。

剩余风险即是单元发生该事故的真实风险，如果发现剩余风险等级仍然较高，必须提出合理、可行的安全保护措施，同时针对提出的措施再实施风险评估，使其最终达到可以接受的等级。针对最高风险等级（“不可接受”的风险）提出的方案需要立即实施。

当某一非正常事件的发生概率极低时可以不列入后续事件中。当某一后续事件发生后，其后的其他事件无论发生与否，均不能减缓该事件链的后果时，该事件链即已结束。

将事件树分析用于 LOPA 时，主要是计算有安全措施时的剩余风险，因此针对每一个事故场景，事件树的初因事件即为事故场景的非正常原因，后续事件依次为各防护层防护是否成功的两种状态。后续事件的先后顺序按照事件链发生、发展过程中出现的防护措施排列，由于计算剩余风险时主要关心防护层失效的事件，起作用的防护层对剩余风险的计算不起作用，因此在构建事件树时，可将起作用的防护层作为后果事件结束。事件树的建造过程也是对系统的一个再认识过程。对所建完的事件树，收集、分析各防护层的失效概率，即可定量计算事故场景的剩余风险，并进一步分析评估其是否可接受。

假设某一潜在事故其后果等级为3级，即一旦发生事故，会产生重大泄漏，给工作场所内外带来严重影响，生产设备受到损害，并可能导致多人受伤。该事故的潜在事故发生频率为一年0.012次，即其事故频率等级为4级，则该事故的潜在事故风险等级为“待审查”，必须分析和校核防护措施。假设已有两道独立防护层：控制系统和报警响应，各独立防护层的失效概率均假设为0.1，则安全防护层的总失效概率为$0.1\times0.1=0.01$，该事故的剩余风险频率降低到$0.012\times0.01=1.2\times10^{-4}$次，即事故频率等级已降低为2级，重新使用风险矩阵核查，发现该剩余风险的风险等级仍为“待审查”，还需要考虑增设新的独立防护层。图2-12给出了用事件树进行剩余风险计算的过程。

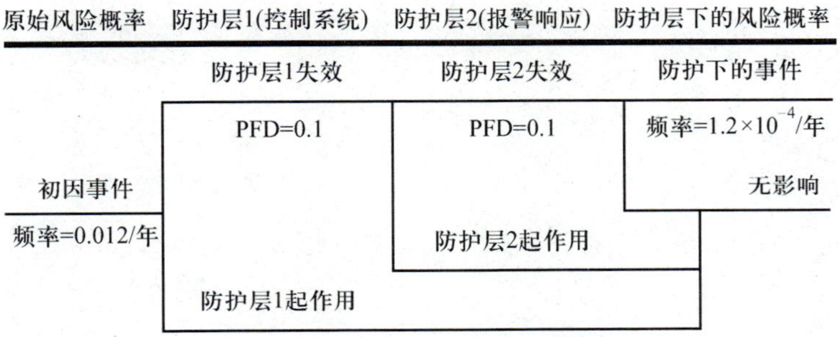

图2-12　某风险的防护层分析

如果计算出来的剩余风险可以接受，则针对该事件链的LOPA可以结束。如果计算出的剩余风险仍然不可接受或待审查，则需增加新的防护层，将剩余风险的发生概率或后果严重度进一步降低。对于自动化工程设计阶段来说，主要考虑增加安全仪表系统（SIS）来降低风险发生的可能性。

通过风险定义、风险识别和防护层分析，可以评估分析出当前防护措施的作用是否充分，系统是否仍然存在安全隐患，针对不可接受的风险，进一步进行防护层设计。需要注意的是，在进行剩余风险的计算时，可能会由于引入新的防护层而需要多次重复计算。

第3章

工程设计

3.1 工程设计的流程与阶段

3.1.1 工程设计阶段划分

工程设计要分阶段进行，主要有以下几方面的原因。

(1) 便于审查。任何一项工程立项后，从投资规模、技术要求、现场条件等方面均需经有关部门审核批准，才能使整个工程按照科学的态度，正确地完成设计、施工任务。因此，设计分阶段进行，便于有关部门的审核，使设计工作逐步向深度开展。

(2) 随时纠正错误，以免施工中返工。设计工作是一项繁杂的工作，即使经过周密的考虑，总难免出现一些错误。如果不及时发现、纠正，必将在施工中出现返工，造成经济损失。分阶段进行设计，有利于经过多次审核、把关，及早发现问题，随时纠正，使施工中的返工现象尽量避免。

(3) 协调各专业之间的矛盾。一项工程的设计工作要涉及多个专业，各专业之间需互相配合、及时通气，才能使整个工程设计合理、完善。这样，分阶段的设计给各专业之间互相协调与配合创造了有利条件。

工程设计是技术方案的实施考虑与规划。工程就这些问题产生若干设计文件作为事实依据。一个完整的自控工程设计,总体上包括以下这些内容。

(1) 总体控制方案描述。

总体控制方案包括 PCD 图、P&ID 图。

(2) 控制工具的描述。

控制工具描述包括现场仪表描述和 DCS 描述。现场仪表描述的主要设计文件是仪表数据表,DCS 描述主要是系统配置图和 DCS 技术规格书。

(3) 安装及位置描述。

安装图主要是现场仪表的安装图,包括变送器、传感器、控制阀以及现场指示仪表等,安装图尽量采用标准安装图。现场仪表安装位置由现场仪表位置图给出。设计时只要选择适当的安装图,然后给出标准图号即可。控制室内主要是机柜、操作台就位安装,机柜、操作台布置由中央控制室平面布置图给出。

(4) 系统连接的描述。

系统连接描述包括整体连接描述和局部连接描述。例如系统配置图、回路图、端子接线图、现场接线箱接线图等。图 3-1 表示出这种关系。

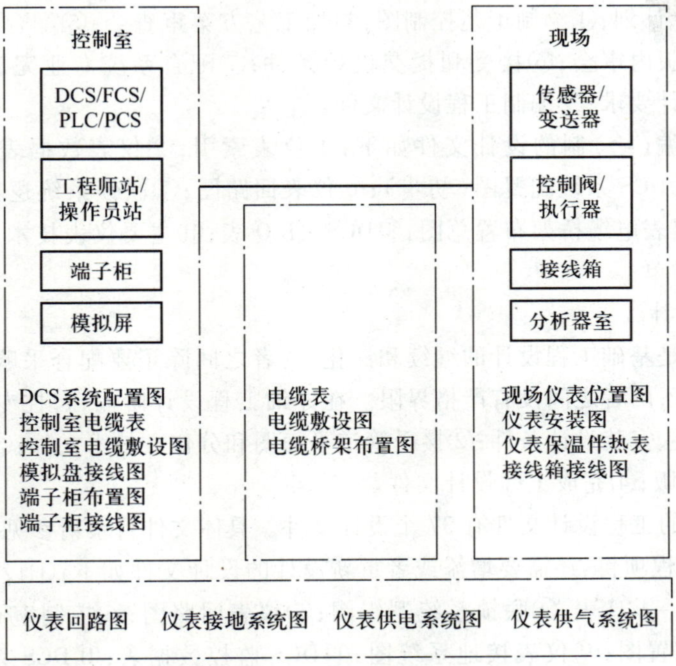

图 3-1　采用 DCS/FCS/PLC/PCS 系统整体连接示意图

(5) 供电、供气描述。

整个系统的供电、供气、接地系统等。

(6) 保护、防护措施描述。

保护、防护措施描述包括保护接地、仪表保温度、仪表伴热等。

现在通常将工程设计分为两个阶段,即基础工程设计和详细工程设计。在这两个阶段期间,专业的设计文件将划分成各个版次,在内容上由浅入深地发表。一般需要完成七版设计。这七个版次列出如下。

基础工程设计阶段编制四版:

(1) 初版(简称"A"版);

(2) 内部审查版(简称"B"版);

(3) 用户审查版(简称"C"版);

(4) 确认版(简称"D"版)。

详细工程设计阶段编制三版:

(1) 详1版(或称研究版,简称"E"版);

(2) 详2版(或称设计版,简称"F"版);

(3) 施工版(简称"G版")。

1. 基础工程设计

在基础工程设计阶段主要的设计工作有以下几条:①设计开工前的技术准备;②编制仪表设计规定;③编制设计计划;④绘制工艺控制图,参加工艺方案审查会;⑤配合系统专业完成 P&ID A 版、B 版,参加 B 版内审会;⑥接受和提交设计条件;⑦配合系统专业完成 P&ID C 版、D 版;⑧提出分包项目设计要求;⑨编制工程设计文件。

本阶段可开展编(绘)制的设计文件如下:①仪表索引;②仪表数据表;③仪表盘布置图;④控制室布置图;⑤DCS 系统配置图(初步);⑥仪表回路图;⑦联锁系统逻辑图或时序图;⑧仪表供电系统图;⑨仪表电缆桥架布置总图;⑩DCS - I/O 表;⑪主要仪表技术说明书;⑫DCS 技术规格书;⑬仪表请购单。

2. 详细工程设计

详细工程设计是基础工程设计的继续和深化,两者之间除了要配合采购部门完成采购工作外,就自控专业而言,两者之间没有严格界限。在详细工程设计阶段,自控专业主要完成下列工作:①提交仪表连接、安装设计条件;②接受管道平面图和分包方技术文件;③配合系统专业完成 P&ID E 版、F 版、G 版;④完成工程设计文件。

采用常规仪表的工程设计文件有 37 个设计文件。具体文件目录请参见附录 2。

采用 DCS 的工程项目,还需要增添或者重新设计的设计文件如下:①设计文件目录;②DCS 技术规格书;③DCS - I/O 表;④联锁系统逻辑图;⑤仪表回路图;⑥控制室布置图;⑦端子配线图;⑧控制室电缆布置图;⑨仪表接地系统图;⑩DCS 监控数据表;⑪DCS 系统配置图;⑫端子(安全栅)柜布置图。

在采用 DCS 的工程项目中,其自控工程设计文件包括了常规仪表部分和 DCS 部分的设计文件,常规仪表部分的设计文件可按照上述常规仪表设计的有关要求开展设计工作。

若承担 DCS 组态工作时,应完成的设计文件如下:①工艺流程显示图;②DCS 操作组分配表;③DCS 趋势组分配表;④DCS 生产报表;⑤其他必须文件。

采用 DCS 的自动化工程习惯上分为两部分，划分界面为中央控制室端子柜中信号端子，端子外侧（连接来自现场或去往现场一侧）为仪表工程，端子内侧（连接 DCS 机柜、操作台一侧）为 DCS 工程。工程设计时采取整体设计，也有先进行仪表工程设计，然后在仪表设计的基础上进行 DCS 工程设计，实施时往往由不同单位承担。仪表工程施工内容包括现场仪表安装、电缆敷设等，DCS 工程施工内容包括机柜就位、组态等。工程调试、开车、验收时通常也以这个分界分别进行。

3.1.2 自控工程设计方法和程序

1. 自控工程设计的方法

对一个工程项目进行自控工程设计时，按照什么样的方法来完成这些内容呢？本节介绍完成这些内容的先后顺序和它们之间的相互关系。

(1) 熟悉工艺流程

这是自控设计的第一步。一个成功的自控设计，自控设计人员对工艺熟悉和了解的深度将是重要的因素。在这阶段还需收集工艺中有关的物性参数和重要数据。

(2) 确定自控方案，完成工艺控制流程图（PCD）

了解工艺流程，并在和工艺人员充分协商后，定出各检测点、控制系统，确定全工艺流程的自控方案，在此基础上可画出工艺控制流程图（PCD），并配合工艺系统专业完成各版管道仪表流程图（P&ID）。

(3) 仪表选型，编制有关仪表信息的设计文件

在仪表选型中，首先要确定的是采用常规仪表还是 DCS 系统。然后，以确定的控制方案和所有的检测点，按照工艺提供的数据及仪表选型的原则，查阅有关部门汇编的产品目录和厂家的产品样本与说明书，调研产品的性能、质量和价格，选定检测、变送、显示、控制等各类仪表的规格、型号。并编制出自控设备表或仪表数据表等有关仪表信息的设计文件。

(4) 控制室设计

自控方案确定，仪表选型后，根据工艺特点，可进行控制室的设计。当采用常规仪表时，首先考虑仪表盘的正面布置，画出仪表盘布置图等有关图纸。然后均需画出控制室布置图及控制室与现场信号连接的有关设计文件，如仪表回路图、端子配线图等。在进行控制室设计中，还应向土建、暖通、电气等专业提出有关设计条件。

(5) 节流装置和调节阀的计算

控制方案已定，所需的节流装置、调节阀的位置和数量也都已确定，根据工艺数据和有关计算方法进行计算，分别列出仪表数据表中调节阀及节流装置计算数据表与结果，并将有关条件提供给管道专业，供管道设计之用。

(6) 仪表供电、供气系统的设计

自控系统的实现不仅需要供电，还需要供气（压缩空气作为气动仪表的气源，对于电动仪表

及 DCS 系统,由于目前还大量使用气动调节阀,所以气源也是不可少的)。为此需按照仪表的供电、供气负荷大小及配制方式,画出仪表供电系统图、仪表空气管道平面图(或系统图)等设计文件。

(7) 依据施工现场的条件,完成控制室与现场间联系的相关设计文件

等土建、管道等专业的工程设计深入开展后,自控专业的现场条件也就清楚了。此时按照现场的仪表设备的方位、控制室与现场的相对位置及系统的联系要求,进行仪表管线的配制工作。在此基础上可列出有关的表格和绘制相关的图纸,如列出电缆表、管缆表、仪表伴热绝热表等,画出仪表位置图、仪表电缆桥架布置总图、仪表电缆(管缆)及桥架布置图、现场仪表配线图等。

(8) 根据自控专业有关的其他设备、材料的选用等情况,完成有关的设计文件

自控专业除了进行仪表设备的选用外,这些仪表设备在安装过程中,还需要选用一些有关的其他设备材料。对这些设备材料需根据施工要求,进行数量统计,编制仪表安装材料表。

(9) 设计工作基本完成后,编写设计文件目录等文件

在设计开始时,先初定应完成的设计内容,待整个工程设计工作基本完成后,要对所有设计文件进行整理,并编制设计文件目录、仪表设计规定、仪表施工安装要求等工程设计文件。

上述设计方法和顺序,仅仅是原则性的提法,在实际工程设计中各种设计文件的编(绘)制,还应按照下面自控工程设计的程序进行。

2. 自控工程设计的程序

自控专业工程设计的程序如图 3-2 所示,工作程序图反映了自控专业在各版 P&ID 期间所要开展的工作。对于图 3-2 所示工作程序图有如下几点说明。

(1) 图中各版 P&ID 期间所列的各种设计文件是表示开始编(绘)制的时间,有些设计文件在该期间可以完成,有些设计文件则要延续到设计后期才能完成,如仪表索引、仪表回路图等。

(2) 图中所列的设计文件对于某个具体工程项目,并不一定都要完成,可以根据需要编(绘)制有关的设计文件。若设计选用气动仪表时,则设计文件应增绘相关图,本程序中未列入。

(3) 化工工艺专业提交的自控设计条件有两种形式:一种为工艺流程图和工艺说明、物料平衡表、主要控制说明等设计资料;一种为“仪表条件表”。两种形式自控专业都可以接受。

(4) 仪表采购的配合工作在基础工程设计阶段就开始了,如向采购部门提供“仪表设计规定”,推荐和评估仪表询价厂商等。

(5) 仪表定位会议一般与模型审核会(设备、配管模型)一起召开。对于不开展模型设计的工程项目,仪表定位会议往往不正式召开。而仪表的定位是通过自控专业与管道等专业往返设计图、表以及相互协商来确定的。

(6) 程序图中未包括 DCS 应用组态所需的设计文件。这类设计文件在工程设计完成后根据需要编(绘)制。编(绘)制时要完成的设计文件有:①工艺流程显示图;②各种显示画面编制(包括总貌、分组、回路、报警、趋势以及流程画面等);③重要工艺操作数据储存要求;④外部通信连接要求;⑤各类报表格式(包括小时、班、日、周、旬、月等报表);⑥其他必需文件。

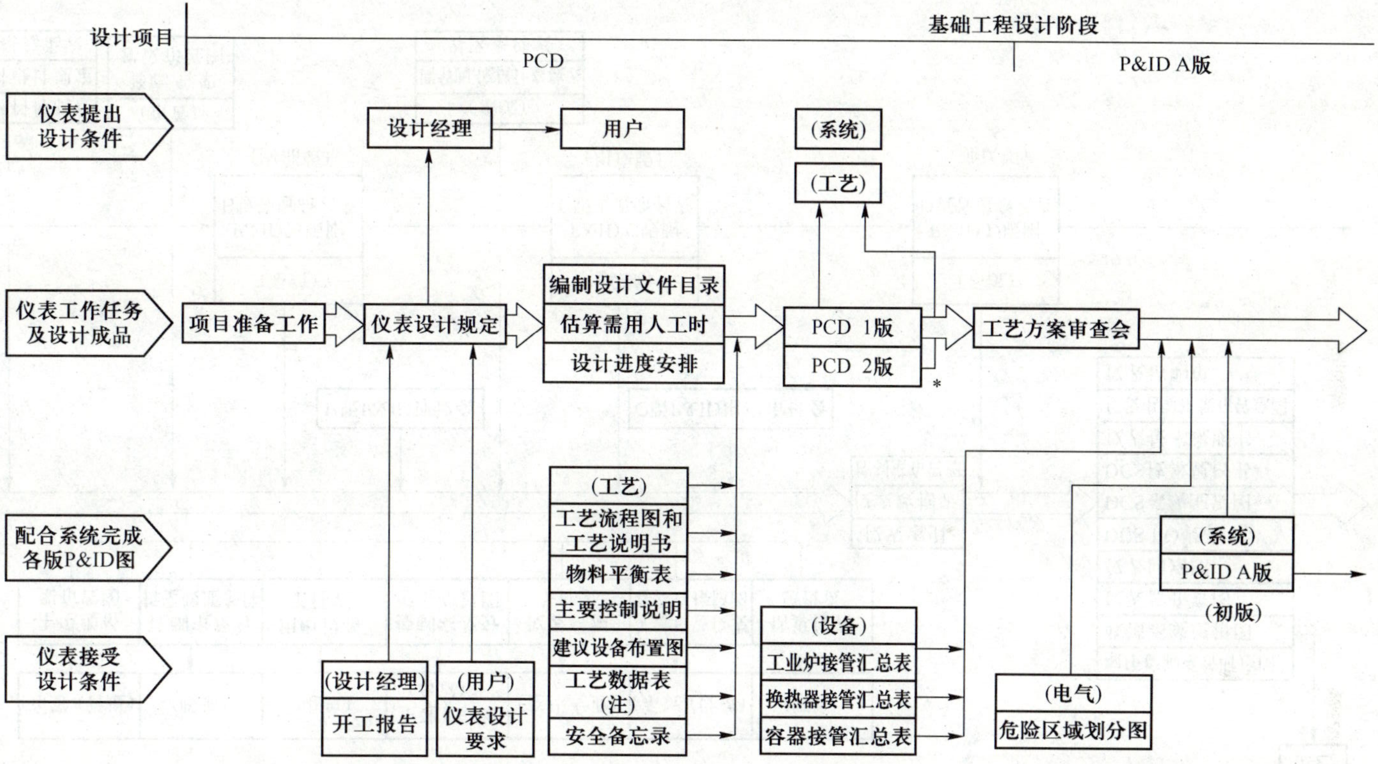

(a) 自控专业工程设计阶段工作程序图(1)

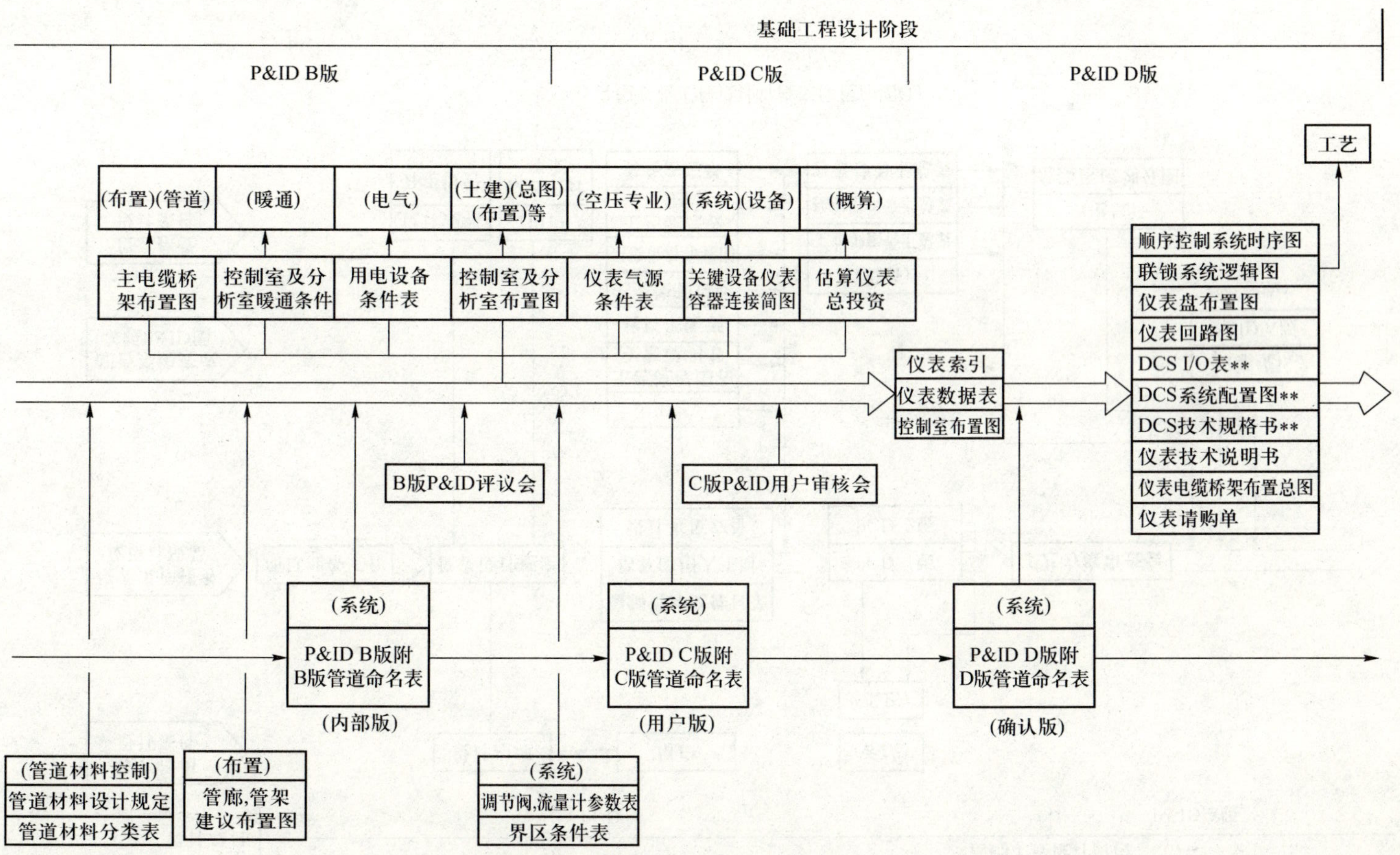

(b) 自控专业工程设计阶段工作程序图(2)

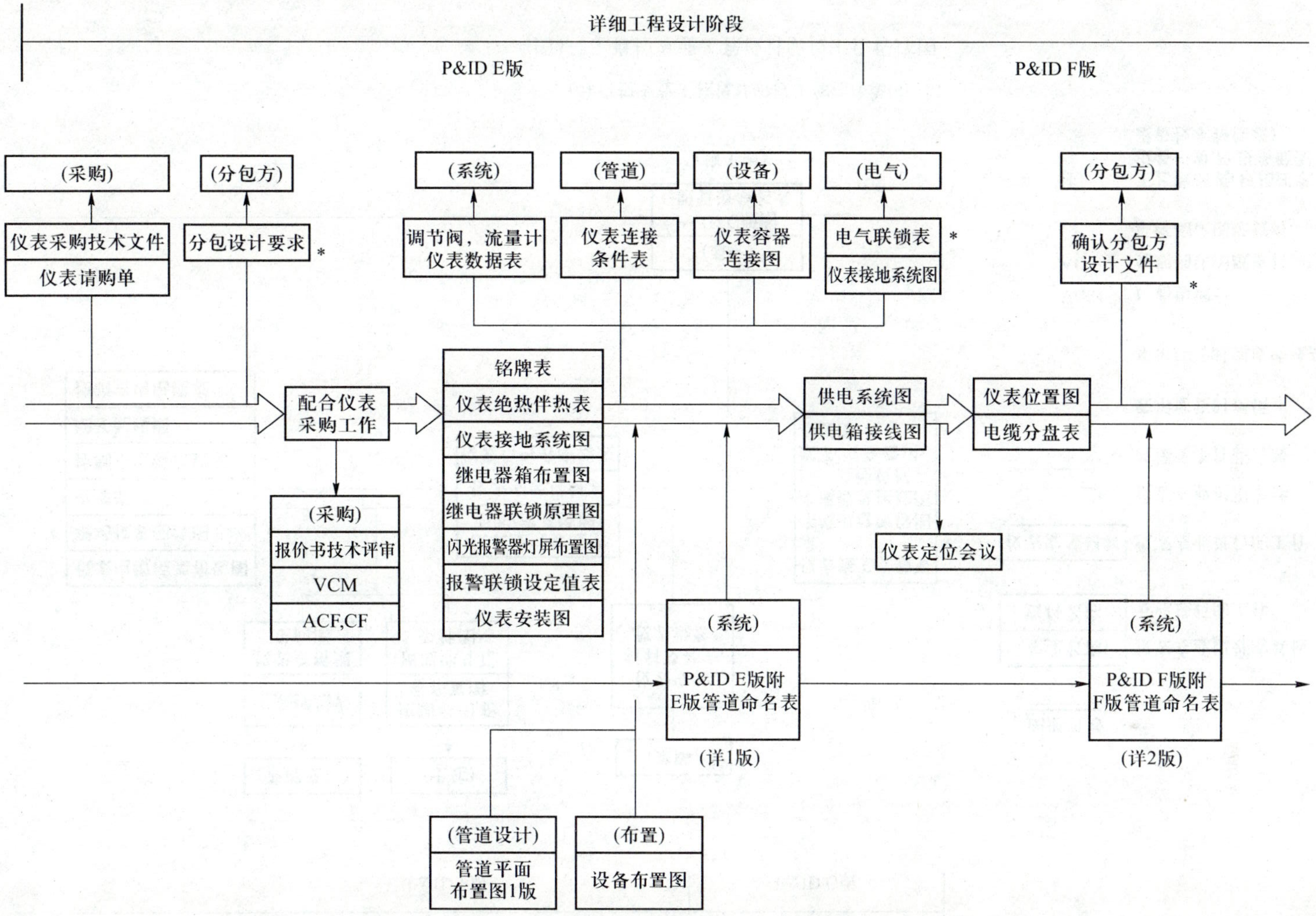

(c) 自控专业工程设计阶段工作程序图(3)

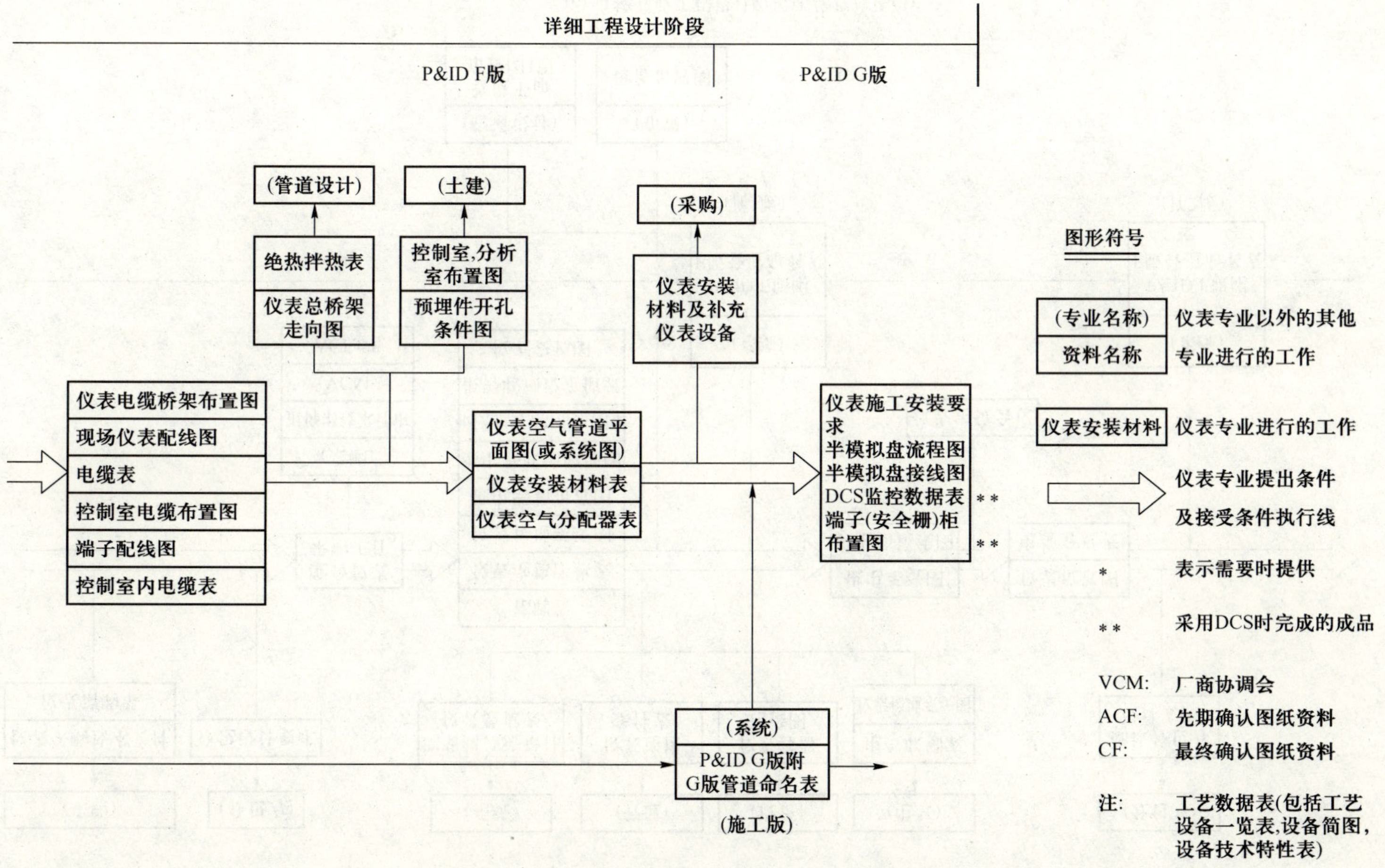

(d) 自控专业工程设计阶段工作程序图(4)

图3-2　自控专业工程设计阶段工作程序图

3.1.3 工程设计表达与图例符号规定

自控工程设计是根据各种条件，根据对这些条件的详细分析，设计、规划自控技术方案。技术方案有各种不同的表达，例如有技术语言表达、数学语言表达等。工程设计是采用规范的工程语言来表达技术方案，即采用标准图例与符号，用各种设计文件表达技术方案。不同专业有不同的标准图例与符号规定，不同行业的自控专业，其图例与符号规定也有差别。自控专业常用标准与规范，请参见附录 3。

过程工业的自控，一般采用化工标准（HG）、石油标准（SY）、石化标准（SH）、机械工业标准（JB）、国家标准（GB）等。其中采用最多的是化工标准和石化标准。下面就这两个标准做一个简要说明。

行业标准《过程测量与控制仪表的功能标志及图形符号 HG 20505－2000》中功能标志和图形符号主要用于初步设计/基础设计、工程设计/施工图设计中仪表位号编制、管道仪表流程图以及监控系统原理图等设计工作。另外，在新体制的设计规定中，专门有一个分规定《自控专业工程设计用图形符号和文字代号（HG/T 20637.2－1998）》，列出了适用于化工装置自控工程设计的仪表回路图、仪表位置图、仪表电缆桥架布置图、仪表电缆（管缆）及桥架布置图、现场仪表配线图、逻辑图、半模拟流程图和 DCS 过程显示、仪表常用电气设备等图形符号的绘制。

1. 仪表功能标志

仪表的功能标志由一个首位字母及一至三个后继字母组成。如，PI，首位字母 P 表示被测变量，后继字母 I 表示读出功能。又如，FFICA，前两个字母 FF 为首位字母，表示变量字母＋修饰字母，后继字母 ICA 表示读出功能＋输出功能＋读出功能。

仪表功能标志首位字母与后继字母的选用应符合表 3-1 的规定，仪表功能标志的所有字母均应大写。

表 3-1 功能字母代号

	首位字母[1]		后继字母[2]		
	被测变量或引发变量	修饰词	读出功能	输出功能	修饰词
A	分析[3]		报警		
B	烧嘴、火焰		供选用[4]	供选用[4]	供选用[4]
C	电导率			控制	
D	密度	差			
E	电压（电动势）		检测元件		

续表

	首位字母[(1)]		后继字母[(2)]		
	被测变量或引发变量	修饰词	读出功能	输出功能	修饰词
F	流量	比率(比值)			
G	毒性气体或可燃气体		视镜、观察[(5)]		
H	手动				高[(6)]
I	电流		指示		
J	功率	扫描			
K	时间、时间程序	变化速率[(7)]		操作器[(8)]	
L	物位		灯[(9)]		低[(6)]
M	水分或湿度	瞬动			中、中间[(6)]
N	供选用[(4)]		供选用[(4)]	供选用[(4)]	供选用[(4)]
O	供选用[(4)]		节流孔		
P	压力、真空		连接或测试点		
Q	数量	积算、累积			
R	核辐射		记录、DCS 趋势记录		
S	速度、频率	安全[(10)]		开关、联锁	
T	温度			传送(变送)	
U	多变量[(11)]		多功能[(12)]	多功能[(12)]	多功能[(12)]
V	振动、机械监视			阀、风门、百叶窗	
W	重量、力		套管		
X	未分类[(13)]	X 轴	未分类[(13)]	未分类[(13)]	未分类[(13)]
Y	事件、状态[(14)]	Y 轴		继动器(继电器)、[(15)]计算器、转换器	
Z	位置、尺寸	Z 轴		驱动器、执行元件	

对功能字母代号的说明如下：

(1)“首位字母”在一般情况下为单个表示被测变量或引发变量的字母(简称变量字母)，在变量字母附加修饰字母后，首位字母则为变量字母＋修饰字母。

(2)“后继字母”可根据需要为一个字母(读出功能)、两个字母(读出功能＋输出功能)、三个字母(读出功能＋输出功能＋读出功能)等。

(3)“分析”(A)指本表中未予规定的分析项目,当需指明具体的分析项目时,应在表示仪表位号的图形符号(圆圈或正方形)旁标明。如分析二氧化碳含量,应在图形符号外标注 CO_2,而不能用 CO_2 代替仪表标志中的“A”。

(4)“供选用”(B)指此字母在本表的相应栏目处中未规定其含义,可根据使用者的需要确定其含义,即该字母作为首位字母时表示一种含义,而作为后继字母时则表示另一种含义。应在具体工程的设计图例中作出规定。

(5)“视镜、观察”(G)表示用于对工艺过程进行观察的现场仪表和视镜,如玻璃液位计、窥视镜等。

(6)“高”(H)、“低”(L)、“中”(M)应与被测量值相对应,而并非与仪表输出的信号值相对应。H、L、M 分别标注在表示仪表位号的图形符号(圆圈或正方形)的右上、下、中处。

(7)“变化速率”(K)在与首位字母 L、T 或 W 组合时,表示测量或引发变量的变化速率。如 WKIC 可表示重量变化速率控制器。

(8)“操作器”(K)表示设置在控制回路内的自动－手动操作器,如流量控制回路中的自动－手动操作器为 FK,它区别于 HC 手动操作器。

(9)“灯”(L)表示单独设置的指示灯,用于显示正常的工作状态,它不同于正常状态的“A”报警灯。如果“L”指示灯是回路的一部分,则应与首位字母组合使用,例如表示一个时间周期(时间累计)终止的指示灯应标注为 KQL。如果不是回路的一部分,可单独用一个字母“L”表示,例如电动机的指示灯,若电压是被测变量,则可表示为 EL,若用来监视运行状态,则表示为 YL。不要用 XL 表示电动机的指示灯,因为未分类变量“X”仅在有限场合使用,可用供选用字母“N”或“O”表示电动机的指示灯,如 NL 或 OL。

(10)“安全”(S)仅用于紧急保护的检测仪表或检测元件及最终控制元件。如“PSV”表示非常状态下起保护作用的压力泄放阀或切断阀。也可用于事故压力条件下进行安全保护的阀门或设施,如爆破膜或爆破板用 PSE 表示。

(11)首位字母“多变量”(U)用来代替多个变量的字母组合。

(12)后继字母“多功能”(U)用来代替多种功能的字母组合。

(13)“未分类”(X)表示作为首位字母或后继字母均未规定其含义的字母,它在不同地点作为首位字母或后继字母均可有任何含义,适用于一个设计中仅一次或有限的几次使用。如,XR－1 可以是应力记录,XX－2 则可以是应力示波器。在应用 X 时,要求在仪表图形符号(圆圈或正方形)外注明未分类字母“X”的含义。

(14)“事件、状态”(Y)表示由事件驱动的控制或监视响应(不同于时间或时间程序驱动),也可表示存在或状态。

(15)“继动器(继电器)”(Y)表示是自动的,但在回路中不是检测装置,其动作由开关或位式控制器带动的设备或器件。表示继动、计算、转换功能时,应在仪表图形符号(圆圈或正方形)外(一般在右上方)标注其具体功能。但功能明显时也可不标注,如执行机构信号线上的电磁阀就无需标注。

功能标志只表示仪表的功能,不表示仪表的结构。如,要实现 FR(流量记录)功能,可采用差压记录仪,也可采用单笔或多笔记录仪。

功能标志首位字母的选择应与被测变量或引发变量相符,可以不与被处理的变量相符。如,调节流量的控制阀,用在液位控制系统中的功能标志是 LV,而不是 FV。

仪表功能标志的首位字母后面可以附加一个修饰字母,这时原来的被测变量就变成一个新变量。如,在首位字母 P、T 后面加 D,变成 PD、TD,原来的压力、温度就变成压差、温差。

仪表功能标志的后继字母后面也可以附加一个或两个修饰字母,以对读出功能进行修饰。如,功能标志 PAH 中,后继字母 A 后面加 H,表示限制读出功能 A 的报警为高报警。

功能标志的字母编组的字母数,一般不超过 4 个。为了减少字母编组的字母数,对于一台仪表同时用于指示和记录同一被测变量时,可以省略 I(指示)。

仪表位号由仪表功能标志与仪表回路编号两部分构成。例如：FIC－116，FIC 为功能标志，116 为回路编号。回路编号可以用工序号＋仪表顺序号组成，也可以用其他规定的方法进行编号。例如：

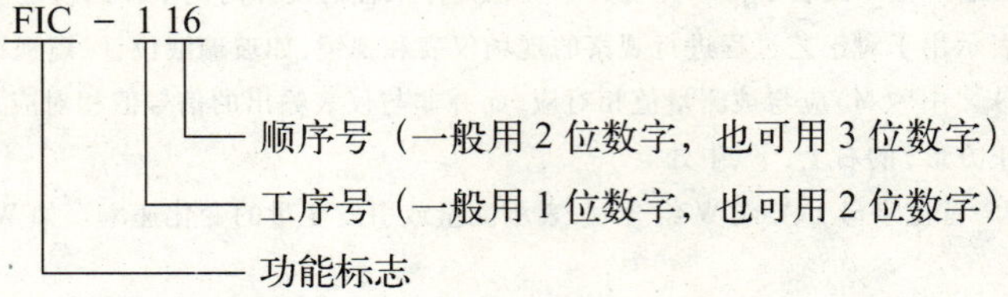

仪表位号按不同的被测变量分类，同一个装置（或工序）中同类被测变量的仪表位号中顺序编号是连续的，顺序号中间可以空号，不同被测变量的仪表位号不能连续编号。

如果同一仪表回路中有两个以上功能相同的仪表，可用仪表位号附加尾缀字母（尾缀字母应大写）的方法以示区别。如，FT－201A、FT－201B 表示同一回路中有两台流量变送器；FV－403A、FV－403B 表示同一回路中有两台控制阀。

多个检测元件共用一台显示仪表时，显示仪表的位号不表示工序号，只按顺序编号；检测元件的位号是在共用显示仪表编号后加后缀。如多点温度指示仪的位号为 TI－1，其检测元件的位号为 TE－1－1、TE－1－2 等。

当一台仪表由两个或多个回路共用时，各回路的仪表位号都应标注。如，一台双笔记录仪要记录流量 FR－121 和压力 PR－131 时，仪表位号为 FR－121/PR－131。

多机组的仪表位号一般按顺序编制，不采用同一位号加尾缀字母的表示方法。如，压缩机组 106－JA、106－JB、106－JC 的测轴温仪表位号分别是：TI－1～TI－10（106－JA）、TI－11～TI－20（106－JB）、TI－21～TI－30（106－JC）。

可用回路代号（也称回路标志）表示一个监控回路，回路代号由首位字母与回路编号组成。如，用回路代号 T－105 表示 TI－105 这个检测回路；用回路代号 F－303 表示 FIC－303 这个控制回路。

在自控专业表格类的设计文件中，编写仪表位号的要求是，一般情况下功能标志后继字母不再附加修饰字母，如带上、下限报警（联锁）的指示、控制系统的位号，只编写 PIA－101、TIS－213 或 FICA－502、LICS－201，不需将报警（联锁）的修饰字母 H、L 编写出来。

2. 仪表图形符号

常规仪表图形为细实线圆圈，如图 3-3 所示。

DCS 仪表图形由细实线正方形与内切圆组成，如图 3-4 所示。

控制计算机仪表图形为细实线正六边形，如图 3-5 所示。

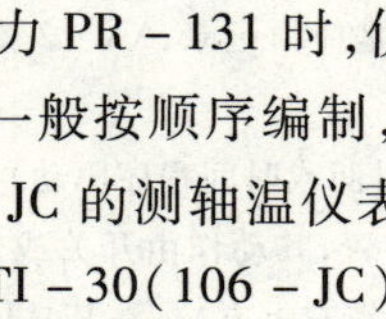

图 3-3　常规仪表图形符号

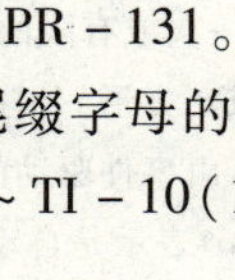

图 3-4　DCS 仪表图形符号

可编程序逻辑控制器仪表图形由细实线正方形与内接四边形组成，如图 3-6 所示。

联锁系统仪表图形为细实线菱形，菱形中标注“I”(Interlock)，在局部联锁系统较多时，应将联锁系统编号，如图 3-7 所示。

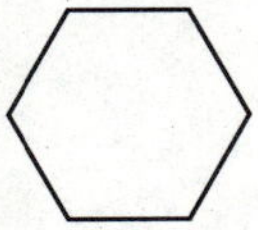

图 3-5　控制计算机仪表图形符号

图 3-6　可编程序逻辑控制器仪表图形符号

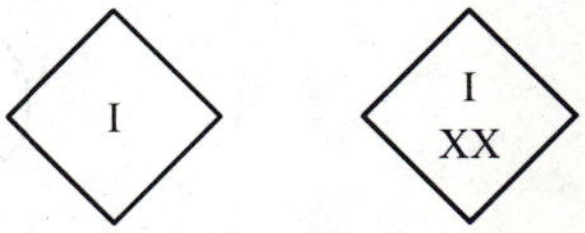

图 3-7　联锁系统仪表图形符号

表示仪表安装位置的图形符号见表 3-2。

表 3-2　表示仪表安装位置的图形符号

图形符号	现场安装	现场盘装	盘后装或后台实现	控制室安装
单台常规仪表	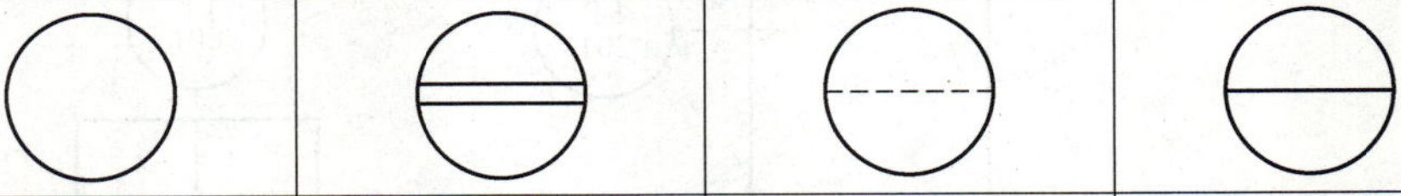			
DCS	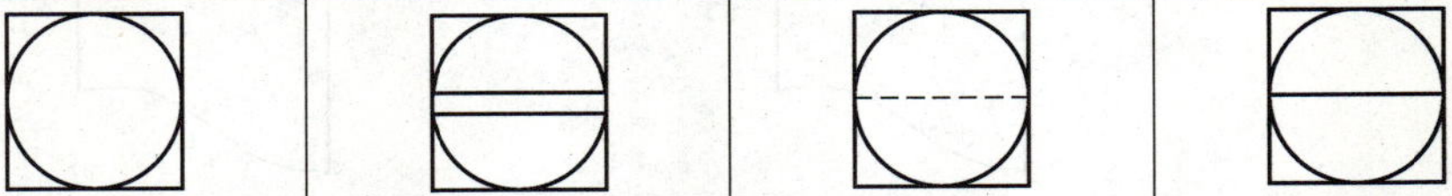			
计算机功能	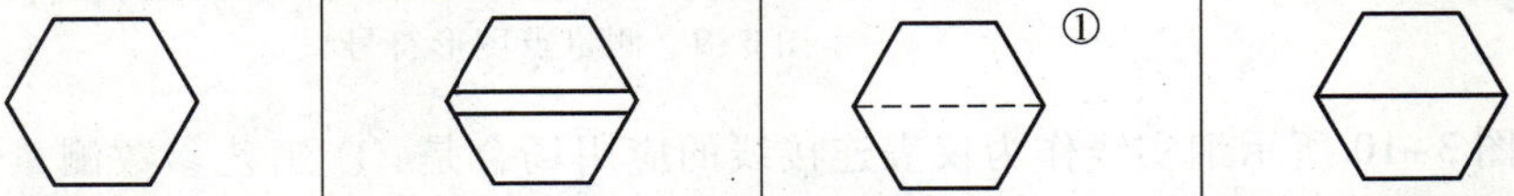			
可编程逻辑控制	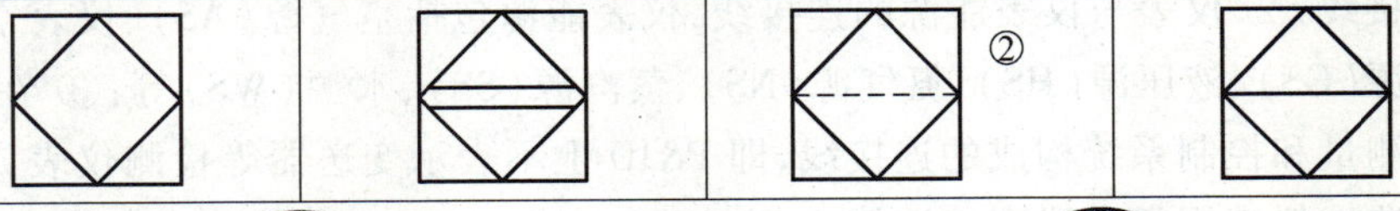			
继电器执行联锁			或 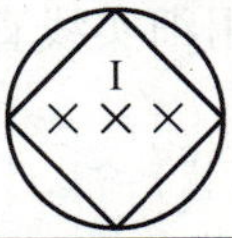	
PLC 执行联锁	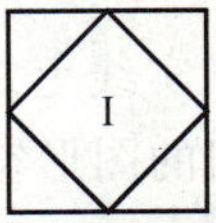		或 	
DCS 执行联锁			或 	

注：① 不与 DCS 进行通信连接的计算机功能组件。
② 不与 DCS 进行通信连接的 PLC。

测量点(包括检出元件)是由过程设备或管道符号引至检测元件或就地仪表的起点,一般不单独表示。需要时,检出元件或检出仪表可用细实线加字母代号 PP、LP、AP 等表示,如图 3-8 所示。

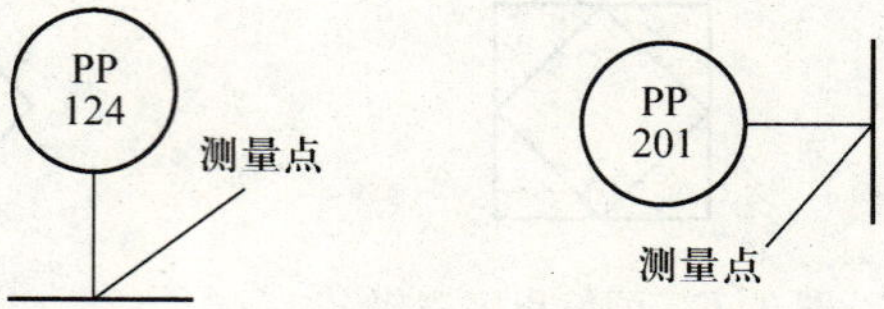

图 3-8　测量点图形符号

若测量点位于设备中,当需要标出测量点在设备中的位置时,可用细实线或虚线表示,如图 3-9 所示。

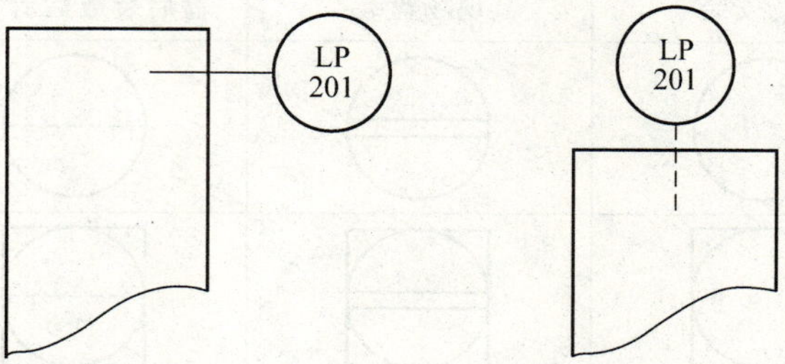

图 3-9　测量点图形符号

图 3-10 所示细实线作为仪表连接线的应用场合是:① 工艺参数测量点与检测装置或仪表的连接线;② 仪表与仪表能源的连接线,仪表能源包括空气源(AS)、仪表空气(IA)、电源(ES)、气体源(GS)、液压源(HS)、氮气源(NS)、蒸汽源(SS)、水源(WS)等;③ 在 P&ID 上用简化方法表示测量和控制系统构成的连接线,即 P&ID 上不表示变送器等检测仪表,工艺参数测量点与控制室监控仪表用细实线直接连接。

图 3-10　细实线连接线

当上述细实线与其他线条可能造成混淆时,可在细实线上加斜短画线(斜短画线与细实线成 45°角)。当有必要区分信号线的类别时,还可以专门的图形符号来表示,如图 3-11 所示。

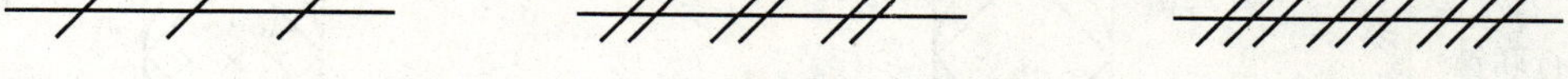

(a) 加斜短画线的信号线　　(b) 气压信号线　　(c) 电信号线

图 3-11　仪表信号线的一些图形符号

就地仪表与控制室仪表(包括 DCS)的连接线、控制室仪表之间的连接线、DCS 内部系统连接线或数据连接线的图形符号参见《过程测量和控制仪表的功能标志及图形符号(HG 20505—2000)》。

在复杂系统中,当有必要表明信息流动的方向时,应在信号线符号上加箭头,如图 3-12 所示。

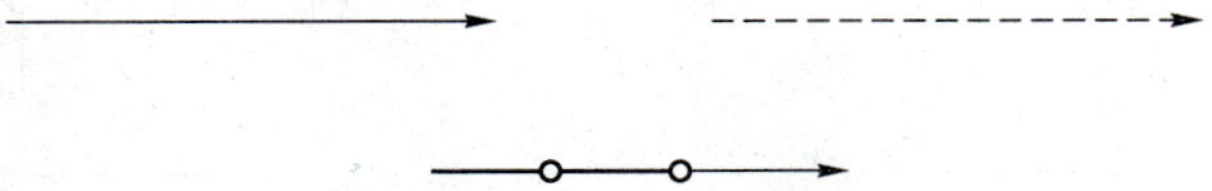

图 3-12　信号线加箭头

信号线的交叉为断线,信号线相接不打点,如图 3-13 所示。

图 3-13　信号线的交叉与连接

执行机构图形符号见表 3-3。

表 3-3　执行机构图形符号

带弹簧薄膜执行机构	不带弹簧薄膜执行机构	电动执行机构	数字执行机构

活塞执行机构单作用	活塞执行机构双作用	电磁执行机构	带手轮气动薄膜执行机构
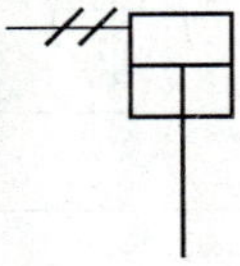	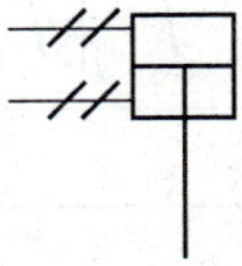		

续表

带气动阀门定位器的气动薄膜执行机构	带电气阀门定位器的气动薄膜执行机构
	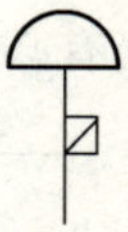
带人工复位装置的执行机构（电磁执行机构为例）	带远程复位装置的执行机构（电磁执行机构为例）
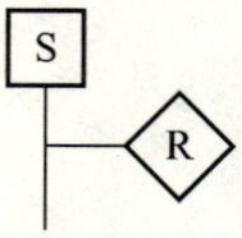	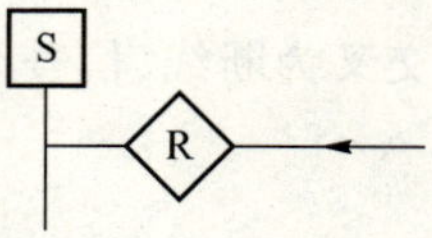

控制阀体图形符号、风门图形符号见表 3-4。

表 3-4　控制阀体图形符号、风门图形符号

截止阀	角阀	三通阀	四通阀
		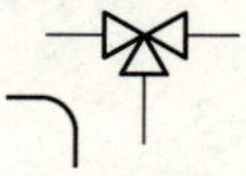	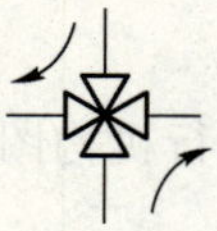
球阀	蝶阀	旋塞阀	其他形式的阀 （X 表示阀的型号）
			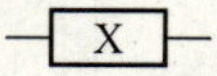
隔膜阀		风门或百叶窗	
	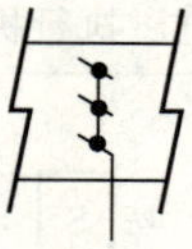		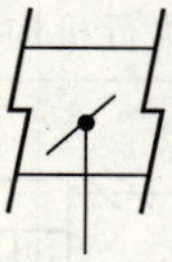
闸阀			

执行机构能源中断时控制阀位置的图形符号(以带弹簧的气动薄膜执行机构控制阀为例)如表 3-5 所示。

表 3-5 能源中断时阀位的图形符号

能源中断时,直通阀开启	能源中断时,直通阀关闭	能源中断时,三通阀流体流通方向 A—C
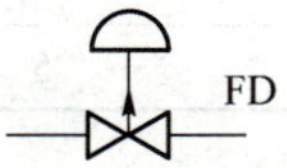	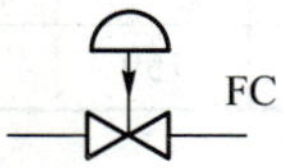	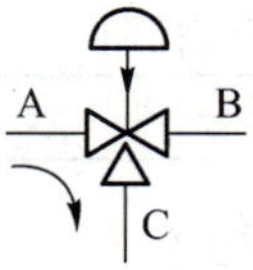
能源中断时,四通阀流体流动方向 A—C 和 D—B	能源中断时,阀保持原位	能源中断时,不定位
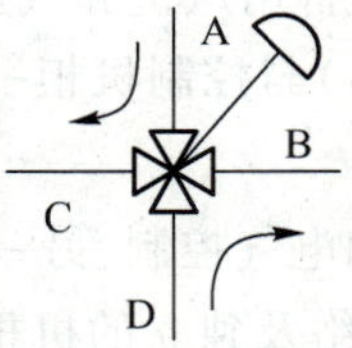	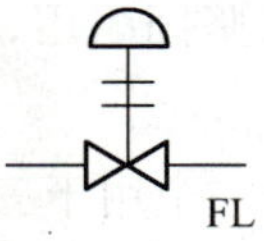	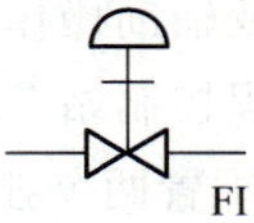

注:上述图形符号中,若不用箭头、横线表示,也可以在控制阀体下部标注下列缩写词。FO——能源中断时,阀开启;FC——能源中断时,阀关闭;FL——能源中断时,阀保持原位;FI——能源中断时,不定位。

节流装置、非压差型流量测量仪表、自力式控制阀、仪表辅助设施的图形符号参见《过程测量和控制仪表的功能标志及图形符号(HG 20505—2000)》。

3.2 控制需求分析

需求分析就是要弄清楚客户的要求是什么,最终能与客户达成一致性。说得简单一点就是,所提供的是不是客户想要的;如果是客户想要的,那么又是不是能满足客户的要求。在这个过程中,客户处于主导地位,需求分析工程师和项目经理要负责整理用户需求,为之后的工程设计打下基础。

需求分析的任务就是解决“做什么”的问题,就是要全面地理解客户的各项要求,并准确地表达所接受的客户需求。

以某石化厂二催化装置三机组、备用风机(含部分电气控制)及气压机控制系统的改造项目为案例,列出客户的技术要求供后续分析。

1. 系统规模

表 3-6 是该项目的 I/O 点数统计表,该表反映出未来系统的规模。

表 3-6 该项目的 I/O 点数统计表

机组名称和 I/O 类型	DI	DO	AI	AO	PT100	K 型和 E 型热电偶
三机组	29	13	76	8	32	5
气压机	35	21	73	10	0	0
备用风机	15	8	10	5	13	0
电气控制	60	65	0	0	0	0
合计	139	107	159	23	45	5

2. 硬件配置

本系统所有硬件要求选用技术先进、性能可靠的最新版本产品，特别要求如下。

（1）操作站及工程师站

三机组控制系统要求配置两台操作站，其中一台操作站放置于现场机控室，另一台放置于 DCS 主控制室，两台操作站互为备用，其中任一台能同时操作监控三机组、备用风机和气压机。

操作台及辅助操作台要求布局设计合理，坚固耐用，颜色和材质（金属）与控制机柜一致。

（2）过程控制站

① 要求配置两个独立的过程控制站，其中一个用于三机组、备用风机和电气控制，另一个用于气压机。每个过程控制站配置冗余的系统电源、中心处理器、通信设备和网络及独立的机柜和 I/O 卡件，而且三机组、备用风机和电气控制的 I/O 也应分开配置，同时联锁 I/O 点均要求冗余配置。

② I/O 卡的配置根据系统规模点数按 20% 的裕量考虑。

③ I/O 卡件插槽要求预留 20% 以上的裕量。

④ 各种类型的卡件各备一块，备件价格分项单列。

⑤ 外供电的 24 VDC 电源要求冗余配置。

⑥ 当过程控制站正常运行时，系统的电源、CPU、软件、通信负荷和其他负载应具有 50% 以上的工作裕量。

⑦ I/O 卡的每个通道之间应隔离，相互之间不应存在电气干扰或影响。

⑧ 冗余电源系统的进线分别走不同的进线电源。

⑨ 考虑与 DCS 系统通信，配置相应的通信模块。

⑩ 系统的各种卡件应能在线带电插拔、更换。冗余设备必须能在线自诊断、排错报警、无差错切换并在线更换故障卡件。所有卡件即插即用，不需重新装载系统和应用程序。

⑪ 输出模块的输出在 CPU 或通信系统故障时，应能按要求自动切换到预先设置的安全输出值。

⑫ 用于温度测量的热电偶输入卡件应具备冷端温度自动补偿功能。

⑬ 与电气相关联的开关量信号全部采用继电器隔离。与电气相关联的模拟量信号全部采用信号隔离器进行隔离。

⑭ 所有开关量输入、输出端子选用带熔断器的端子，其容量应确保该回路 24 V DC 的正极

对地短路时能立即熔断,保证负责外供电的 24 V DC 电源系统不因单个回路故障而受到影响。

⑮ 辅助操作台设置声光报警,对关键报警信息进行指示响应并复位,同时根据需要设置部分切换开关和紧急停机按钮,紧急停机按钮要求带防误操作护罩。

⑯ 控制机柜要求布置合理、附件配置齐全、标识清晰明确,如照明设备、风扇、端子、导轨、汇线槽、电源断路器等,要有通风防尘的措施。

⑰ 控制机柜数量根据需要配置,另外单独配置一个机柜,用来安装部分电气设备,该机柜尺寸、颜色、结构等与控制系统机柜一样。

3. 软件配置

(1) 所有软件(含系统平台软件、系统监控软件、专用编程组态软件)必须是最新正版(含授权)。

(2) 操作站的软件操作环境应能适应大型石油化工装置过程控制的操作需要,可以根据操作者的权限访问和调用工艺流程图、过程参数、数据记录、报警处理以及各种可用数据,并能有效地调整控制回路的输出和设定参数。

(3) 对网络上的数据资源,所有操作站及工程师站能共享,可以根据需要进行监视、控制等不同操作。

(4) 操作级别和权限用密码方式限定,操作员密码和操作权限应能由系统管理员设定和修改。

(5) 操作站的数据存放格式应是通用的,其数据库及数据库管理系统应是标准的,能被其他网络(如 DCS 系统、生产实时数据网等)调用。

(6) 操作站应具有完善的报警功能,对过程变量报警和系统报警应有明确的区别,应能对过程变量报警任意分级、分区、分组,应能自动打印报警信息,区别第一事故报警,记录报警顺序,时间精确到毫秒。

(7) 系统必须具有完善的硬件、软件故障诊断及自诊断功能,自动记录故障报警并能提示维护人员进行维护。

4. 控制功能

(1) 两地操作站用电气环网连接,互为备用,可通过密码设置在监视和控制两个功能级别之间切换。

(2) 油站控制:切换开关在手动位置时,两台泵的启停可手动独立操作,互不影响;切换开关在自动位置时,两台泵互为备用,且必须保证有一台泵运行。

(3) 所有 I/O 信号应有历史记录(含趋势图和数据清单两种模式),所有操作变更(含控制方式切换、操作参数改变等)应有事件记录,所有记录在信息量最大负荷时能保证存储一周以上的时间。

(4) 系统应配置 SOE 的硬件和软件,分辨率为毫秒级,可收集和分析关键事件数据,打印有关事件数据的报告,用于系统维护和停车分析。

(5) 报警分两种类型:第一报警和第二报警,其中第一报警主要包括系统报警和联锁停机参数报警等重要报警信息,第二报警包括其他按设计要求设定的普通报警信息。两种类型报警分两幅报警画面显示,用不同的颜色和声音来区分,当报警发生时,相关报警画面自动弹出。所有报警应具有自锁功能,必须经过人工确认和复位,方可关闭报警信息或画面。

(6) 机组超速保护选用 WOODWARD 公司的 PROTECK203 三取二超速保护系统实现,与控制系统独立,其输出信号通过外部继电器直接送给电气系统。

(7) 轴流机静叶定位系统保留现有的位移传感器及伺服定位控制系统,该系统与主风流量实现主副串级控制回路。

(8) 机组轴位移、轴振动等参数通过变送器转换为标准信号(4 ~20 MA DC),然后接入控制系统的 I/O 单元。

(9) 所有联锁停机参数分别设置软切除开关,便于在线对相关现场仪表进行检查、维修,软切除开关的操作设置密码权限。

3.3 系统总体结构设计

系统总体结构设计就是根据客户的具体要求,在完成需求分析之后,进行控制系统的选型设计。一般会列举出几家的控制系统,根据每家控制系统的特点,结合客户的要求,选出最优的控制系统选型方案。这里,以上述客户需求为例,选用西门子的控制系统进行设计。

3.3.1 系统网络设计

在进行控制系统的选型之前,首先得考虑系统的网络结构是怎样搭建的,必须弄清楚以下几个问题。

(1) 上位机操作站一共有几台,相互之间是怎样连接的,上述案例要求现场机控室和主控制室各放一台操作站。如果两者距离较远,会考虑在各自本地各安放一个工业以太网交换机,操作站分别通过工业以太网连接到交换机上,交换机之间再通过光缆来连接。如果两者距离较近,则可以直接连接到同一个交换机上。

(2) 过程控制站一共有几台,相互之间是怎样连接的。上述案例要求有两台过程控制站,分别来控制三机组、备用风机、电气控制和气压机。同样,如果两台过程控制站距离较远,需要分别通过工业以太网连接到各自的交换机上,交换机之间再通过光纤来连接。否则,可以直接连接到同一个交换机上。

(3) 上位机操作站和过程控制站之间是怎样连接的。一般情况下,现场机控室和主控制室与电气控制柜分别安放在两个地方,且距离较远,为了保证信号传输的稳定可靠,这时会考虑用光纤来连接各自的交换机。同时,为了通信线路的冗余,会考虑选用带冗余管理功能的工业以太网交换机,将现场操作站和过程控制站组成一个光纤环网。这样,即使有一个方向的通信断开,也可通过另一个方向继续通信。

(4) 过程控制站和现场信号之间是怎样连接的。以前传统的连接方式是将现场信号直接通过硬线连接到过程控制站上。这样如果距离太远,信号传输会有损耗,尤其是模拟量信号。且当信号点很多时,布线也很麻烦,浪费材料。所以,一般会考虑在现场安装分布式 IO 从站,将现场信号直接连接到 IO 从站上,再通过总线的方式传到过程控制站。

按照上述案例的客户需求,特做出图 3-14 的网络结构图。

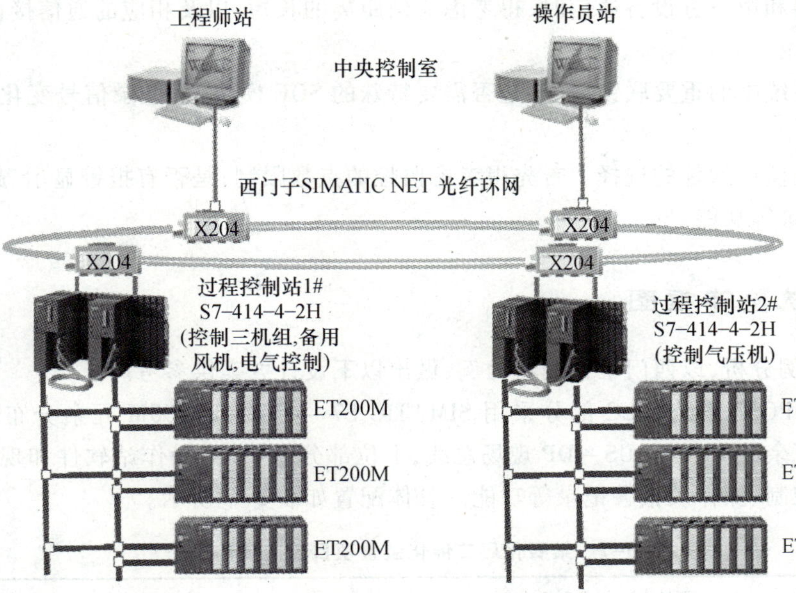

图 3-14　某石化厂二催化装置项目改造网络结构图

3.3.2 控制系统规模选择

要正确地进行控制系统的规模选择,首先需要了解各家控制器的特性,比如性能参数、应用场合、行业解决方案,以及可靠性和通用性等。如何选择一个控制系统,一般遵循以下几点:

(1) 控制器是否需要冗余、IO 信号模块是否需要冗余、通信是否需要冗余。

(2) 控制点数有多少,包括数字量输入和输出点数、模拟量输入和输出点数。

(3) 被控对象工艺是否复杂,是否需要实现特殊功能,比如防喘振控制等。

(4) 系统正常运行时,控制器的负载率是否有足够的工作裕量;IO 信号点是否需要一定的余量。

(5) 针对数字量信号,是否需要继电器隔离;考虑输入信号的电压和电流等级;输出信号是否需要固态继电器输出。

(6) 针对模拟量信号,是否需要安全栅隔离;信号的类型,电压型还是电流型;电压型的话,是 0 到 10V 还是 -10V 到 10V 等;电流型的话,是 0 到 20mA 还是 4 到 20mA 等。不一样的信号类型，需要选择不一样的IO信号模块。

（7）用于温度测量的信号模块，考虑是热电偶还是热电阻。

（8）信号模块是否需要在线带电插拔更换。是的话，得考虑特殊的背板插槽。

（9）当系统和外部出现故障时，比如信号短路或断路，这时信号模块是否需要将输入输出信号自动切换到预先设置的安全值。是的话，得考虑故障安全型的控制器和信号模块。

（10）当需要和第三方设备通信时，得考虑通信距离的长短，以及相应的通信接口协议等，选用不同的通信模块。

（11）针对系统中的重要联锁信号，是否需要特殊的SOE模块，来记录信号变化的时间先后顺序。

（12）上位机监控软件的选择。首先得考虑监控的点数限制；是否有报警显示、趋势分析、报表打印及历史记录等功能。

3.3.3 系统总体框图

根据上述案例分析，以西门子控制器为例，做出以下设计方案供参考。

采用西门子PCS7系统，PLC部分采用SIMATIC S7－414H，ET200M冗余分布式I/O的模式，通信方式为冗余的PROFIBUS－DP现场总线；上位部分由PCS7操作站软件和现场操作盘完成流程图显示、控制、操作及报警记录等功能。具体配置如表3-7所示。

表3-7 某石化厂二催化装置项目改造硬件表

序号	设备(材料)名称	规格型号	单位	数量
1	AS414－4－2H(包含PS、CPU、CP)	6ES7654－2ND67－0XC0	块	1
三机组	IM153－2H	6ES7153－2AR02－0XA0	块	5
	ET200M 热插拔导轨 483MM	6ES7195－1GA00－0XA0	块	5
	热插拔模块，2×40mm	6ES7195－7HB00－0XA0	块	20
	SM321 16DI 24VDC 20PIN	6ES7321－7BH01－0AB0	块	4
	SM322 8DO 24VDC/0.5A 20PIN	6ES7322－8BF00－0AB0	块	7
	SM331 AI8 4～20mA 40PIN（MTA）	6ES7331－7NF00－0AB0	块	2
	SM331 AI8 4～20mA 20PIN	6ES7331－7KF02－0AB0	块	4
	SM331 AI8 PT100 40PIN	6ES7331－7PF01－0AB0	块	5
	SM331 AI8 热电偶输入 40PIN	6ES7331－7PF11－0AB0	块	1
	SM332 8AO 40PIN	6ES7332－5HF00－0AB0	块	2
	FM350 COUNTER 40PIN	6ES7350－2AH00－0AE0	块	1

续表

序号	设备(材料)名称	规格型号	单位	数量
备用风机	IM153 - 2H	6ES7153 - 2AR02 - 0XA0	块	3
	ET200M 热插拔导轨 483MM	6ES7195 - 1GA00 - 0XA0	块	3
	热插拔模块,2 × 40mm	6ES7195 - 7HB00 - 0XA0	块	12
	SM321 16DI 24VDC 20PIN	6ES7321 - 7BH01 - 0AB0	块	3
	SM322 8DO 24VDC/0.5A 20PIN	6ES7322 - 8BF00 - 0AB0	块	4
	SM331 AI8 4 ~ 20mA 40PIN (MTA)	6ES7331 - 7NF00 - 0AB0	块	2
	SM331 AI8 4 ~ 20mA 20PIN	6ES7331 - 7KF02 - 0AB0	块	1
	SM331 AI8 PT100 40 PIN	6ES7331 - 7PF01 - 0AB0	块	2
	SM332 8AO 40PIN	6ES7332 - 5HF00 - 0AB0	块	1
电气控制	IM153 - 2H	6ES7153 - 2AR02 - 0XA0	块	3
	ET200M 热插拔导轨 483MM	6ES7195 - 1GA00 - 0XA0	块	3
	热插拔模块,2 × 40mm	6ES7195 - 7HB00 - 0XA0	块	12
	SM321 16DI 24VDC 20PIN	6ES7321 - 7BH01 - 0AB0	块	1
	SM322 8DO 24VDC/0.5A 20PIN	6ES7322 - 8BF00 - 0AB0	块	1
	SM331 AI8 4 ~ 20mA 40PIN (MTA)	6ES7331 - 7NF00 - 0AB0	块	2
	SM331 AI8 4 ~ 20mA 20PIN	6ES7331 - 7KF02 - 0AB0	块	1
	SM331 AI8 PT100 40PIN	6ES7331 - 7PF01 - 0AB0	块	4
2	AS414 - 4 - 2H(包含 PS、CPU、CP)	6ES7654 - 2ND67 - 0XC0	块	1
气压机	IM153 - 2H	6ES7153 - 2AR02 - 0XA0	块	5
	ET200M 热插拔导轨 483MM	6ES7195 - 1GA00 - 0XA0	块	5
	热插拔模块,2 × 40mm	6ES7195 - 7HB00 - 0XA0	块	18
	SM321 16DI 24VDC 20PIN	6ES7321 - 7BH01 - 0AB0	块	7
	SM322 8DO 24VDC/0.5A 20PIN	6ES7322 - 8BF00 - 0AB0	块	6
	SM331 AI8 4 ~ 20mA 40PIN (MTA)	6ES7331 - 7NF00 - 0AB0	块	8
	SM331 AI8 4 ~ 20mA 20PIN	6ES7331 - 7KF02 - 0AB0	块	6
	SM331 AI8 PT100 40PIN	6ES7331 - 7PF01 - 0AB0	块	1
	SM331 AI8 热电偶输入 40PIN	6ES7331 - 7PF11 - 0AB0	块	1
	SM332 8AO 40PIN	6ES7332 - 5HF00 - 0AB0	块	2
	FM350 COUNTER 40PIN	6ES7350 - 2AH00 - 0AE0	块	1

续表

序号	设备(材料)名称	规格型号	单位	数量
附件及其他				
	前连接器 40 针	6ES7392 - 1AM00 - 0AA0	块	21
	前连接器 20 针	6ES7392 - 1AJ00 - 0AA0	块	45
	端子分配器 MTA	6ES7650 - 1AA51 - 2XX0	块	7
	Cable 3m,40PIN to 25PIN D - SUB	6ES7922 - 3BD00 - 0AN0	块	14
	CP341,with RS485 interface	6ES7341 - 1CH01 - 0AE0	块	1
	485 电缆	6ES7902 - 3AG00 - 0AA0	块	1
	MODBUS Slave 软件与授权	6ES7870 - 1AB01 - 0YA0	块	1
	PROFIBUS 电缆	6XV1830 - 0EH10	米	200
	PROFIBUS 连接器	6ES7972 - 0BB50 - 0XA0	块	60
	SCALANCE X204 - 2	6GK5204 - 2BB00 - 2AA3	块	3
	SCALANCE X202 - IRT	6GK5202 - 2BB00 - 2BA3	块	1
	NET, FIBER OPTIC CABLE ,50m	6XV1820 - 5BN50	根	2
	NET, FIBER OPTIC CABLE ,300m	6XV1820 - 5BT30	根	2
	PROFINET 电缆	6XV1840 - 2AH10	米	300
	PROFINET 连接器	6GK1901 - 1BB10 - 2AB0	块	2
备品备件				
	AS414 - 4 - 2H(包含 PS、CPU、CP)	6ES7654 - 2ND67 - 0XC0	块	1
	IM153 - 2H	6ES7153 - 2AR02 - 0XA0	块	1
	ET200M 热插拔导轨 483MM	6ES7195 - 1GA00 - 0XA0	块	1
	热插拔模块,2 × 40mm	6ES7195 - 7HB00 - 0XA0	块	1
	SM321 16DI 24VDC 20PIN	6ES7321 - 7BH01 - 0AB0	块	1
	SM322 8DO 24VDC/0.5A 20PIN	6ES7322 - 8BF00 - 0AB0	块	1
	SM331 AI8 4 ~ 20mA 40PIN (MTA)	6ES7331 - 7NF00 - 0AB0	块	1
	SM331 AI8 4 ~ 20mA 20PIN	6ES7331 - 7KF02 - 0AB0	块	1
	SM331 AI8 PT100 40 PIN	6ES7331 - 7PF01 - 0AB0	块	1

续表

序号	设备(材料)名称	规格型号	单位	数量
	SM331 AI8 热电偶输入 40PIN	6ES7331 - 7PF11 - 0AB0	块	1
	SM322 8AO　20PIN	6ES7332 - 5HF00 - 0AB0	块	1
	FM350 COUNTER 40PIN	6ES7350 - 2AH00 - 0AE0	块	1
	前连接器 40 针	6ES7392 - 1AM00 - 0AA0	块	1
	前连接器 20 针	6ES7392 - 1AJ00 - 0AA0	块	1
	端子分配器 MTA	6ES7650 - 1AA51 - 2XX0	块	1
	Cable 3m,40PIN to 25PIN D - SUB	6ES7922 - 3BD00 - 0AN0	块	1
	SITOP POWER 40A	6EP1337 - 3BA00	块	1
	CP 341, with RS485 interface	6ES7341 - 1CH01 - 0AE0	块	1
	CP 1613 A2 PCI - CARD	6GK1161 - 3AA01	块	1
	SCALANCE X204 - 2	6GK5204 - 2BB00 - 2AA3	块	1
	SCALANCE X202 - IRT	6GK5202 - 2BB00 - 2BA3	块	1
	工程师站	Siemens 工控机	套	1
	操作员站	Siemens 工控机	套	1
	打印机	HP A4 激光打印机	台	1
	模拟量输入式隔离栅(4 ~ 20mA 1 入 1 出)		块	81
	变送器		块	12

该方案采用 6 个机柜的方案。

主机架(CR):用于安装电源模块、CPU、通信模块、功能模块等。

中央处理器(CPU):实现从程序的存储、运算、过程中断、通信以及自诊断等功能,是 PLC 的核心,可带电插拔。

通信模块(CP):用于分别将 CPU 连接到 PROFIBUS 或工业以太网,可带电插拔。

接口模块(IM153):用于连接 CPU 和扩展模块,可带电插拔。

整个系统由两套 PLC 和两套操作站组成。工程师站可以通过以太网通信接口给 PLC 编制程序、维护等;操作人员通过操作员站可以对过程进行各种操作和维护,浏览相关的数据,了解生产状况。PLC 的机柜设计如表 3-8 所示。

表 3-8 某石化厂二催化装置项目改造机柜设计

序号	说明	数量
1	电器柜 2000H×800W×800D,2mm 厚冷轧钢板,前后开门,底部电缆通道,RAL7032	6
2	荧光灯	6
3	风扇	6
4	接线端子(德国韦德米勒),其中输入为带熔断器的端子和输出经过隔离继电器也带熔断器的端子数量按需要提供	若干
5	电源端子(德国韦德米勒)	若干
6	系统电源分配板	若干
7	继电器(24VDC 两动合、两动断,OMRON)	220
8	标号	若干
9	导线	若干
10	线槽	若干
11	断路器(西门子)	20
12	电源插座	6

3.4 基础过程控制系统设计

3.4.1 控制方案设计

1. 基础控制方案设计原则

基础控制方案设计在整个系统设计中占有十分重要的地位,一个控制系统的成功与否主要取决于是否有一个设计优良的控制方案。

任何一种控制系统都是为了满足生产过程中的工艺要求,从而提高产品质量和生产效率。因此,为实现此目的,设计系统控制方案时,应遵循以下基本原则。

(1) 满足要求

最大限度地满足被控对象的控制要求,这是设计该控制系统的首要前提,也是设计中最重要的一条原则。进行设计前,需要深入了解被控对象,收集资料。例如,在设计加热炉控制系统时,首先满足加热炉的工艺要求,即要保证加热炉出口温度稳定、燃料量以及空气量的流量稳定、炉膛负压稳定。

(2) 安全可靠

保证控制系统长期运行的安全、可靠、稳定,是设计系统的重要原则。为了达到这一目的,在系统方案设计、可靠性设计、设备选择、软件编程方面应进行总体规划和全面考虑。这就要求在控制系统设计以及实施的过程中具有一定的安全等级。

(3) 经济实用

在满足控制要求的前提下,力求控制系统简单、经济、实用、维护方便。即可以采用单回路控制系统达到控制目标的最好不要采用串级控制系统,这样不仅仅节约了一个控制阀,而且在调试以及维护的时候就更加方便。

(4) 适应发展

考虑到生产发展和工艺的改进,设计的控制系统应具有适当扩展功能。

2. 被控变量和控制变量的选择

(1) 被控变量的选择

被控变量:过程内要求保持设定数值(接近恒值或按预定规律变化或随某变量而变化)的物理量,称之为被控变量。例如加热炉出口温度、锅炉汽包水位和反应器温度等。

在设计自动控制系统时,被控变量的选择十分重要,它关系到系统能否达到稳定操作、增加产量、提高质量、改善劳动条件、保证安全等目的,关系到控制方案的成败。如果被控变量选择不当,不管组成什么形式的控制系统,也不管配上多么精密先进的工业自动化装置,都不能达到预期的控制效果。

被控变量的选择与生产工艺密切相关,而影响一个生产过程正常操作的因素是很多的,但并非所有影响因素都要加以控制。所以,必须深入实际,调查研究,分析工艺,找出影响生产的关键变量作为被控变量。所谓"关键"变量,是指这样的一些变量:它们对产品的产量、质量以及安全具有决定性的作用,而人工操作又难以满足要求;或者人工操作虽然可以满足要求,但是操作比较频繁。

根据被控变量与生产过程的关系,可将其分为两种类型:直接指标控制与间接指标控制。如果被控变量本身就是需要控制的工艺指标(例如:温度、压力、流量、液位、成分等),则称为直接指标控制;如果工艺是按质量指标进行操作的,照理应以产品质量作为被控变量进行控制,但有时缺乏合适的获取质量信号的检测手段,或虽能检测,但信号很微弱或滞后很大,这时可选取与直接质量指标有单值对应关系而反应又快的另一变量,如温度、压力等作为间接控制指标,进行间接指标控制。

例如,在加热炉控制系统中,主要是保证加热炉出口温度稳定,因此这里选择加热炉出口温度为关键变量。同时又要求加热炉的燃料燃烧充分,即要保证烟气含氧量在一定的范围内。这里燃烧充分只是一个模糊的质量指标,由于烟气含氧量测量起来比较麻烦,因此这里不能直接将烟气含氧量选为被控变量,要选择与烟气含氧量有一一对应关系的间接指标作为被控变量。燃料燃烧的充分程度主要与燃料量和空气量的配比有关,因此这里选择燃料量和空气量为被控变量。

根据以上分析，可以总结出如下几条选择被控变量的原则。

① 被控变量应能代表一定的工艺操作指标或能反映工艺操作状态，一般都是工艺过程中比较重要的变量。例如加热炉中的加热炉最终出口温度。

② 尽量采用直接指标作为被控变量。当无法获得直接指标信号，或其测量和变送信号滞后很大时，可选择与直接指标有单值对应关系的间接指标作为被控变量。例如加热炉控制系统中的烟气含氧量控制就选择了燃料量和空气量为被控变量。

③ 被控变量应能被测量出来，并具有足够大的灵敏度，以便反映产品质量的变化。

④ 选择被控变量时，必须考虑到工艺的合理性和国内仪表产品生产的现状。

⑤ 被控变量应是独立可控的。

（2）控制变量的选择

被控变量确定之后，还需要选择一个合适的控制变量。

当系统受到扰动，被控参数偏离了原来的稳定点之后，应当能够调整某一参数，使得被控参数能够迅速回到原来的工作点上。这个在系统受到扰动时能够“操纵”被控变量的参数称作控制变量。控制变量应能够影响被控参数，应是对被控参数影响比较大的参数。

控制变量一般选系统中可以调整的物料量或能量参数。而石油、化工生产过程中遇到最多的控制变量则是物料流或能量流，即流量参数。

在一个系统中，能够影响被控参数的变量常常不止一个。那么选择什么样的参数作为控制变量呢，这对控制系统的控制质量会有很大的影响，因此控制变量的选择问题是设计控制系统的一个重要考虑因素。

例如，在加热炉中，对加热炉出口温度影响的因素很多，包括物料的进料流量、燃料的燃烧状况以及进加热炉的空气温度。在这三因素中，控制其中任意一个都可以构成温度控制系统，分析如表 3-9 所示。

表 3-9　控制策略表

控制方案	优缺点
物料的进料流量作为控制变量的方案	该滞后比较大，并且在加热炉中要求物料流量稳定，不允许有波动，应保持稳定，所以选它作为操作变量不合理。
空气温度作为控制变量的方案	空气温度对加热炉出口温度的影响比较小，滞后比较大，并且空气温度的测量也比较困难，所以选它为操作变量也不合理。
燃料的燃烧状况作为被控变量的方案	燃料的燃烧状况直接影响加热炉出口温度，滞后比较小，燃料流量和空气流量的测量也比较容易，因此选它为操作变量比较合理。

根据以上分析，可以总结出控制变量的选择应当遵循以下原则：

① 调节变量必须是工艺上允许调节的变量。

② 调节变量应该是系统中所有输入变量中对被控变量影响最大的一个。调节通道的放大系数 K 要尽量大一些，时间常数 T 适当小些，滞后时间尽量小。

③ 不宜选择代表生产负荷的变量作为调节变量，以免引起产量波动。

3. 控制策略的选择

常见的控制策略特点以及适用场合如表 3-10 所示。

表 3-10　控制策略表

控制策略名称	特点	适用场合
单回路控制系统	控制系统结构比较简单，抗干扰能力比较弱，没有自适应能力。控制器参数是通过对特定对象整定得到的。	对象容量滞后比较小，负荷变化比较缓慢、不频繁，或者干扰不频繁、不强烈，或者工艺对产品质量要求不高。
串级控制系统	控制系统结构比单回路控制复杂，有较强的抗干扰能力以及自适应能力。	对象的容量滞后比较大，负荷变化比较剧烈、频繁，或者干扰比较频繁、强烈，或者工艺对产品质量要求很高。
比值控制系统	实现两个或两个以上参数符合一定比例关系的控制系统。	在化工、炼油及其他工业生产过程中，常常需要两种或两种以上的物料按一定比例关系进入生产设备，比例一旦失调，将会影响生产或造成事故的场合。
均匀控制系统	结构上无特殊性：结构上可以是单回路，可以是串级。均匀控制指的是目的，而不是结构。均匀控制是通过降低控制回路灵敏度来获得的，而不是通过结构变化得到的。 参数应变化，而且应是缓慢地变化，并且要有主次。 参数变化要限定范围：均匀控制系统中被控变量是非单一、非定制的，允许它在给定值附近一个范围内变化。即根据供求矛盾，两个参数的给定值不是定点而是定范围。	根据生产需要，在同一管线上设置两个控制系统，有两个控制阀，而在工作的时候两个控制阀相互矛盾，在这种场合下需选用均匀控制系统。
前馈控制系统	前馈控制克服干扰比反馈控制及时；反馈控制属于“开环”控制系统；前馈控制使用的是视对象特性而定的“专用”控制器；一种前馈控制作用只能克服一种干扰。	对象的滞后或纯滞后较大，反馈控制难以满足工艺要求，可把主要干扰进行前馈控制；系统中存在可测、不可控、变化频繁、幅值大且对被控变量影响显著的干扰；当工艺上要求实现变量间的某种特殊关系时，需要通过建立数学模型来实现控制；经济性原则。
选择控制系统	具有一个控制系统，该控制系统在正常时，克服干扰，维持生产平稳运行；达到安全极限时，具有应变能力，采取相应的措施，使生产离开安全极限，返回正常情况。	只有一个控制系统，但是希望实现两个控制功能的场合。

续表

控制策略名称	特点	适用场合
内模控制系统	大大改善大滞后系统的控制品质，具有较强的抗干扰能力，同时也具有较强的鲁棒性。	适用于具有非线性、大滞后特性的对象以及鲁棒性要求比较高的场合。
……	……	……

4. 控制规律的选择

工业过程中常见的控制规律有开关控制、比例控制、比例－积分控制、比例－微分控制、比例－积分－微分控制等。过程工业中常见的参数有流量、液位、压力和温度，这些参数有些是重要的生产参数，有些是不太重要的参数，所以控制要求也是各种各样，因此控制规律的选择要根据具体情况而定。但有一些原则可以在选择时加以考虑。

(1) 对于不太重要的参数，可以考虑采用比例控制，甚至采用开关控制。

(2) 对于不太重要的参数，但是惯性较大，又不希望动态偏差较大，可考虑采用比例－微分控制。但是对于系统噪声较大的参数，例如流量，则不能选用比例－微分控制；

(3) 对于比较重要的，控制精度要求比较高的参数，可采用比例－积分控制；

(4) 对于比较重要的、控制精度要求比较高、希望动态偏差小、被控对象的时间滞后较大的参数，应该采用比例－积分－微分控制或者是先进控制算法。

控制规律特点及选择见表 3-11。

表 3-11　控制规律特点表

控制规律名称	特点	适用场合
比例	比较简单，控制比较及时，一旦有偏差出现，马上就有相应控制作用，但是比例控制器不能消除偏差。	它是最基本的控制规律，适合于干扰较小，对象滞后较小而时间常数并不太小，控制精度要求不高的场合。
比例积分	积分作用使控制器的输出和偏差的积分成比例，故过渡过程结束时无余差，但是加上积分作用，稳定性降低。积分作用时增大比例度，可保持稳定性，但超调量和振荡周期增大，过渡时间增长。	该调节规律是使用最多的，它适用于调节通道滞后较小，负荷变化不大，工艺要求不能有余差的场合。
比例积分微分	既能快速调节，又能消除偏差，还能根据偏差信号的变化趋势提前动作，具有较好的调节性能。	该调节规律适用于容量滞后较大，纯滞后不太大，不允许有余差的对象以及工艺要求比较高的场合。
先进控制	先进控制通常指的是基于模型的控制策略，它具有较强的抗干扰能力、鲁棒性，控制效果比较好。	适用于处理复杂的多变量生产过程的问题上，比如：大时滞、多变量耦合、被控变量与对象之间存在各种约束等。
……	……	……

5. 确定执行器、控制器的正反作用

执行器主要分为以下三种形式:气动阀门、电动阀门以及液动阀门。化工生产中所用的阀门大多数为气动阀门。在这里执行器的正反作用是指阀门的气开、气闭。当阀门为气开阀时,执行器为正作用;当阀门为气闭阀时,执行器为反作用。气开、气闭的选择原则:当输入压力信号中断的时候,应保证设备和操作人员的安全。例如:锅炉上汽包液位控制阀,当没有压力信号输出的时候,锅炉上汽包应该有水,不然锅炉会烧干,所以在没有压力信号的时候应该保证上汽包入口阀门处于开的状态,所以该阀门为气闭阀。

气开、气闭的选择原则主要从以下几个方面考虑:① 从生产安全出发;② 从保证产品质量出发;③ 从降低原料、成品、动力损耗来考虑;④ 从介质的特点考虑。关于控制阀的开、闭形式详细介绍,请参考附录 4 中的相关内容。

控制器正反作用则主要是利用整个控制回路构成负反馈的方法进行判定的,即系统开环总放大倍数必须为负值(即保证为负反馈)。以单回路反馈控制系统为例,假定控制器的传递函数为 G_C、控制阀的传递函数 G_V、被控对象传递函数为 G_0、测量变送环节的传递函数为 G_m,则控制回路形成负反馈的条件是:

$$\mathrm{Sign}\{G_C\}\cdot\mathrm{Sign}\{G_V\}\cdot\mathrm{Sign}\{G_0\}\cdot\mathrm{Sign}\{G_m\}=-1$$

一般的控制系统主要包括控制器、控制阀、被控对象、测量变送器组成。在这些组成部分中,控制阀、被控对象、测量变动器正负作用的判定如表 3-12 所示。

表 3-12　控制器正反作用确定表

组成部分	判定各组成部分的符号
控制阀	当控制阀为气开阀时,该作用为正作用;当控制阀为气闭阀时,该作用为反作用。
被控对象	加大控制阀的开度,观察被控变量的状态,如果被控变量增加时,被控对象的符号为负,如果被控变量减小时,被控对象的符号为正。
测量变送器	测量变送器只起到对信号的测量以及变送作用,因此其符号为正。
控制器	根据系统开环总放大倍数必须为负值以及控制阀、被控对象、测量变送器、偏差的符号,可以得到控制器的正反作用。

控制器正、反作用的选择非常重要,如果选择错误可能会导致系统不稳定。关于控制器正反作用的详细介绍,请参考附录 4 中的相关内容。

例如,在加热炉进料流量控制系统中:① 控制阀:从安全角度考虑,当发生故障的时候,为了确保加热炉不至于烧干,阀门应该开着,因此控制阀为气闭阀,为反作用,符号为负。② 被控对象:当阀门开大的时候,流量增加,因此被控对象为正作用,符号为正。③ 测量变送器:符号为正。④ 偏差:在 DCS 中,符号为负(仪表偏差为正)。根据整个控制系统必须构成负反馈,因此该控制器必须为负作用(常规仪表控制器为正作用控制器)。

6. 顺序控制系统设计

顺序控制系统是指按照受控执行机构预定的动作顺序及相应的转步条件，一步一步进行的自动控制系统。受控设备通常是动作顺序不变或相对固定的生产机械。这种控制系统的转步主令信号大多数是行程开关（包括有触点或无触点行程开关、光电开关、干簧管开关、霍尔元件开关等位置检测开关），有时也采用压力继电器、时间继电器之类的信号转换元件作为某些步的转步主令信号。

为了使顺序控制系统工作可靠，通常采用步进式顺序控制电路结构。所谓步进式顺序控制，是指控制系统的任一程序步（以下简称步）的得电必须以前一步的得电并且本步的转步主令信号已发出为条件。对生产机械而言，受控设备任一步的机械动作是否执行，取决于控制系统前一步是否已有输出信号及其受控机械动作是否已完成。若前一步的动作未完成，则后一步的动作无法执行。这种控制系统的互锁严密，即便转步主令信号元件失灵或出现误操作，亦不会导致动作顺序错乱。

顺序功能图又称为状态转移图或功能图表，是一种设计顺序控制程序的通用技术语言。我国于 1986 年颁布了顺序功能图的国家标准（GB6988. 6—86），1994 年公布的 IEC61131 国际标准中，顺序功能图被确定为位居首位的控制器编程语言。

图 3-15 所示为顺序功能图的一般形式，它主要由步、有向连线、转换、转换条件和动作（命令）组成。步是一种逻辑块，对应于特定的控制任务；动作是控制任务的独立部分；转换用有向连线上与有向连线垂直的短画线来表示，转换将相邻两个步分隔开。步的活动状态的进展是由转换的实现来完成的，并与控制过程的发展相对应。在顺序结构中，CPU 首先反复执行第（$n-1$）步中的动作，直到转换条件 b 变为“1”状态以后，CPU 将处理第 n 步。每个步中可以包含多个动作。

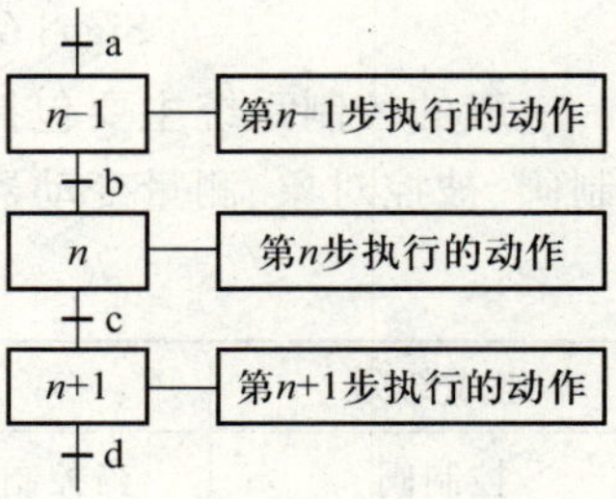

图 3-15　顺序功能图的一般形式

3.4.2　检测元件（仪表）的选择

一、检测元件（仪表）选型的一般原则

1. 工艺过程的条件

工艺过程的流量、温度、压力、黏度、腐蚀性、毒性、脉动等因素，是决定仪表选型的重要条件之一，它关系到仪表的使用寿命、仪表选用的合理性以及车间的防火防爆保安等问题。关于安装在危险区域的检测仪表（元件）控制阀，则需要符合国家相应的防护标准。

2. 操作上的重要性

各检测点的参数在操作上的重要性是仪表指示、记录、积算、报警、控制、遥控等功能选定的依据。一般来说，对工艺过程影响不大但需经常监视的变量，可选指示型；对需要经常了解变化趋势的重要变量，应选记录式；而一些对工艺过程影响较大又需随时监控的变量，应设为控制点；对关系到物料衡算和动力消耗而要求计量或经济核算的变量，宜设积算；一些可能影响生产或安全的变量,宜设报警。

3. 经济性和统一性

仪表的选型也决定于投资的规模,应在满足工艺和自控要求的前提下,进行必要的经济核算,取得适宜的性能/价格比。为便于仪表的维修和管理,在选型时也要注意到仪表的统一性。尽量选用同一系列、同一规格型号及同一生产厂家的产品。

4. 仪表的使用和供应情况

选用的仪表应是较为成熟的产品,经现场使用证明性能可靠;同时要注意到选用的仪表应当是货源供应充沛,不会影响工程的施工进度。

二、流量测量仪表的选型

1. 流量测量仪表的分类

流量测量仪表可按照不同原则进行分类,分类方法众多。按测量方法和结构分类是流量测量仪表的最常用的分类方法,由于工业过程主要使用封闭管道流量计,故下面针对封闭管道流量计进行分类,如图 3-16 所示。

2. 流量测量仪表的选型

按照生产要求,从仪表产品供应的实际情况出发,并综合考虑测量的安装条件、环境条件和经济因素等方面,最终根据化工仪表手册进行流量仪表的选取。

流体特性包括:流体温度、压力、密度、黏度、化学性质、腐蚀、结垢、脏污、磨损、气体压缩系数等熵指数、比热容、电导率、导热系数、多相流、脉动流等。

仪表性能包括:精确度、重复性、线性度、范围度、压力损失、上/下限流量、信号输出特性、响应时间等。

安装条件包括:管道布置方向、流动方向、上下游管道长度、管道口径、维护空间、管道振动、防爆、接地、电源、气源、辅助设施(过滤、消气)等。

环境条件包括:环境温度、湿度、安全性、电磁干扰、维护空间等。

经济因素包括:购置费、安装费、维修费、校验费、使用寿命、运行费(能耗)、备品备件等。

针对不同种类的流量测量进行仪表选型时,适宜使用的仪表类型如下:

(1) 一般流体、液体、蒸汽流量测量

可选择差压式流量计、转子流量计、速度流量计(靶式流量计、涡轮流量计、涡街流量计)、超声波流量计、科氏力质量流量计、热导式质量流量计、旋进旋涡流量计。

(2) 腐蚀、导电或带固体微粒流量测量

通常选用电磁流量计。

(3) 高黏度流体流量测量

通常选用容积式流量计(椭圆齿轮流量计、腰轮流量计、刮板流量计)、靶式流量计、楔形流量计。

(4) 大管径流量测量

通常选用笛形均速管流量计、插入式涡轮流量计、插入式旋涡流量计、电磁流量计、文丘里管、超声波流量计、热导式质量流量计。

- 封闭管道流量计
  - 差压式流量计
    - 孔板流量计
    - 文丘里管流量计
    - 内锥式流量计
    - 纺锤体流量计
    - 弯管式流量计
  - 容积式流量计
    - 椭圆齿轮流量计
    - 腰轮流量计
    - 旋转活塞流量计
    - 双转子流量计
  - 涡轮式流量计
    - 插入式涡轮流量计
    - 切向式涡轮流量计(叶轮式流量计)
    - 多流束切线流叶轮流量计(水表)
  - 流体振荡流量计
    - 涡街式流量计
    - 旋进式漩涡流量计
  - 电磁式流量计
    - 插入式电磁流量计
    - 双管式电磁流量计
  - 超声波流量计
    - 普通式超声波流量计
    - 插入式超声波流量计
  - 光学流量计
    - 多普勒流量计
    - 粒子成像流量计
    - 光纤流量计
  - 质量流量计
    - 直接式
      - 科氏力流量计
      - 热式流量计
    - 推导式质量流量计
    - 补偿式质量流量计
  - 混相流量计
    - 分离式流量计
      - 完全分离式多相流量计
      - 部分分离式多相流量计
    - 非分离式流量计
      - 组合式混相流量计
      - 成像式混相流量计
      - 标记法式混相流量计

图 3-16　封闭管道流量计分类

(5) 粉状及块状固体流量测量

通常选用冲量式流量计、皮带秤、轨道衡。

(6) 需要测量管道中是否有流量时,宜选用流量开关。

(7) 需要测量明渠液体流量时宜选用明渠流量计,需要测量不满管液体流量时宜选用不满管电磁流量计。

仪表的选型应根据化工仪表手册进行详细确定。

三、温度测量仪表的选型

1. 温度测量仪表的类型、特点以及测量范围

常用工业温度计的分类如图 3–17 所示。

各种温度计的特点如表 3–13 所示。

- 接触式
  - 热膨胀
    - 固体的膨胀：双金属温度计
    - 液体的膨胀：玻璃温度计
    - 气体的膨胀：压力式温度计
  - 热电阻
    - 金属热电阻：铜热电阻、铂热电阻、镍热电阻等
    - 半导体热敏电阻：锗电阻、碳电阻、热敏电阻(氧化物)等
  - 热电偶
    - 廉金属热电偶：铜–康铜热电偶、镍铬–镍硅热电偶、镍铬–考铜热电偶等
    - 贵金属热电偶：铂铑30–铂铑6热电偶、铂铑10–铂热电偶等
    - 难熔金属热电偶：钨铼系、钨钼系等
    - 非金属热电偶：石墨系、硅化物系、碳化物–硼化物系等
- 非接触式
  - 热辐射
    - 辐射法：辐射温度计、部分辐射温度计
    - 亮度法：光学高温计
    - 比色法：比色温度计

图 3–17 常用工业温度计的分类

表 3–13 各种温度计的特点

形式	温度计种类	优点	缺点
接触式仪表	玻璃液体温度计	结构简单，使用方便，测量准确，价格低廉。	测量上限和精度受玻璃质量的限制，易碎，不能记录与远传。
	压力表式温度计	结构简单，不怕震动，具有防爆性，价格低廉。	精度低，测温距离较远时，仪表的滞后性较大。
	双金属温度计	结构简单，机械强度大，价格低。	精度低，量程和使用范围均有限。
	热电阻	测温精度高，便于远距离、多点、集中测量和自动控制。	不能测量高温，由于体积大，测点温度较困难。
	热电偶	测温范围广，精度高，便于远距离、多点、集中测量和自动控制。	需要冷端温度补偿，在低温段测量精度较低。

续表

形式	温度计种类	优点	缺点
非接触式仪表	辐射式高温计	测温元件不破坏被测物体温度场，测温范围广。	只能测高温，低温测量不准，环境条件会影响测量准确度。对测量值修正后才能获得真实温度。

各种温度计的测量范围如图 3-18 所示。

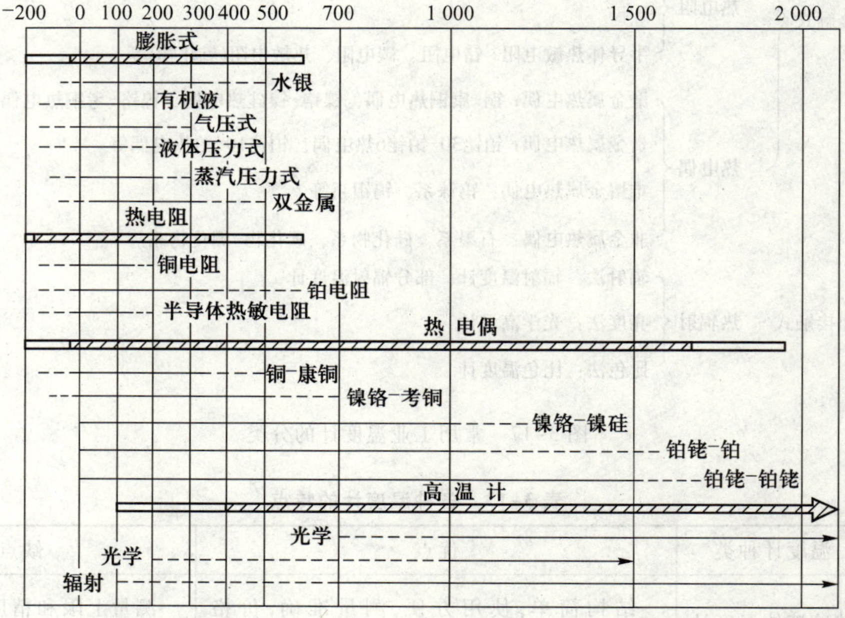

图 3-18　各种温度计的测量范围

2. 温度测量仪表的选型

(1) 就地温度仪表的选择

根据温度仪表精确度等级、测量范围来选取相应的就地温度仪表。

精确度等级：一般工业用温度计，1.5 级或 1 级；精密测量用温度计，0.5 级或 0.25 级。

测量范围：最高测量值不大于仪表测量范围上限值的 90%，正常测量值在仪表测量范围上限值的 1/2 左右。压力式温度计测量值应在仪表测量范围上限值的 1/2～3/4 之间。

① 若满足测量范围、工作压力和精确度要求时，应优先选用双金属温度计。

② 对于 -80℃以下低温、无法近距离观察、有振动及精确度要求不高的场合可选用压力式温度计。

③ 玻璃温度计仅用于测量精确度较高、振动较小、无机械损伤、观察方便的特殊场合。

④ 就地或就地盘装测量、控制（调节）仪表，宜选用基地式温度仪表。

（2）集中温度仪表的选择

① 根据温度测量范围，选用相应分度号的热电偶、热电阻或热敏电阻。

② 装配式热电偶适用一般场合，装配式热电阻适用于无振动场合，热敏电阻适用于要求测量反应速度快的场合。铠装热电偶、铠装热电阻适用于要求耐振动或耐冲击以及要求提高响应速度的场合。

③ 根据测量对象对响应速度的要求，可选用下列时间常数的检测元件。

a. 热电偶 600 s、100 s、20 s 三级；

b. 热电阻 90 ~ 180 s、30 ~ 90 s、10 ~ 30 s、< 10 s 四级；

c. 热敏电阻 < 1 s。

④ 热电偶测量端形式的选择

a. 在满足相应速度要求的一般情况下，宜选用绝缘式；

b. 为了保证响应速度足够快或为了抑制干扰源对测量的干扰时，应选用接壳式。

⑤ 根据使用环境条件选择温度计接线盒。

a. 普通式：条件较好的场所；

b. 防溅式、防水式：潮湿或露天的场所；

c. 隔爆式：易燃、易爆的场所。

⑥ 连接方式的选择

a. 一般情况下可选用螺纹连接方式，下列场合应选用法兰连接方式：

b. 在设备、衬里管道、非金属管道和有色金属管道上安装；

c. 结晶、结疤、堵塞和强腐蚀性介质；

d. 易燃、易爆和剧毒介质。

⑦ 特殊场合下温度计的选择

a. 温度 >870℃、氢含量 >5% 的还原性气体、惰性气体及真空场合，选用钨铼热电偶或吹气热电偶；

b. 设备、管道外壁和转体表面温度，选用表面式、压簧固定式或铠装热电偶、热电阻；

c. 含坚硬固体颗粒介质，选用耐磨热电偶；

d. 在同一个检测元件保护套管中，要求多点测温时，选用多点（支）热电偶；

e. 为了节省特殊保护管材料（如钽），提高响应速度或要求检测元件弯曲安装时，可选用铠装热电阻、热电偶；

f. 高炉、热风炉温度测量，可选用高炉、热风炉专用热电偶。

（3）检测元件插入长度（尾长）的选择

插入长度的选择，应以检测元件插至被测介质温度变化灵敏且具有代表性的位置为原则。

(4) 测温保护管的选择

检测元件保护套材质不低于设备或管道材质。如定型产品保护套太薄或不耐腐蚀(如铠装热电偶),另加保护套管。

(5) 变送器的选择

与接受标准信号显示仪表配套的测量或控制系统,可选用具有模拟信号输出功能或数字信号输出功能的变送器。

四、压力测量仪表的选型

1. 压力测量仪表的分类和特点

压力测量仪表按其工作原理可分为液柱式、弹性式、活塞式(负荷式)及压力传感式四大类。各类仪表的测量范围及用途可见表 3-14 所示。

表 3-14 压力测量仪表分类性能及用途

类别	分类		测量范围(kPa)	用途
液柱式压力计	U 形管压力计		-50~0.1	低微压测量。高精确度者可用作基准器
	单管压力计		-100~1	
	倾斜微压计		-10~0.01	
	补偿微压计		-10~0.01	
	自动液柱式压力计		-50~0.1	
弹性式压力表	弹簧管压力表	一般压力表	-100~1000	表压、负压、绝对压力测量,就地指示、报警、记录或发信,或将被测量远传,进行集中显示
		精密压力表	-50~100	
		特殊压力表	-0.001~1	
	膜片压力表		-100~1000	
	膜盒压力表		-10~0.1	
	波纹管压力表		-0.001~1	
	钣黄压力计		-0.001~1000	
	压力记录仪		-0.001~1	
	电接点压力表		-50~10000	
	远传压力表		-50~5000	
负荷式压力计	活塞式压力计	单活塞式压力计	-0.001~100	精密测量基准器具
		双活塞式压力计	-50~0.05	
	浮球式压力计		0~5	
	钟罩式微压计		-10~5	

续表

类别	分类		测量范围(kPa)	用途
压力传感器	电阻式压力传感器	电位器式压力传感器	-50 ~ 5000	将被测压力转换成电信号,以监测、报警、控制及显示
		应变式压力传感器	-100 ~ 5000	
	电感式压力传感器	气隙式压力传感器	-0.0005 ~ 1000	
		差动变压器式压力传感器	-0.0005 ~ 5000	
	电容式压力传感器		-0.0005 ~ 100	
	压阻式压力传感器		-0.0005 ~ 5000	
	压电式压力传感器		-0.0005 ~ 100	
	振频式压力传感器	振弦式压力传感器	-0.0005 ~ 0.001	
		振筒式压力传感器	-0.0005 ~ 100	
	霍尔式压力传感器		-0.0005 ~ 100	
压力开关	位移式压力开关		-0.0005 ~ 100	位式控制或发信报警
	力平衡式压力开关		-0.0005 ~ 5	

2. 压力测量仪表的选型

(1) 按照使用环境和测量介质的性质选择

① 在大气腐蚀性较强、粉尘较多和易喷淋液体等环境恶劣的场合,应根据环境条件选择合适的外壳材料及防护等级。

② 对于一般介质的测量

a. 压力在 -40 kPa ~ 0 ~ 40 kPa 时,宜选用膜盒压力表。

b. 压力在 40 kPa 以上时,一般选用弹簧管压力表或波纹管压力计。

c. 压力在 -100 kPa ~ 0 ~ 2400 kPa 时,应选用压力真空表。

d. 压力在 -100 kPa ~ 0 时,宜选用弹簧管真空表。

③ 稀硝酸、醋酸及其他一般腐蚀介质,应选用耐酸压力表或不锈钢膜片压力表。

④ 稀盐酸、盐酸气、重油类及其类似的具有强腐蚀性、含固体颗粒、黏稠液等介质,应选用膜片压力表或隔膜压力表。其膜片及隔膜的材质,必须根据测量介质的特性选择。

⑤ 结晶、结疤及高黏度等介质,应选用法兰式隔膜压力表。

⑥ 在机械振动较强的场合,应选用耐震压力表或船用压力表。

⑦ 在易燃、易爆的场合,如需电接点讯号时,应选用防爆压力控制器或防爆电接点压力表。

⑧ 对于测量高、中压力或腐蚀性较强的介质的压力表,宜选择壳体具有超压释放设施的压力表。

⑨ 以下测量介质需用专用压力表。

a. 气氨、液氨:氨压力表、真空表、压力真空表;

b. 氧气:氧气压力表;

c. 氢气:氢气压力表;

d. 氯气:耐氯压力表、压力真空表;

e. 乙炔:乙炔压力表;

f. 硫化氢:耐硫压力表;

g. 碱液:耐碱压力表、压力真空表。

⑩ 测量差压时,应选用差压压力表。

(2) 测量范围的选择

根据被测压力大小,确定仪表量程。

① 在测量稳定压力时,正常操作压力值应在仪表测量范围上限值的1/3～2/3。

② 在脉动压力测量(如泵、风机和压缩机等出口处压力)时,正常操作压力值应在仪表测量范围上限值的1/3～1/2。

③ 在测量高、中压力(大于4 MPa)时,正常操作压力不应超过仪表测量范围上限值的1/2。

(3) 精度等级的选择

根据生产允许的最大测量误差以及经济性,确定仪表的精度。

① 一般测量用压力表、膜盒压力表和膜片压力表,应选用1.5级或2.5级。

② 精密测量用压力表,应选用0.4级、0.25级或0.16级。

(4) 仪表外形的选择

① 在管道和设备上安装的压力表,表盘直径为Φ150 mm或Φ100 mm。

② 在仪表气动管路及其辅助设备上安装的压力表,表盘直径为Φ60 mm。

③ 安装在照度较低、位置较高或示值不易观测场合的压力表,表盘直径为Φ150 mm或Φ200 mm。

(5) 变送器的选择

① 以标准信号传输时,应选用变送器。

② 易燃、易爆场合,应选用气动变送器或防爆型电动变送器。

③ 结晶、结疤、堵塞、黏稠及腐蚀性介质,应选用法兰式变送器。与介质直接接触的材质,必须根据介质的特性选择。

④ 对于测量精确度要求高,而一般模拟仪表难以达到时,宜选用智能变送器,其精确度优于0.2级以上。当测量点位置不宜接近或环境条件恶劣时,宜选用智能变送器。

⑤ 使用环境较好、测量精确度和可靠性要求不高的场合,可以选用电阻式、电感式远传压力表或霍尔压力变送器。

⑥ 测量微小压力(小于500 pa)时,可选用微差压变送器。

⑦ 测量设备或管道差压时,应选用差压变送器。

⑧ 在使用环境较好、易接近的场合,可选用直接安装型变送器。

五、物位测量仪表的选型

1. 物位测量仪表的分类和特性

按测量方法对物位仪表可分类如下。

(1) 直接式液位测量仪表

包括玻璃管式液位计和玻璃板式液位计,这两种液位计又分反射式和透射式。

直接式液位测量仪表用于就地测量液位、现场显示。因液位计与被测介质直接接触,其材质需适应介质要求,并能承受操作状态的压力和温度。

(2) 差压式液位测量仪表

包括压力式液位计、吹气法压力式液位计和差压式液位(或界面)计。

差压式液位测量仪表以压力和差压变送器来测量液位。在石化生产过程中大量应用差压变送器测量液位,对腐蚀、黏稠介质可采用法兰式及带毛细管的差压变送器。为保证测量的正确,介质的密度应相对稳定。

(3) 浮力式液位测量仪表

包括浮筒式液位计、浮球式液位计以及磁性翻板式液位计。其中浮球式液位计又包括浮球式和浮标式。

浮筒式液位计的测量范围有限,一般为 300 ~ 2 000 mm,因此适用于液位波动较小,密度稳定,介质洁净的场合。浮标式液位计测量范围较大,也适用于易燃、有毒的介质。

(4) 电气式液位测量仪表

包括电接点式液位计、电容式液位计和磁致伸缩式液位计。

电接点式液位计结构简单,价格便宜,可适用于高温、高压的场合。电容式液位计适用于有腐蚀、有毒、导电或非导电介质的液位测量,对黏稠、易结垢的介质,可选择带保护极的测量电极。

(5) 超声波式液位测量仪表

运用声波反射的一种无接触式液位测量仪表。声波必须在空气中传播,因此不能用于真空设备。

(6) 放射性液位计

是真正不接触测量各种容器的液位或料位,适用于高压、高温、强腐蚀及高黏度介质的场合。但仪表必须由专人管理,保证操作和试用的安全性。

(7) 雷达液位计

运用高频脉冲电磁波反射原理进行测量,适用于恶劣的操作条件下液位或料位的测量。

2. 物位测量仪表的选型

物位测量仪表的选型原则如下。

(1) 应综合考虑工艺条件、被测介质的性质、测控系统的要求,使用环境条件等因素,以便对仪表的技术性能做出充分评价。

(2) 液位和界面测量应选用差压式仪表、浮筒式和浮子式仪表。当不能满足要求时,可选用电容式、射频导纳式、电接触式(电阻式)、声波式、磁致伸缩式等仪表。料面测量应根据物料的粒度、物料的安息角、物料的导电性能、料仓的结构形式及测量要求进行选择。

(3) 仪表的结构形式和材质,应根据被测介质的特性来选择。主要考虑的因素为压力、温度、腐蚀性、导电性;是否存在聚合、黏稠、沉淀、结晶、结膜、气化、起泡等现象;密度和密度变化;液体中含悬浮物的多少;液面扰动的程度以及固体物料的粒度。

(4) 仪表的显示方式和功能,应根据工艺操作及系统组成的要求确定。当要求信号传输时,可选择具有模拟信号输出功能或数字信号输出功能的仪表。

(5) 仪表量程应根据工艺对象的实际需要显示的范围或实际变化范围确定。除供容积计量用的物位仪表外,一般应是正常物位处于仪表量程的50%左右。

(6) 仪表精度应根据工艺要求选择,但供容积计量用的物位仪表的精确度应不劣于±1 mm。

(7) 用于有爆炸危险场所的电子式物位仪表,应根据防爆等级要求,选择合适的防爆结构型式或采取其他防爆措施。

(8) 用于腐蚀性气体及有害粉尘等场所的物位仪表,应根据使用环境条件,选择合适的外壳材质及防护等级。

选取液位、料位、界面测量仪表可参见相关化工仪表手册。

六、成分分析仪表的选型

1. 过程分析仪表的分类及特性

过程分析仪表按工作原理进行分类,可分为热导式分析仪、磁导式分析仪、光学式分析仪、电化学式分析仪、热化学式分析仪、色谱仪、质谱仪等。

(1) 热导式分析仪

热导式分析仪是一种应用较为广泛的物理式气体分析仪,品种较多,可用于混合气体中某一组分含量的分析。这类分析仪的测量原理是气体成分的变化引起导热系数变化这一物理特性,致使热丝电阻值的发生变化,从而测知气体的成分。

(2) 磁导式分析仪

① 热磁式氧分析仪

氧比其他气体的磁化率高,而气体的磁化率与绝对温度的平方成反比。这是热磁式氧分析仪工作的基本依据。

② 磁力机械式氧分析仪

磁力机械式氧分析仪也是利用氧的强顺磁性进行设计,但检测方法与热磁式有所不同。

(3) 光学式分析仪

应用光学方法制成的各种成分分析仪是分析仪表中较为重要的一类。在工业中应用较广的有:红外线分析仪、紫外线分析仪、光电比色分析仪等。

① 红外线分析仪

红外线分析仪是根据气体(或液体、固体)对红外线的吸收原理设计的一种物理式的成分分析仪。工业型红外线分析仪的结构形式很多,有分光式及不分光式、直读式及补偿式、单束光式及双光束等。其中不分光直读式双光束红外线分析仪应用较广。

② 紫外线分析仪

紫外线分析仪的工作原理和红外线分析仪相似,可用来测定气体或液体中某一组分的含量。

③ 光电比色分析仪

光电比色分析仪工作于可见光区域,比色分析法就是根据溶液或气体的颜色深浅确定其中某种物质的含量。

(4) 电化学式分析仪

电化学式分析仪的种类很多,按工作原理来分有电导式、电位式、库仑式、极谱式等。

① 电导式分析仪

电导式分析仪是通过测量溶液的电导间接得知溶液的浓度。它既可用来分析一般的电解质溶液,也可用于分析气体的浓度,只要该气体被电导液吸收即可。

电磁浓度计也是一种电导式浓度计,不过它是基于电磁感应原理来反映电导的变化。与带有电极测量部件的电导式分析仪相比较,其测量部件不与待测溶液直接接触,故称为非接触式测量法。对于强腐蚀性、稀泥浆及高电导溶液的浓度测量,它是一种较为理想的测量方法。

② 电位式分析仪

电位式分析仪的基本原理是测定插在被测溶液中的两个电极间的电位差,来确定该溶液的浓度。最有代表性的电位式分析仪为 pH 计,也称酸度计。

工业钠度计也是一种电位式分析仪,其工作原理与 pH 计相似。

③ 库仑式分析仪

库仑式分析仪是测量电解过程中所消耗的电量的仪表。测得消耗的电量,可求出被测物质的含量。

④ 极谱式分析仪

根据极谱图对被测物质进行定量和定性的分析。

⑤ 氧化锆分析仪

以氧化锆管为电解质的浓差电池,由测得的电势就可求出被测气体的氧含量,常用于测量烟气中氧含量。

(5) 热化学式分析仪

热化学式分析仪是利用试样中被测组分在催化剂作用下,发生燃烧等化学反应,根据产生的反应热,来测定被测组分的含量。较有代表性的热化学式分析仪为可燃气体检测报警仪。

(6) 色谱仪

色谱仪是先将混合物在色谱柱上进行分离,然后检测分离后的单独组分,测定各组分浓度。色谱仪根据流动相的不同,可分为气相色谱仪和液相色谱仪。

① 气相色谱仪

气相色谱仪是一种间断式分析仪,除了作为实验室应用外,由于它的分析速度较快,周期较短,工业上仍把它作为一种连续监测和控制用的分析仪。

② 液相色谱仪

液相色谱仪的组成、测量原理及操作过程等和气相色谱仪相似,不同的是流动相为液相。

(7) 质谱分析仪

质谱分析仪是用于测定化合物的组成、结构及含量的仪表。

(8) 其他类型分析仪

为了满足不同的分析要求,还有多种类型的分析仪表,诸如核磁共振波谱仪、工业折光仪(光电浓度变送器)、密度式硫酸浓度计、水质浊度计、ORP(氧化还原电势)检测器、热量计等。

2. 过程分析仪表的选型

成分分析仪的特点是专用性很强,每一种分析仪的适用范围都很有限。同一类分析仪,即使有相同的测量范围,但由于待测试样的背景组成不同,并不一定都能适用。

选用过程分析仪表时,应详尽了解被分析对象工艺过程、介质特性、应用的环境、仪表的功能以及其他限制条件。

选型原则:

(1) 分析试样的类型、待测组分和背景组分。试样有气体、液体和固体三类。气体分析仪品种齐全,在过程检测中取得较好的应用。

(2) 所选用分析仪表系统的技术要求应能满足被分析介质的操作温度、压力和物料性质,特别是全部背景组分及含量的要求。

(3) 仪表的选择性、适用范围、精确度、量程范围、最小检测量和稳定性等技术指标需满足工艺流程要求,并应性能可靠,操作,维修简便。仪表的防护等级应满足安装环境要求。

① 选择性

选择性是分析仪辨别试样中待测组分与背景组分的能力。应选用对试样中待测组分起响应,而对背景组分不敏感的分析仪表。分析仪的选择性主要取决于仪表的测量原理,此外也与待测试样中各组分的相对浓度、试样状态有关。

② 精确度

分析仪的精确度同仪表的工作条件、试样状况、校验情况等有关。仪表的各生产厂家确定的分析仪精度、规定的条件也不同。因此在选用时,尚需考虑实际使用条件与规定条件的差异带来的误差。

随着在分析仪中引入微处理器或计算机后,分析仪的精确度大大提高,可高达 ±(0.5-1)%,一般也能达到 ±(1-2.5)%,微量分析的分析仪精确度为 ±(2-5)%,少数的为 ±10% 或更大。

(4) 对于腐蚀性介质或安装在易燃、易爆、危险场所的分析仪表应符合相关条件或采取必要的措施后能符合使用要求。

(5) 对仪表的技术性能和经济效果做充分评估,使之能在保证产品质量和生产安全、增加经济效益、减轻环境污染等方面起到应有的作用。

过程分析仪的选用可参考相关化工仪表手册。

3.4.3 执行器（控制阀）的选择

控制阀是控制系统的执行机构，他接受控制器的命令执行控制任务。控制阀选择的和与否，将直接关系到能否很好地起到控制作用。因此，必须全面且准确地选择控制阀。

控制阀选择的内容如下。

1. 气动调节阀与电动调节阀的选择

控制阀由执行机构和阀体部件两部分组成。按其能源方式不同可分气动调节阀、电动调节阀。他们的差别在于所配的执行机构不同，能源不同，阀门体组建也有差别。

气动调节阀：现今大多数工控场合所用执行器都是气动调节阀，因为用气源做动力，相较之下，比电动调节阀要经济实惠，且结构简单，易于掌握和维护。由维护观点来看，气动调节阀比其他类型的调节阀易于操作和校定，在现场也可以很容易实现正反左右的互换。它最大的优点是安全，当使用定位器时，对于易燃易爆环境是理想的，而电讯号如果不是防爆的或本质安全的，则有潜在的因打火而引发火灾的危险。所以，虽然现在电动调节阀应用范围越来越广，但是在化工领域，气动调节阀还是占据着绝对的优势。

气动调节阀的主要缺点就是：响应较慢，控制精度欠佳，抗偏离能力较差，这是因为气体的可压缩性，尤其是使用大的气动调节阀时，空气填满气缸和排空需要时间。但这应该不成问题，因为许多工况中不要求高度的控制精度和极快速的响应以及抗偏离能力。

电动调节阀：电动调节阀主要应用于动力厂或核动力厂，因为在高压水系统需要一个平滑、稳定和缓慢的过程。电动调节阀的主要优点就是高度的稳定和用户可应用的恒定的推力，最大执行器产生的推力可高达225 000 kgf，能达到这么大推力的只有液动调节阀，但液动调节阀造价要比电动高很多。电动执行器的抗偏离能力是很好的，输出的推力或力矩基本上是恒定的，可以很好地克服介质的不平衡力，达到对工艺参数的准确控制，所以控制精度比气动执行器要高。如果配用伺服放大器，可以很容易地实现正反作用的互换，也可以轻松设定信号阀位状态（保持/全开/全关），而故障时，一定停留在原位，这是气动执行器所作不到，气动执行器必须借助于一套组合保护系统来实现保位。

电动调节阀的缺点主要有：结构较复杂，更容易发生故障，且由于它的复杂性，对现场维护人员的技术要求就相对要高一些；电机运行要产生热，如果调节太频繁，容易造成电机过热，产生热保护，同时也会加大对减速齿轮的磨损；另外就是运行较慢，从调节器输出一个信号，到调节阀响应而运动到那个相应的位置，需要较长的时间，这是它不如气动调节阀的地方。

2. 控制阀开闭形式的选择

由于石油、化工等过程工业中大量使用的是气动调节阀，故我们将用气动调节阀为例来说明控制阀开、闭形式的选择问题。

气开阀：控制阀接收的是气压信号，当膜头输入压力增大，控制阀开度也增大时，称为气开阀。

气闭阀：控制阀接收的是气压信号，当膜头输入压力增大，控制阀开度也减小时，称为气闭阀。

控制阀门开闭形式的确定:开闭形式的确定主要是从生产安全角度出发来考虑。当阀门上控制信号或气源中断时,应避免损坏设备和伤害人员。如事故情况下控制阀处于关闭位置时危害较小,则选用气开式,反之,应选用气闭式。

3. 控制阀的口径大小的选择

调节阀口径的选择尤其重要,选择口径过小则调节阀最大开度下打不到工艺生产所需要的最大流量,选择口径过大,则正常流量下调节阀总是工作在小开度下,调节阀的调节性能不好,严重时可导致系统不稳定,另一方面还会增加设备投资,造成资金浪费。因此必须根据工艺参数认真计算口径,选择合适的调节阀。

调节阀的口径选择由调节阀流量系数 C 值决定。流量系数 C 的定义为:在给定的开度下,当调节阀两端压差为 0.1 MPa、流体密度 1 g/cm^{3}时,流经调节阀流体的体积流量数即为该开度下的流量系数,其单位为 m^3/h。同理,在上述条件下,在调节阀最大开度下流经调节阀流体的体积流量数即为最大开度下的流量系数(以 C_{100}表示)。该流量系数即为该调节阀的额定流量系数,由制造厂作为调节阀的基本参数提供给用户。

调节阀流量系数 C 表示调节阀容量的大小,是一个表示调节阀流通能力的参数。因此,调节阀流量系数 C 又称调节阀的流通能力。

流量系数 C 与调节阀的口径大小有着直接的关系。因此,调节阀口径的选择实质上就是根据特定的工艺条件(即给定的介质流量、调节阀前后的压差以及介质的物性参数)进行 C 值计算,然后再按照算出来的 C 值选择调节阀的口径,使得通过调节阀的流量满足工艺要求的最大流量且留有一定的裕量。

(1) 调节阀 C 值计算公式的推导

调节阀是一个局部阻力可变的节流元件,对于不可压缩流体,根据能量守衡原理,调节阀上的压头损失应为:

$$h=\frac{P_1-P_2}{\rho g}=\zeta_v\frac{\omega^2}{2g} \tag{3-1}$$

式中:

h:调节阀上的压头损失;

ζ_v:调节阀上阻力系数,随阀门开度变化而变化;

ρ:流体密度;

ω:流体的平均流速;

g:重力加速度;

P_1:调节阀前压力;

P_2:调节阀后压力。

如果以 Q 代表流体的体积流量,F 代表调节阀的流通面积,则有:

$$\omega=\frac{Q}{F} \tag{3-2}$$

将式（3-2）代入式(3-1)，经整理可得：

$$Q=\frac{AF}{\sqrt{\zeta_{v}}}\sqrt{\frac{P_1-P_2}{\rho}} \tag{3-3}$$

令
$$C=\frac{AF}{\sqrt{\zeta_{v}}} \tag{3-4}$$

则有

$$Q=C\sqrt{\frac{P_1-P_2}{\rho}} \tag{3-5}$$

于是可得

$$C=Q\sqrt{\frac{\rho}{P_1-P_2}} \tag{3-6}$$

式(3-3)中 A 是一个与所采用的单位制有关的常数。从式(3-3)中可知，当$(P_1-P_2)/\rho$ 不变时，随着 ζ_v 值的减小，流量 Q 值将增大，反之，ζ_v 值增大，Q 值减小。调节阀就是通过改变膜头压力的大小使阀的行程改变，从而达到改变阻力系数 ζ_v 值，起到调节流量的目的。

由式(3-4)可知，调节阀的流量系数不仅与流通面积有关，还与表征流动阻力的阻力系数ζ_v有关，而调节阀的阻力系数 ζ_v 与阀体中流体流路，即与阀体内节流部分的机构形式有关。因此同类结构的调节阀具有相近的阻力系数，口径相同的调节阀其流量系数大致相同，口径越大则流量系数也越大。口径相同而结构类型不同的调节阀，流动阻力不同，阻力系数不同，当然流量系数也就不同。

设计过程中如果能够计算出所需要调节阀的最大流量系数 C_{max}，就可根据最大流量系数 C_{max}来选择额定流量系数 C_{100}，只要 C_{100} 大于并且接近 C_{max} 即可。然后就可根据产品样本选定调节阀口径。

综上所述，调节阀口径选择的重点即是调节阀最大流量系数 C_{max} 计算。

（2）调节阀 C 值的计算

流量系数计算是调节阀口径选择的主要理论依据，但是目前其计算方法在国内外尚未统一。对于液体、气体和蒸汽等一般流体的 C 值计算公式，推荐使用国际电工委员会(IEC)公布的方法。这些计算公式需满足下列条件：

① 流体必须是牛顿型不可压缩流体(液体)和可压缩流体(气体、蒸汽)，不适用于非牛顿型不可压缩流体及其与其他流体混合的流体。

② 参与运算的参数采用两种单位制：其一为工程单位制(重力制即 MKS 制)，压力单位是 kgf/cm^2；其二为国际单位制(即 SI 制)，压力单位为 kPa。公式中的常数与采用的单位制有关。

下面介绍调节阀流量系数 C 的计算步骤。

① 判别流经调节阀流体的类型，即流经调节阀的流体是液体、气体还是蒸汽。根据介质类型的不同选择不同的 C 值计算公式。

② 判断流体在调节阀内是否形成阻塞流。所谓阻塞流是指当阀前压力 P_1 保持一定而阀后

压力 P_2逐渐降低时，流经调节阀的流体流量会增加到一个极限值，此时即使阀后压力 P_2再继续降低流量也不会再增加，此时的极限流量即为阻塞流。显然，形成阻塞流之后，流量与$\Delta P = P_1 - P_2$的关系已不再遵循公式(3-3)的规律。因此，流体在调节阀内是否形成阻塞流，调节阀 C 值的计算公式将不一样。判断是否形成阻塞流，就可根据具体情况选用不同的 C 值计算公式。

③ 进行低雷诺数修正。流量系数 C 都是在湍流条件下测得的。此时雷诺数增大，C 值基本上不变，可视为一个常数。如果流体处在过渡流或层流状态，流量系数将不再是一个常数，而是随着雷诺数减小而减小，此时如果仍按原来湍流情况的 C 值计算公式计算 C 值，就会产生较大的误差。因此，对于雷诺数偏低的流体在 C 值计算时必须进行修正，为此引进一个修正系数 F_R。从雷诺数修正系数 F_R与雷诺数 R_e的关系曲线来看(见《石油化工自动控制设计手册》第二版)，当雷诺数 R_e大于 3500 时，随着 R_e的增加 F_R变化不大；当雷诺数 R_e小于 3500 时，随着 R_e的减小，F_R变化越来越明显。因此，当 R_e大于 3500 时，不必进行低雷诺数修正。只有雷诺数 R_e小于 3500 时才考虑进行低雷诺数修正。需要指出的是，在工程实践中气体流体的流速一般都比较高，相应的雷诺数也比较大，一般都大于 3500，因此，对于气体或蒸汽一般都不必考虑进行低雷诺数修正问题。

④ 进行管件形状修正。调节阀流量系数 C 计算公式是有一定的前提条件的，即调节阀的公称通径与管道直径相等；调节阀前后都有一定长度的直管段(一般阀前为 $20D$，阀后为 $7D$)。而工程实践中常常不能满足这些条件。特别是当调节阀的公称通径小于管道直径时，由于安全调节阀的需要，调节阀前后需要配接相应的收缩管可扩大管。这样所测的调节阀前后的压力差除调节阀自身的压降外，还包括阀前后所安装的收缩管可扩大管所引起的局部阻力损失。这样就会使调节阀上的真正压降小于计算的调节阀压降，因此，要对没有考虑附接管件时计算出的流量系数 C 进行修正。

4. 流量特性的选择

目前我国生产的控制阀有线性特性、对数特性(即等百分比特性)和快开特性三种，尤其以前两种控制阀应用最多。

控制阀流量特性的选用要根据具体对象的特性来考虑。生产过程中生产负荷往往是会发生变化的，而负荷的变化又往往会导致对象特性发生变化。故因根据负荷变化对对象特性影响的情况，选择相应特性的控制阀，使得广义对象(包括控制阀和对象及测变环节)的特性在负荷变化时保持不变。这样，就不用考虑在负荷变化时改变控制器的参数，以适应变化了的新情况。

假定单回路控制系统如图 3-19 所示。图中将控制阀和对象特性写成静态部分(以放大倍数表示)与动态部分(是 s 的函数)相乘积的形式。如果在该系统中选用纯比例式控制器，即 $G_c(s) = K_c$，并且将系统整定成 4∶1 衰减过程，那么式(3-7)应该成立：

$$K_c K_v K_0 |G_v(j\omega)| |G_0(j\omega)| = 0.5 \tag{3-7}$$

为了保持在负荷变化时控制器参数维持不变，必须满足：

$$K_v K_0 |G_v(j\omega)| |G_0(j\omega)| = \text{常数} \tag{3-8}$$

一般情况下，如果控制阀的膜头不是很大，阀杆运动时摩擦阻力较小，运动较为灵活(例如

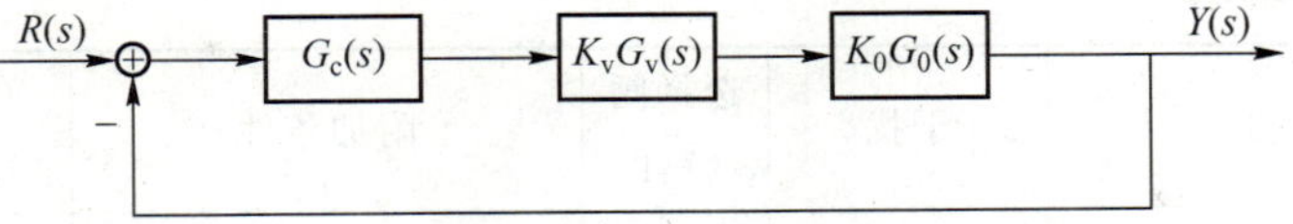

图 3-19　单回路控制系统方块图

阀门上装有阀门定位器)，可认为控制阀的动态特性部分 $G_v(j\omega)$ 是不变的。这样就可以得到：

$$K_v \propto \frac{1}{K_0 G_0(j\omega)} \tag{3-9}$$

式(3-9)可以作为选择控制阀特性的依据。表 3-15 列出了在不同情况下控制阀流量特性的选择方法。

表 3-15　控制阀流量特性的选择

负荷变化对对象特性的影响		$\frac{1}{K_0\|G_0(j\omega)\|}$	选择阀特性 K_v
对 K_0 的影响	对 $\|G_0(j\omega)\|$ 的影响		
$\propto F$	$\propto 1/F$	常数	线性
$\propto f(F)$	$\propto 1/f(F)$	常数	线性
与 F 无关	与 F 无关	常数	线性
与 F 无关	$\propto 1/F$	$\propto F$	对数
$\propto 1/F$	与 F 无关	$\propto F$	对数
$\propto f(F)/F$	$\propto 1/f(F)$	$\propto F$	对数

注：表中 F 是控制阀中的流量，即控制变量。

对于一些相对简单的对象来说，应用上述方法可以确定控制阀所应选择的流量特性。然而对于一些比较复杂的对象，由于推导的困难以及计算的复杂，就不能通过理论的推算来选择控制阀的流量特性。这时可根据经验准则来选择控制阀的流量特性。表 3-16 列出了常用控制系统控制阀流量特性的经验选择方法。这些经验准则经过多年实践证明是行之有效的，具有很好的参考价值。但是他们只是初步的经验总结，还没有严格的证明，应用时只能作为参考。

表 3-16　常用控制系统控制阀特性经验选择

控制系统及被控变量	干扰	选择阀特性	附加条件	备注
流量控制系统(F) 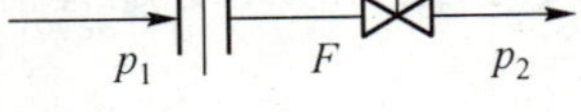	设定值	直线	变送器输出与流量成正比	
	p_1 和 p_2	对数	变送器输出与流量成正比	
	设定值	平方根	变送器输出与流量平方根成正比	
	p_1 和 p_2	对数	变送器输出与流量平方根成正比	

续表

<table>
<tr><th>控制系统及被控变量</th><th>干扰</th><th>选择阀特性</th><th>附加条件</th><th>备注</th></tr>
<tr><td rowspan="6">温度控制系统(T_2)
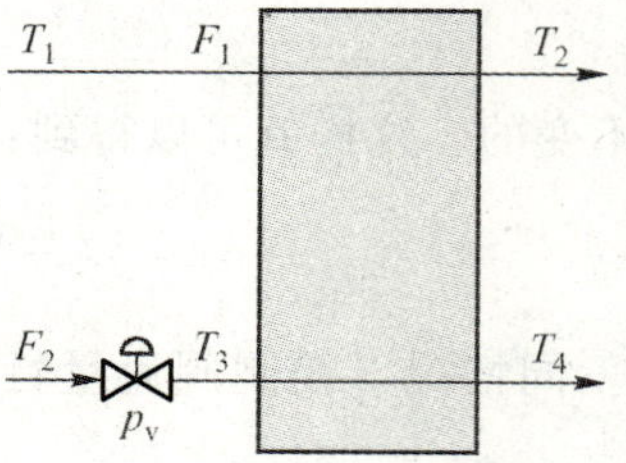</td><td>p_v,T_3,T_4</td><td>对数</td><td rowspan="3"></td><td rowspan="6">p_v:阀上压降
T_0:对象时间常数对数平均值
T_m:测量环节时间常数
T_v:阀时间常数
$\overline{T_0}=\sqrt{T_{0\max}*T_{0\min}}$</td></tr>
<tr><td>T_1</td><td>直线</td></tr>
<tr><td>设定值</td><td>直线</td></tr>
<tr><td rowspan="3">F_1</td><td>直线</td><td>$\overline{T_0}\gg T_m(T_v)$</td></tr>
<tr><td>对数</td><td>$\overline{T_0}=T_m(T_v)$</td></tr>
<tr><td>双曲线</td><td>$\overline{T_0}<T_m(T_v)$</td></tr>
<tr><td rowspan="10">压力控制系统(p_1)
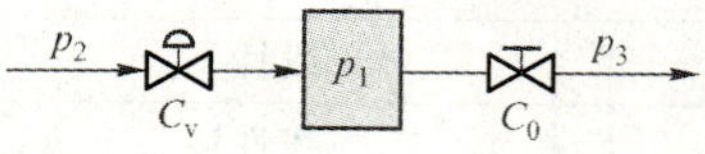</td><td rowspan="2">p_2</td><td>双曲线</td><td>$C_0<0.5C_{v\max}$</td><td rowspan="10">C_0:节流阀流通能力
C_v:调节阀流通能力
液体介质
气体介质</td></tr>
<tr><td>对数</td><td>$C_0>0.5C_{v\max}$</td></tr>
<tr><td rowspan="2">设定值</td><td>对数</td><td>$C_0<0.5C_{v\max}$</td></tr>
<tr><td>直线</td><td>$C_0>0.5C_{v\max}$</td></tr>
<tr><td rowspan="2">p_3</td><td>对数</td><td>$C_0<0.5C_{v\max}$</td></tr>
<tr><td>直线</td><td>$C_0>0.5C_{v\max}$</td></tr>
<tr><td>C_0</td><td>对数</td><td></td></tr>
<tr><td>p_2,C_0,设定值</td><td>对数</td><td rowspan="2">对象容积很大用直线;容积很小,p_2,C_0干扰作用用双曲线</td></tr>
<tr><td>p_3</td><td>平方根</td></tr>
<tr><td rowspan="8">液位控制系统(L)
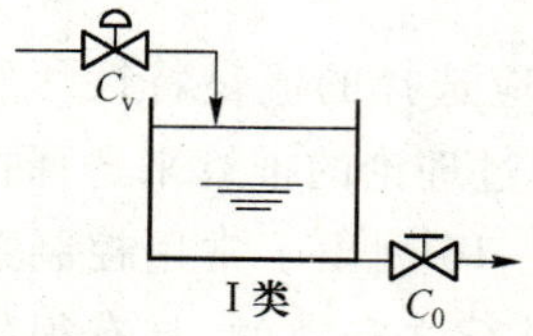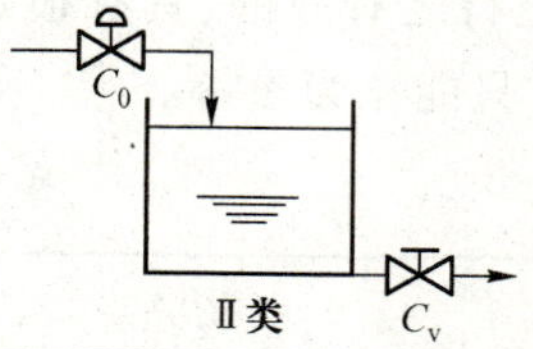</td><td rowspan="2">设定值</td><td>平方根</td><td>$\overline{T_0}=T_v$</td><td rowspan="4">I类</td></tr>
<tr><td>直线</td><td>$\overline{T_0}\gg T_v$</td></tr>
<tr><td rowspan="2">C_0</td><td>对数</td><td>$\overline{T_0}=T_v$</td></tr>
<tr><td>直线</td><td>$\overline{T_0}\gg T_v$</td></tr>
<tr><td rowspan="2">设定值</td><td>双曲线</td><td>$\overline{T_0}=T_v$</td><td rowspan="4">Ⅱ类</td></tr>
<tr><td>对数</td><td>$\overline{T_0}\gg T_v$</td></tr>
<tr><td rowspan="2">F_1</td><td>对数</td><td>$\overline{T_0}=T_v$</td></tr>
<tr><td>直线</td><td>$\overline{T_0}\gg T_v$</td></tr>
</table>

一般仪表厂所给出的控制阀流量特性都是理想特性,即控制阀前后压差为恒定时的流量特性。然而在实际工作中,由于多种因素的影响(如配管),使得阀前后压降不可能维持恒定,因此控制阀的特性就要发生变化,不再保持理想特性。因此,在选择控制阀时,还必须结合配管情况进行考虑。考虑配管情况进行控制阀特性选择可参考表 3-17。

表中 S 值表示控制阀全开时阀上压降与系统总压降的比值,即:

$$S = \frac{p_v}{p_v + \sum p_i} \tag{3-10}$$

式(3-10)中的 p_v 是控制阀全开时阀上压降，$\sum p_i$ 是除去控制阀以外的压力降总和，即压力管道的压力损失。

表 3-17　按配管情况选择控制阀特性表

配管情况	$S=0.6\sim1$		$S=0.3\sim0.6$		$S<0.3$
未考虑配管情况时阀特性	直线	对数	直线	对数	不适宜控制
考虑配管情况时阀特性	直线	对数	直线	对数	

综上所述，一般情况先根据控制系统的特点按表 3-16 选择所希望的工作特性，然后再考虑到配管的情况选择相应的理想特性。

5. 控制阀结构形式的选择

控制阀有直通单座、直通双座、角形、高压、三通、蝶阀和隔膜阀等不同结构形式，这要根据生产过程的不同需要和控制系统不同特点来进行选用。有关控制阀选择可参见表 3-18。

表 3-18　控制阀选用参考表

序号	名称	主要优点	应用注意事项
1	直通单座阀	泄漏量小。	阀前后压差较小。
2	直通双座阀	流量系数及允许适用压差比同口径单座阀大。	耐压较低。
3	波纹管密封阀	适用于介质不允许泄漏的场合，如氰氢酸、联苯醚有毒物。	耐压较低。
4	隔膜阀	适用于强腐蚀、高黏度或含有悬浮颗粒以及纤维的流体。在允许压差范围内可作切断阀用。	耐压、耐温较低，适用于对流量特性要求不严的场合（近似快开）。
5	角形阀	适用于高黏度或含悬浮物和颗粒状物料。	输入于输出管道成角形安装。
6	三通阀	在两管道压差和温差不大的情况下能很好地代替两个二通阀，并可用作简单的配比调节。	二流体的温差 $\Delta t<150$℃。
7	蝶阀	适用于大口径，大流量和浓稠浆液及悬浮颗粒的场合。	流体对阀体的不平衡力矩大，一般蝶阀允许压差小。
8	球阀（O 形、V 形）	流路阻力小，流量系数大，密封好，可调范围大，适用于高黏度，含纤维、含固体颗粒和污秽流体的场合。	交割较贵，O 形球阀一般作二位调节用。V 形球阀作连续调节用。

3.4.4 工程表达

1. 过程控制设计的整体概貌

图 3-20 是一个工厂的概况图，但注意并不是工程表达的标准图纸，画在这里是方便读者理

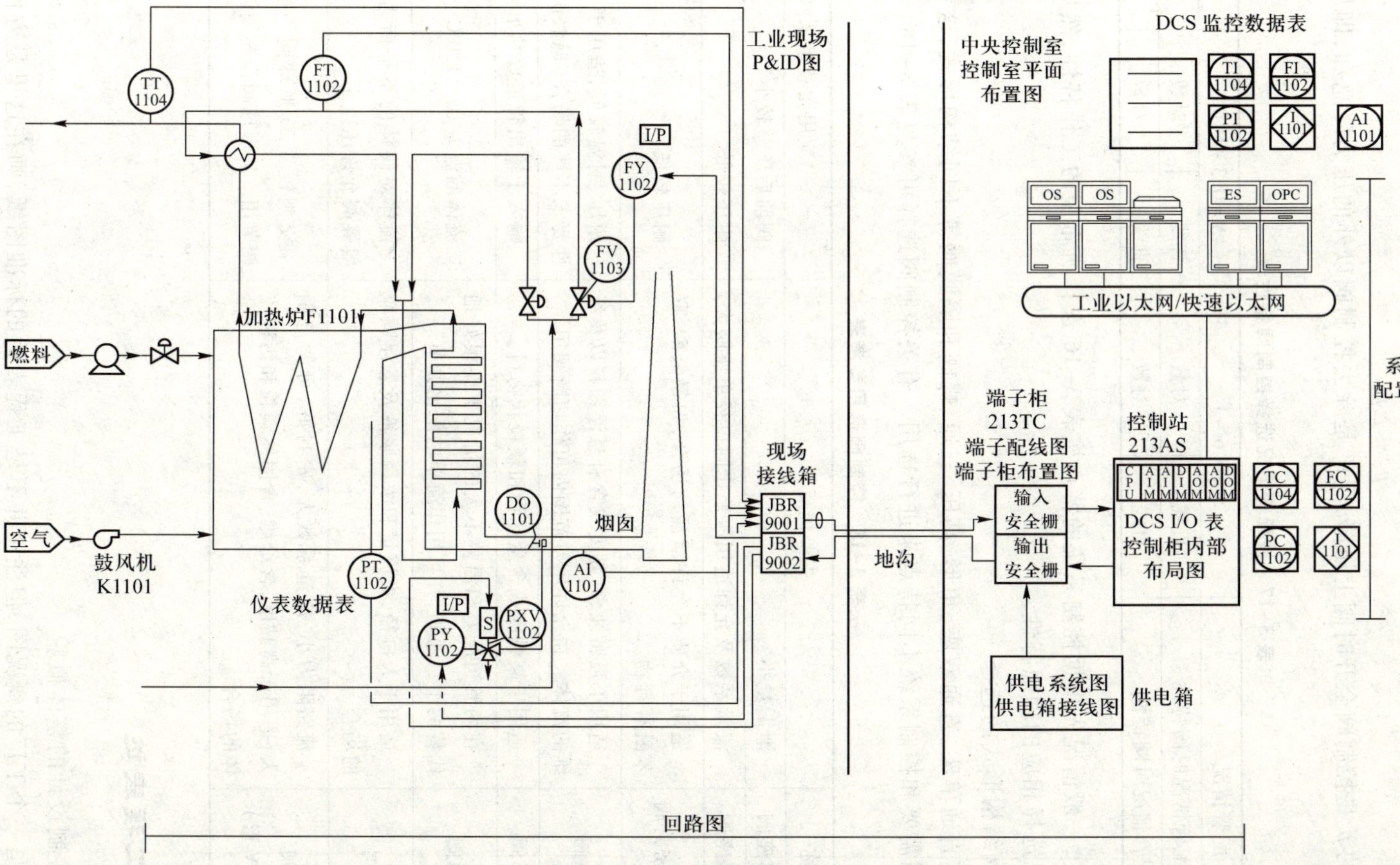

图3-20　工厂概况图（非工程标准文件）

解控制工程的整体结构。图中红色字体标出的图和表，是工程表达中所涉及的部分标准设计文件及其在整体结构中的位置。这些标准设计文件的具体形式会围绕这张图在第三部分“工程表达”中展开详细的介绍。

2. 填写标准设计文件的顺序

图 3-21 中列出一些标准的设计文件，但由于设计文件之间有关联性，所以需要注意填写文件的顺序以保证工程表达的统一性。图 3-20 表达出在工程项目中填写设计文件的顺序，其中虚线部分是参考设计文件。第三部分“工程表达”会按照这个填写工程文件的顺序详细介绍每一份工程文件。

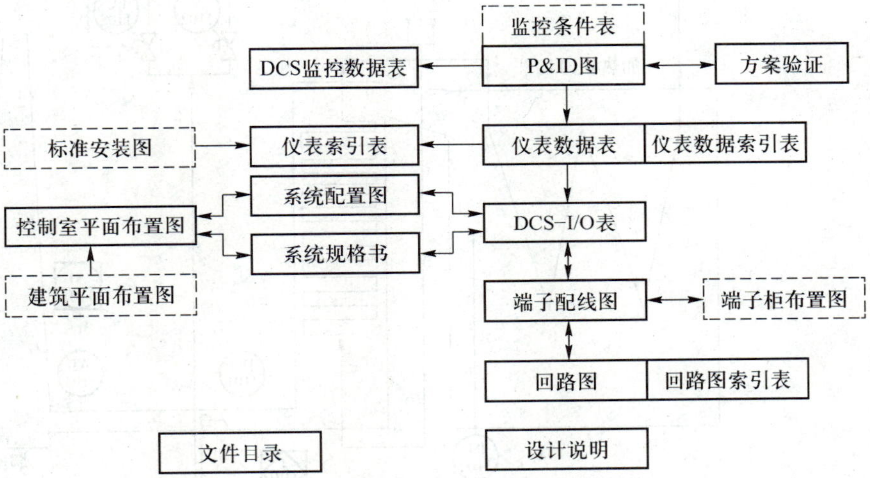

图 3-21　填写工程文件的顺序图

3. 工程表达

(1) 管道仪表流程图(P&ID)

管道仪表流程图(P&ID)的绘制是自控工程设计的核心内容，它是根据工艺专业提出的工艺流程图(PFD)，以及有关的工艺参数、条件等情况设计出的控制方案的图形表示。其中的图例符号需遵循《过程测量与控制仪表的功能标志及图形符号》(HG/T 20505—2000)及《自控专业工程设计文件的编制规定》(HG/T 20637—1998)等行业标准。

① 范例(图 3-22)

图 3-22 是图 3-20 中工业现场的 P&ID 图表达方式(标准的设计文件)。其中包含：氧含量分析显示电路(AI－1101)、炉膛压力控制单回路(PIC－1102)、连锁保护电路(I－1101)、温度—流量的串级控制回路(TIC－1104、FIC－1102)。其中的图例符号、命名规则、数字标号、信号线的画法均可查阅《过程控制工程设计(第二版)》第二章。

② 注意事项

P&ID 有简单、复杂两种画法。

复杂画法需要将测量变送、控制器、阀门定位器、运算器等在图中详细标出(如图 3-23，

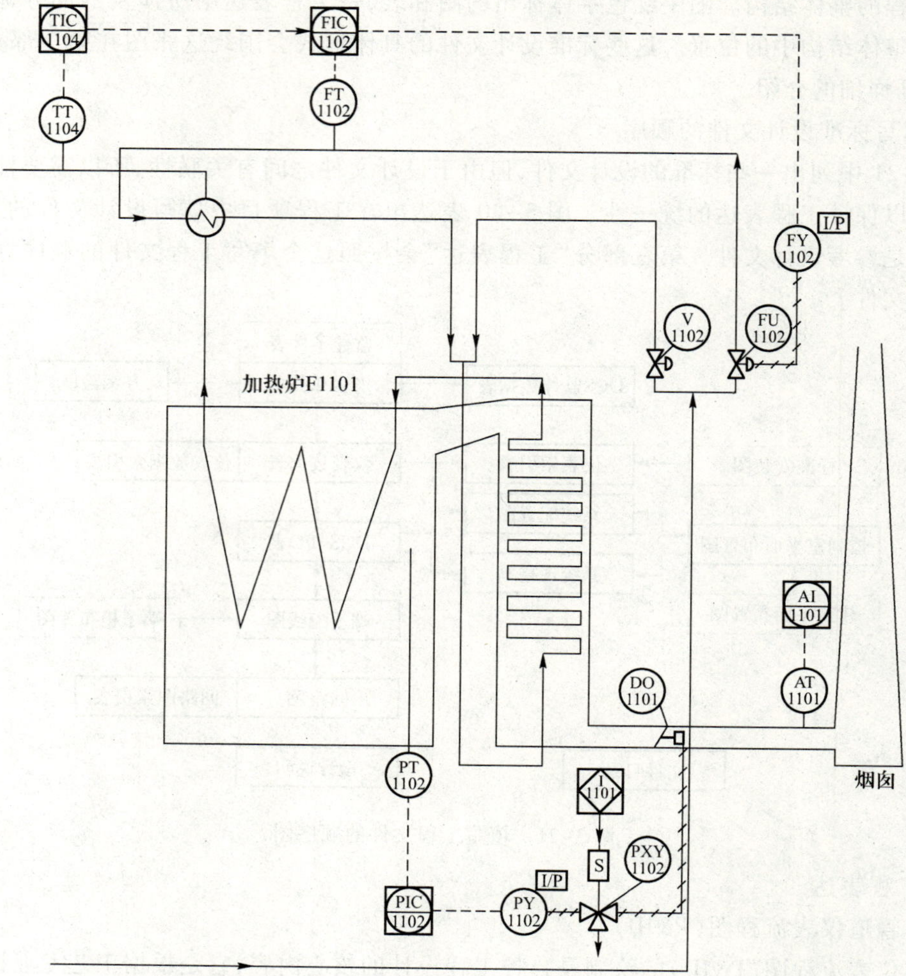

图 3-22　P&ID 图

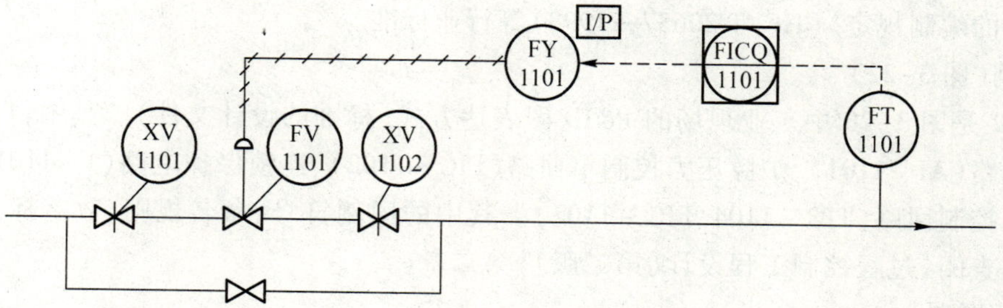

图 3-23　流量控制单回路复杂画法

流量控制单回路),并特别注意其中信号线的表达方式,具体可参见《过程控制工程设计(第二版)》。

简单画法只需标出控制器等重要运算器,表达出控制回路即可,如图 3-24 所示。

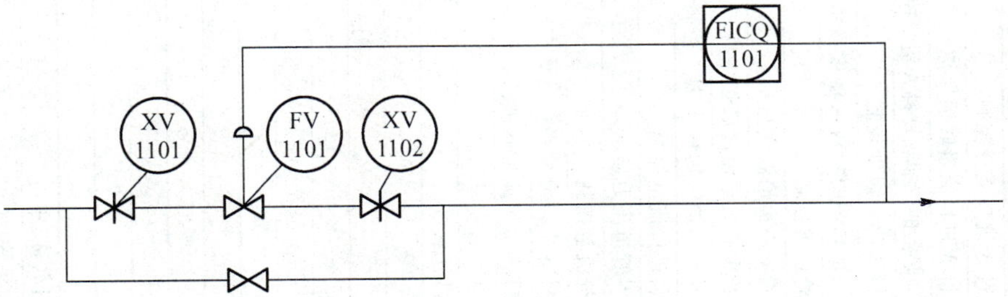

图 3-24　流量控制单回路简单画法

(2) DCS 监控数据表

DCS 监控数据表反映的是 DCS 系统需要监视、操控的数据,它包括对每一条 DCS 控制回路的详细要求和配置。

① 范例(图 3-25)

② 注意事项

表中“?”代表此值需要知道,但由于各种原因未能获得,“——”代表无需知道这个值。

(3) 仪表数据表

仪表数据表包含所有在控制回路要用到的仪表信息,这里的“仪表”是泛指,其具体包括:测量元件、变送器、输入输出安全栅、执行器。

① 范例(图 3-26)

由于每一种仪表都有其标准的表格,所以这里仅以流量差压变送器为例。

② 注意事项(图 3-27)

仪表数据表由于包含的内容众多、繁杂,因此需要同时制作仪表数据索引表,方便查阅。

(4) DCS—I/O 表

DCS—I/O 表包括所有进入、离开 DCS 计算机控制系统的节点。

① 范例(图 3-28)

② 注意事项

安全栅的型号需要与仪表数据表中安全栅的型号统一、对应。

(5) DCS 系统配置图

DCS 系统配置图给出该 DCS 系统的硬件配置和连接情况,反映的是中央控制室的情况。

① 范例(图 3-29)

② 注意事项

为了提高网络的可靠性,在此图中采用的是西门子的环形网络。

备注	其他要求					输出信号	输入信号	控制方式			控制作用		报警、联锁设定值				控制设定值	工程单位	测量范围	用途	位号
	报表	记录	流量累积	趋势	信号处理			PID	PI	P	反	正	低低	低	高高	高					
	✓	✓		✓		4～20mA	4～20mA			✓			—	?	—	—	?	Kg/s		物料 A 进口流量控制	FICQ-1101
	✓	✓				4～20mA	4～20mA						?	—	—	—	—	Kg/s		物料 A 进口流量联锁保护	FIS-1101
	✓	✓		✓		4～20mA	4～20mA		✓				—	—	—	—	?	Kg/s		去换热器的待加热物料 A 流量控制	FIC-1102
	✓	✓		✓	✓	4～20mA	4～20mA	✓					—	—	—	?	?	℃		物料 A 出口温度控制	TIC-1104
	✓	✓		✓	✓		4～20mA						—	—	—	—		℃		进入加热炉的物料 A 温度显示	TI-1102
	✓	✓		✓		4～20mA	4～20mA			✓			—	—	—	?	?	MPa		炉管压力控制	PIC-1102
	✓	✓		✓		4～20mA	4～20mA						—	—	—	?		℃		炉膛中心火焰温度显示	TI-1101
	✓	✓				4～20mA	4～20mA						—	—	?	—		℃		炉膛中心火焰温度联锁保护	TIS-1101
	✓	✓		✓		4～20mA	4～20mA	✓					—	—	—	—	?	℃		离开加热炉的物料 A 温度控制	TIC-1103
	✓	✓		✓		4～20mA	4～20mA	✓					—	—	—	—	?	Kg/s		燃料进口流量控制	FIC-1103
	✓	✓		✓			4～20mA						—	—	—	—	?	MPa		燃料管道压力显示	PI-1101
	✓	✓		✓		4～20mA	4～20mA	✓					—	—	—	—	?	Kg/s		空气流量控制	FIC-1104
	✓	✓	✓	✓		4～20mA	4～20mA						—	—	—	—	?	Kg/s		物料 A 出口流量累积显示	FIQ-1105
	✓	✓				4～20mA	4～20mA	✓					?	—	—	—		Kg/s		物料 A 出口流量联锁保护	FS-1105
	✓	✓		✓			4～20mA						—	—	—	—		℃		烟道气温度显示	TI-1105
	✓	✓		✓			4～20mA						—	—	—	—		%		烟道含氧量	AI-1101

								DCS 监控数据表	项目名称	
									分项名称	
									图　　号	JRL－JKSH－01
修改	说明	设计	日期	校核	日期	审核	日期	合同号	设计阶段	第　1 张　共　1 张

图 3-25　DCS 监控数据表

仪表数据表 差压变送器(流量)		项目名称	加热炉控制系统
		分项名称	
		图号　JRL－TB－03	
合同号		设计阶段	第2张 共2张
位号	FT1101	FT1102	FT1103
用途	测量物料A进料流量	测量换热的物料A流量	测量燃料进炉流量
P&ID号	JRL－01	JRL－01	JRL－01
管道号			
操作条件			
工艺介质	物料A	物料A	燃料
操作压力			
操作温度	20℃	20℃	
操作流量			
变送器规格			
型号	PMD701MC7D2DAVW	PMD701MC7D2DAVW	PMD701MC7D2DAVW
测量范围	－40kPa～40kPa	－40kPa～40kPa	－40kPa～40kPa
精度	±0.075%	±0.075%	±0.075%
输出信号	4～20mA	4～20mA	4～20mA
测量原理	平板电容器原理	平板电容器原理	平板电容器原理
测量元件材质	陶瓷测量模片	陶瓷测量模片	陶瓷测量模片
本体材质	T14铝外壳	T14铝外壳	T14铝外壳
过程连接	1/4－18 NPT IEC 61518	1/4－18 NPT IEC 61518	1/4－18 NPT IEC 61518
电气接口尺寸	M20*1.5	M20*1.5	M20*1.5
防爆等级	ATEXII 1/2 G EEx iaIIC T6	ATEXII 1/2 G EEx iaIIC T6	ATEXII 1/2 G EEx iaIIC T6
防护等级	IP66/67NEMA 6P	IP66/67NEMA 6P	IP66/67NEMA 6P
安装形式	螺纹现场安装	螺纹现场安装	螺纹现场安装
安装图号			
附件	上、下面截止阀	上、下面截止阀	上、下面截止阀
输出指示表	有	有	有
三阀组件型号			
三阀组件材质			
节流装置形式	孔板型	孔板型	孔板型
制造厂	Enderess + Hauser	Enderess + Hauser	Enderess + Hauser
备注			

修改	说明	设计	日期	校核	日期	审核	日期

图3-26　仪表数据表(流量差压变送器)

	仪表数据表索引	项目名称	加热炉控制系统
		分项名称	
			图号 RYXS - YB - 00
	合同号	设计阶段	第 1 张共 1 张

序号	位号	修改	页号	备注	序号	位号	修改	页号	备注
1	FE1101		JLR - YB - 01		35	TT1104		JRL - YB - 14	
2	FE1102		JLR - YB - 01		36	TT1105		JRL - YB - 14	
3	FE1103		JLR - YB - 01		37	TN1101A		JRL - YB - 15	
4	FE1104		JRL - YB - 02		38	TN1102A		JRL - YB - 05	
5	FE1105		JRL - YB - 02		39	TN1103A		JRL - YB - 05	
6	FT1101		JRL - YB - 03		40	TN1104A		JRL - YB - 05	
7	FT1102		JRL - YB - 03		41	TN1105A		JRL - YB - 05	
8	FT1103		JRL - YB - 03		42	TI1101		JRL - YB - 16	
9	FT1104		JRL - YB - 04		43	AN1101		JRL - YB - 05	
10	FT1105		JRL - YB - 04		44	FXV1101		JRL - YB - 17	
11	FN1101A		JRL - YB - 05		45	FXV1104		JRL - YB - 17	
12	FN1102A		JRL - YB - 05		46	PXV1102		JRL - YB - 17	
13	FN1103A		JRL - YB - 05						
14	FN1104A		JRL - YB - 05						
15	FN1105A		JRL - YB - 05						
16	FN1101B		JRL - YB - 06						
17	FN1102B		JRL - YB - 06						
18	FN1103B		JRL - YB - 06						
19	FN1104B		JRL - YB - 06						
20	FV1101		JRL - YB - 07						
21	FV1103		JRL - YB - 08						
22	FV1104		JRL - YB - 09						
23	PT1101		JRL - YB - 10						
24	PT1102		JRL - YB - 10						
25	PN1101A		JRL - YB - 05						
26	PN1102A		JRL - YB - 05						
27	PN1102B		JRL - YB - 06						
28	TI1101		JRL - YB - 11						
29	TE1102		JRL - YB - 12						
30	TE1103		JRL - YB - 12						
31	TE1104		JRL - YB - 12						
32	TE1105		JRL - YB - 12						
33	TT1102		JRL - YB - 13						
34	TT1103		JRL - YB - 13						

修改	说明	设计	日期	校核	日期	审核	日期

图 3-27　仪表数据索引表

		IO 表			项目名称	加热炉控制系统	
					分项名称		
					图号 JRL－IO－01		
		合同号			设计阶段		第 1 张共 1 张
位号	仪表名称	输入信号	电源电压	输入安全栅	输出信号	输出安全栅	备注
FT1101	流量变送器	4～20 mA	24VDC	TM5041－PA－V2.0	—	—	
FT1102	流量变送器	4～20 mA	24VDC	TM5041－PA－V2.0	—	—	
FT1103	流量变送器	4～20 mA	24VDC	TM5041－PA－V2.0	—	—	
FT1104	流量变送器	4～20 mA	24VDC	TM5041－PA－V2.0	—	—	
FT1105	流量变送器	4～20 mA	24VDC	TM5041－PA－V2.0	—	—	
FT1101	压力变送器	4～20 mA	24VDC	TM5041－PA－V2.0	—	—	
FT1102	压力变送器	4～20 mA	24VDC	TM5041－PA－V2.0	—	—	
TI1101	红外测温仪	4～20 mA	24VDC	TM5074－5A－V2.0	—	—	
TT1102	温度变送器	4～20 mA	24VDC	TM5041－PA－V2.0	—	—	
TT1103	温度变送器	4～20 mA	24VDC	TM5041－PA－V2.0	—	—	
TT1104	温度变送器	4～20 mA	24VDC	TM5041－PA－V2.0	—	—	
TT1105	温度变送器	4～20 mA	24VDC	TM5041－PA－V2.0	—	—	
AI1105	烟气分析仪	4～20 mA	24VDC	ZO－112G	—	—	
FY1101	电/气阀门定位器	—	—	—	4～20 mA	TM5045－AA－V2.0	
FY1102	电/气阀门定位器	—	—	—	4～20 mA	TM5045－AA－V2.0	
FY1103	电/气阀门定位器	—	—	—	4～20 mA	TM5045－AA－V2.0	
FY1104	电/气阀门定位器	—	—	—	4～20 mA	TM5045－AA－V2.0	
PY1102	电/气阀门定位器	—	—	—	4～20 mA	TM5045－AA－V2.0	
修改	说明	设计	日期	校核	日期	审核	日期

图 3-28 DCS－I/O 表

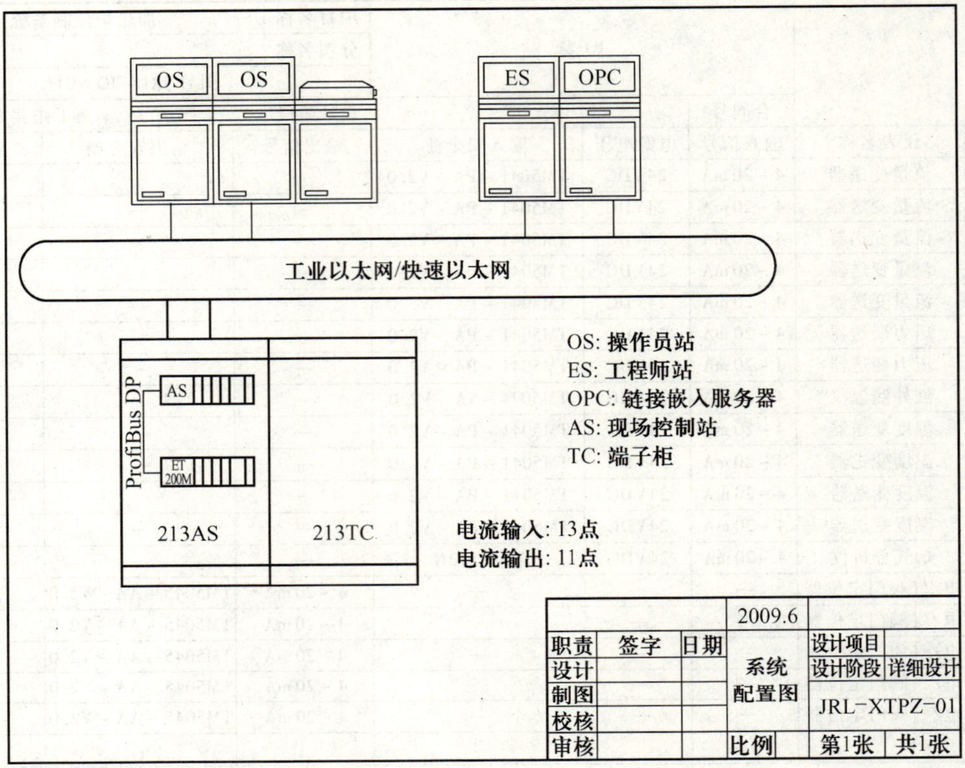

图 3-29　DCS 系统配置图

（6）端子配线图

端子配线图描述的是端子柜中的内容，端子柜一端连接来自现场的信号，通过安全栅，另一端连接中央控制室的信号。

图 3-30 是端子配线图，描述的是现场测量元件、执行机构与中央控制室机柜的连接情况。

以图中第一排（测量元件到机柜）进行说明：

"PT1102A"是检测元件的工位号，需要和 P&ID 图中位号的一致；

"PT1102A SiC"指采用标准信号的本安型电缆；

"YJV 2X1.5"指电缆采用 YJV 型号、两芯、截面积为 $1.5mm^2$；

椭圆表明电缆屏蔽连接，此处表明电缆屏蔽层连接端子排 SS1101IX 的 S 端，同时连接到接地汇流排；

"＋　－ S"指信号线的"正极、负极、地线"；

"37 38 39"是指电缆和端子排连接的位置，从 1 开始编号，图中从 37 开始表明这是第二页的端子配线图；

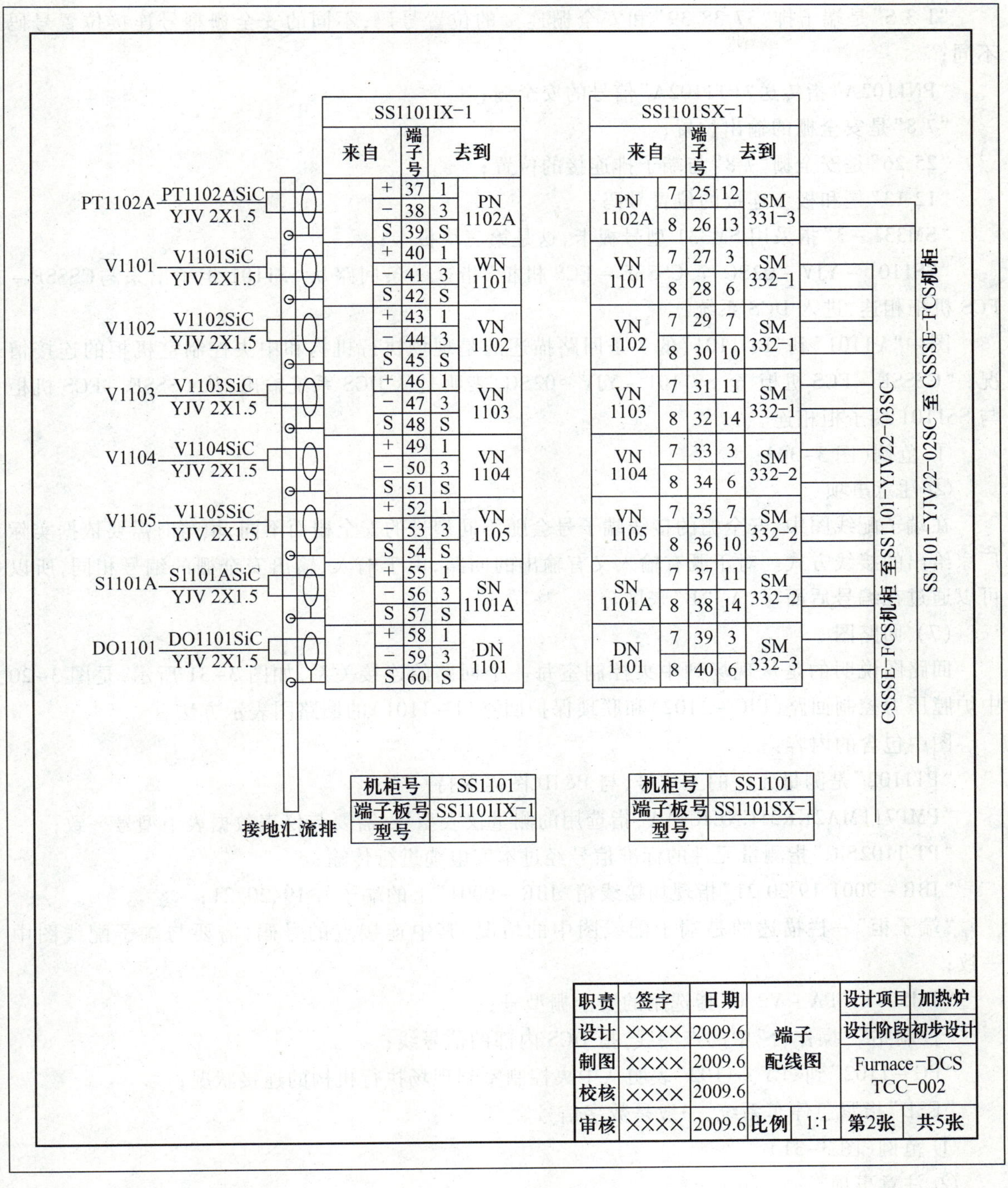
SS1101IX-1
来自
端子号
去到
PT1102A
PT1102ASiC
YJV 2X1.5
V1101
V1101SiC
YJV 2X1.5
V1102
V1102SiC
YJV 2X1.5
V1103
V1103SiC
YJV 2X1.5
V1104
V1104SiC
YJV 2X1.5
V1105
V1105SiC
YJV 2X1.5
S1101A
S1101ASiC
YJV 2X1.5
DO1101
DO1101SiC
YJV 2X1.5
+ 37 1
− 38 3
S 39 S
PN 1102A
+ 40 1
− 41 3
S 42 S
WN 1101
+ 43 1
− 44 3
S 45 S
VN 1102
+ 46 1
− 47 3
S 48 S
VN 1103
+ 49 1
− 50 3
S 51 S
VN 1104
+ 52 1
− 53 3
S 54 S
VN 1105
+ 55 1
− 56 3
S 57 S
SN 1101A
+ 58 1
− 59 3
S 60 S
DN 1101
接地汇流排
SS1101SX-1
来自
端子号
去到
PN 1102A 7 25 12 / 8 26 13 SM 331-3
VN 1101 7 27 3 / 8 28 6 SM 332-1
VN 1102 7 29 7 / 8 30 10 SM 332-1
VN 1103 7 31 11 / 8 32 14 SM 332-1
VN 1104 7 33 3 / 8 34 6 SM 332-2
VN 1105 7 35 7 / 8 36 10 SM 332-2
SN 1101A 7 37 11 / 8 38 14 SM 332-2
DN 1101 7 39 3 / 8 40 6 SM 332-3
CSSSE-FCS机柜 至SS1101-YJV22-03SC
SS1101-YJV22-02SC 至 CSSSE-FCS机柜
机柜号 SS1101
端子板号 SS1101IX-1
型号
机柜号 SS1101
端子板号 SS1101SX-1
型号
职责 签字 日期
设计 ×××× 2009.6
制图 ×××× 2009.6
校核 ×××× 2009.6
审核 ×××× 2009.6
端子配线图
比例 1:1
设计项目 加热炉
设计阶段 初步设计
Furnace-DCS TCC-002
第2张 共5张

图 3-30　端子配线图

“1 3 S”是端子排“37 38 39”和安全栅连接的位置号码，不同的安全栅型号连接位置号码不同；

“PN1102A”指传送“PT1102A”信号的安全栅；

“7 8”是安全栅的输出位置；

“25 26”是安全栅“7 8”与端子排连接的位置；

“12 13”是和板卡连接的位置号码；

“SM331－3”指采用 SM331 型号板卡，这是第三块板卡；

“SS1101－YJV－02SC 至 CSSSE－FCS 机柜”指这一条回路从 SS1101 柜子出来与CSSSE－FCS 机柜相连，进入 DCS 系统；

图中“V1101”到“DO1101”的 7 条回路描述的是现场执行机构和中央控制室机柜的连接情况，“CSSSE－FCS 机柜 至 SS1101－YJV－02SC”表明是从 DCS 系统输出，从 CSSSE－FCS 机柜与 SS1101 端子柜相连。

① 范例(图 3-30)

② 注意事项

在端子配线图中，安全栅的接线端子号会随不同型号的安全栅而不同，填写时需要依据实际厂家给出的接线方式。对于既有输入又有输出的回路，由于输入、输出安全栅的编号相同，所以可以通过在编号后面写“A”“B”来区分。

(7) 回路图

回路图说明的是从现场到中央控制室每一个回路的连接关系，如图 3-31 所示，是图 3-20 中炉膛压力控制回路(PIC－1102)和联琐保护回路(I－1101)的回路图表示方法。

图中包含的内容：

“PT1102”是测量元件的工位号，与 P&ID 图需保持一致；

“PMP711MA2KK21CNURNAA”指选用的测量仪表型号，需要与仪表数据表中型号一致；

“PT 1102SiC”指测量元件的标准信号经过本安电缆进行传输；

“JBR－9001 19 20 21”指现场接线箱“JBR－9001”上的端子号 19、20、21；

“端子柜”一栏描述的是端子配线图中的情况，其中连接点的号码，需要与端子配线图中一致；

“TM5041－PA－V2.0”指选用的安全栅型号；

“控制站”“操作台”中的点圈线，指 DCS 内部的信号线；

“PC－1102”到“PY－1102”表明从中央控制室到现场执行机构的连接状况；

“ESD”指紧急停车系统，一般是数字信号。

① 范例(图 3-31)

② 注意事项

回路图中的内容涉及 P&ID 图、仪表数据表、DCS 系统配置图、端子配线图，需要注意统一。

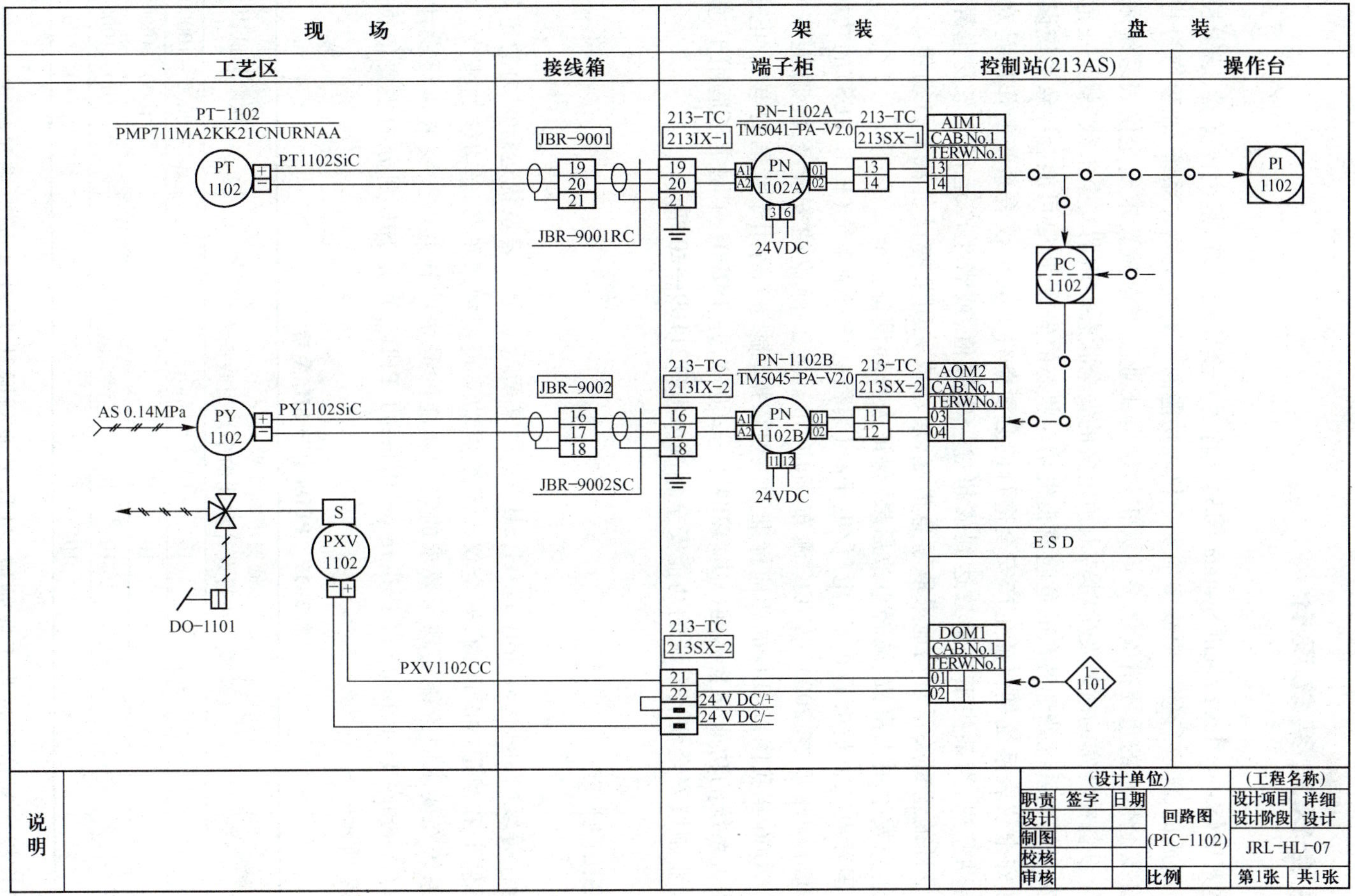

现 场
架 装
盘 装
工艺区
接线箱
端子柜
控制站(213AS)
操作台
PT-1102
PMP711MA2KK21CNURNAA
PT 1102
PT1102SiC
JBR-9001
JBR-9001RC
213-TC
213IX-1
PN-1102A
TM5041-PA-V2.0
PN 1102A
24VDC
213-TC
213SX-1
AIM1
CAB.No.1
TERW.No.1
PC 1102
PI 1102
AS 0.14MPa
PY 1102
PY1102SiC
JBR-9002
JBR-9002SC
213-TC
213IX-2
PN-1102B
TM5045-PA-V2.0
PN 1102B
24VDC
213-TC
213SX-2
AOM2
CAB.No.1
TERW.No.1
S
PXV 1102
DO-1101
PXV1102CC
213-TC
213SX-2
24 V DC/+
24 V DC/-
ESD
DOM1
CAB.No.1
TERW.No.1
I-1101
说明
(设计单位)
职责
签字
日期
设计
制图
校核
审核
回路图
(PIC-1102)
比例
(工程名称)
设计项目
设计阶段
详细设计
JRL-HL-07
第1张
共1张

图3-31 回路图

3.5 安全仪表系统设计

安全仪表系统(Safety Instrument System,SIS)又称为安全联锁系统,是由传感器、逻辑控制器和执行器等仪表组成的、能够行使一项或多项安全仪表功能的一类安全相关系统,在生产过程中被广泛采用,是保证安全生产的重要措施之一。大多数流程工业生产装置要求安全仪表系统采用安全失效的原则,使设备在特定的故障发生时转入预定义的安全状态。所谓安全失效,就是在危险发生时,不可能使安全仪表系统处于潜在的危险或丧失功能状态的失效,但是可能会导致系统误停车。

合理设计安全仪表系统是保证生产安全进行的必要条件。安全仪表系统的作用是对生产过程状况进行自动监视,当某些工艺参数达到或超过一定数值,或者生产运行状态发生异常变化时,按照预先设计的逻辑关系自动地采取紧急措施,启动或关闭某些设备甚至自动停车,从而防止危险发生、避免发生更大事故、减轻事故后果、保证人身和设备安全。

2000 年,国际电工委员会颁布了《电气/电子/可编程电子安全系统(E/E/PES)的功能安全》标准(IEC61508)。此后在 2003 年 IEC 颁布了应用于化工行业的安全系统功能安全标准(IEC61511)。2006 年我国以 IEC 的相应标准为主要依据,制定了适用于我国的电气/电子/可编程电子安全相关系统的功能安全标准(GB/T20438—2006),并于 2007 年制定了适用于过程工业领域的过程工业领域安全仪表系统的功能安全标准(GB/T21109—2007)。

3.5.1 SIL 计算

安全完整性等级(Safety Integrity Level,SIL)是用来衡量安全仪表系统运行能力的定量指标,指在规定的条件下和规定的时间内,安全仪表系统成功实现所要求的安全功能的概率。等级越高,安全仪表系统在要求时不能实现所要求的安全功能的概率就越低。按要求执行设计功能的平均失效概率(Average Probability of Failure on Demand,PFD_{avg}),是 SIL 划分的主要依据。对应关系如表 3-19 所示。

表 3-19 PFDavg 与 SIL 关系

安全完整性等级	低要求操作模式 (按要求执行设计功能的平均失效概率)	风险降低因子
4	$10^{-4} \sim 10^{-5}$	10000 ~ 1000000
3	$10^{-3} \sim 10^{-4}$	1000 ~ 10000
2	$10^{-2} \sim 10^{-3}$	100 ~ 1000
1	$10^{-1} \sim 10^{-2}$	10 ~ 100

低要求操作模式对应于过程工业领域,过程工业领域认为 SIL3 足以满足要求,一般不使用 SIL4。在制造加工业和航空工业中常用高要求操作模式,在高要求操作模式下,SIL1—4 级对应

的 PFDavg 数值有所不同。安全等级越高,意味着安全连锁系统的安全功能越强。可以采用不同的方法组成安全仪表系统以满足规定安全等级的要求。可以通过采用相同或相异形式的硬件冗余、更频繁的测试及更完善地故障诊断等增强系统的安全性能。对设计、操作和维护更好的控制也能增强系统的安全性能。

安全联锁系统的设计目标,首先是要满足过程系统对安全完整性水平的要求,衡量标准在于它能否达到要求时失效的平均失效概率。为了达到 SIL 级别,安全联锁系统必须具有高的可靠度。但是,安全功能越高,必然使过程停车次数越多,维修时间越长,这就降低了安全联锁系统的可用性。而在流程工业的实际应用中,设备停车可能造成重大的经济损失,这就要求安全联锁系统既具有高可用度,又具有高可靠性。安全联锁系统的设计并不是可靠性越高越好,而是要寻求一种最优配置,即获得在达到 SIL 的前提下配置合理、经济实用的系统。

3.5.2 检测、执行、控制器的冗余设计

可采用经权威机构认证的测量变送装置、执行机构和控制器构成安全仪表系统。在工业现场,安全仪表系统的各个部分常采用不同的逻辑结构,以提高 SIS 执行安全仪表功能的能力。常见的逻辑结构包括:

(1) 1OO1(一选一)

只有一个通道组成,该通道发生失效则直接导致系统失效。

(2) 1OO1D(带自诊断的一选一)

该系统具有一个诊断通道,可以检测系统发生的部分危险失效,执行相应动作后使其转换为安全失效。

(3) 1OO2(二选一)

系统由双通道组成,单一通道发生危险失效不会导致系统的危险失效,但任一通道发生安全失效都会导致系统发生安全失效。

(4) 1OO2D(带自诊断的二选一)

系统由双通道组成,且每个通道都带有一个自诊断通道,只有在两个通道都没有检测出来危险失效时,系统才发生危险失效。

(5) 2OO2(二选二)

系统由双通道组成,单一通道发生安全失效不会导致系统的安全失效,但任一通道的危险失效都会导致系统的危险失效,故一般不单独使用。

(6) 2OO3(三选二)

系统由三个通道组成,结合了 1OO2、2OO2 两种冗余结构的优点,若一个通道发生安全失效,系统降级为 1OO2 配置,若一个通道发生危险失效,系统会降级到 2OO2 配置。

图 3-32 显示了安全仪表系统的逻辑结构框图。

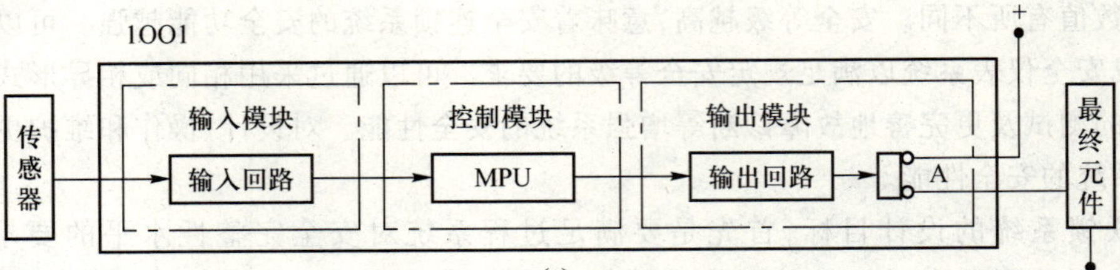

1OO1
传感器
输入模块
输入回路
控制模块
MPU
输出模块
输出回路
A
+
最终元件
−

(a)

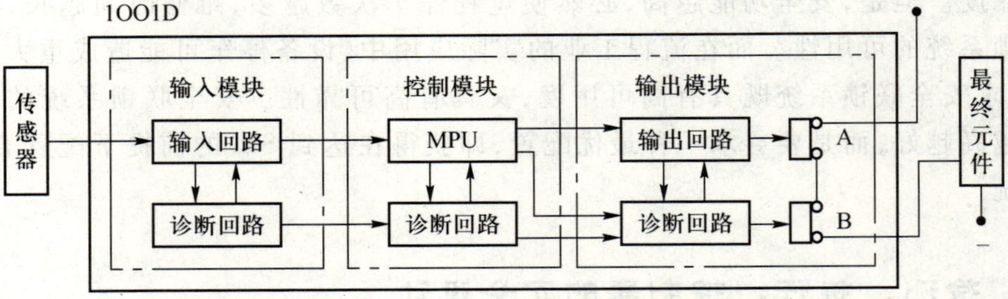

1OO1D
传感器
输入模块
输入回路
诊断回路
控制模块
MPU
诊断回路
输出模块
输出回路
诊断回路
A
B
+
最终元件
−

(b)

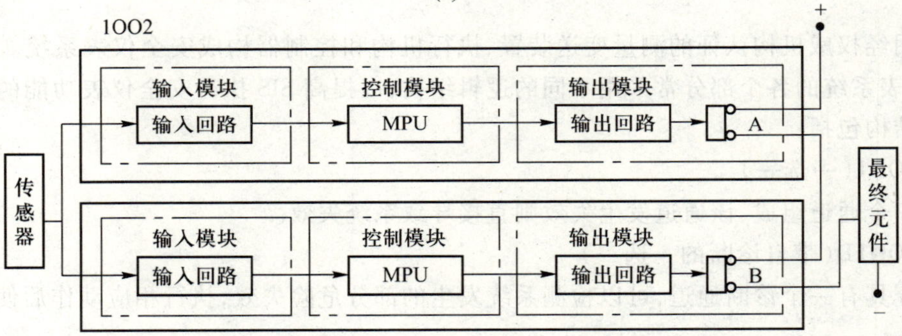

1OO2
传感器
输入模块
输入回路
控制模块
MPU
输出模块
输出回路
A
输入模块
输入回路
控制模块
MPU
输出模块
输出回路
B
+
最终元件
−

(c)

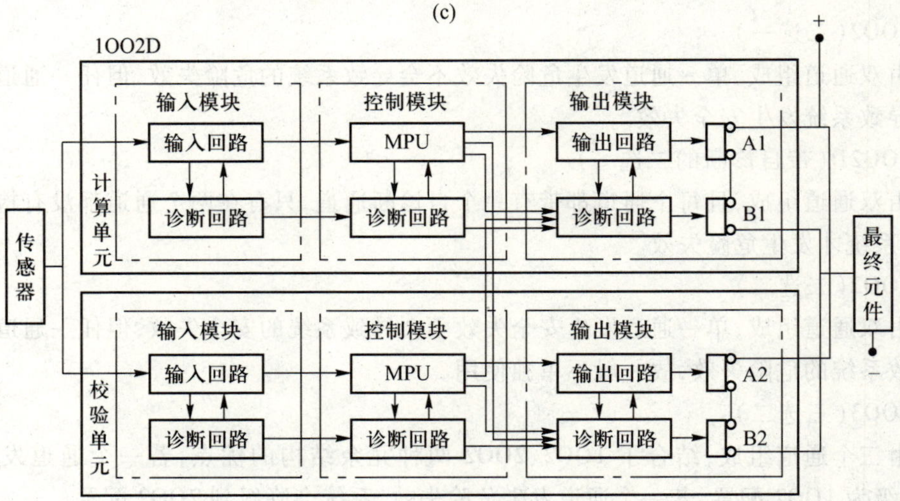

1OO2D
传感器
计算单元
输入模块
输入回路
诊断回路
控制模块
MPU
诊断回路
输出模块
输出回路
诊断回路
A1
B1
校验单元
输入模块
输入回路
诊断回路
控制模块
MPU
诊断回路
输出模块
输出回路
诊断回路
A2
B2
+
最终元件
−

(d)

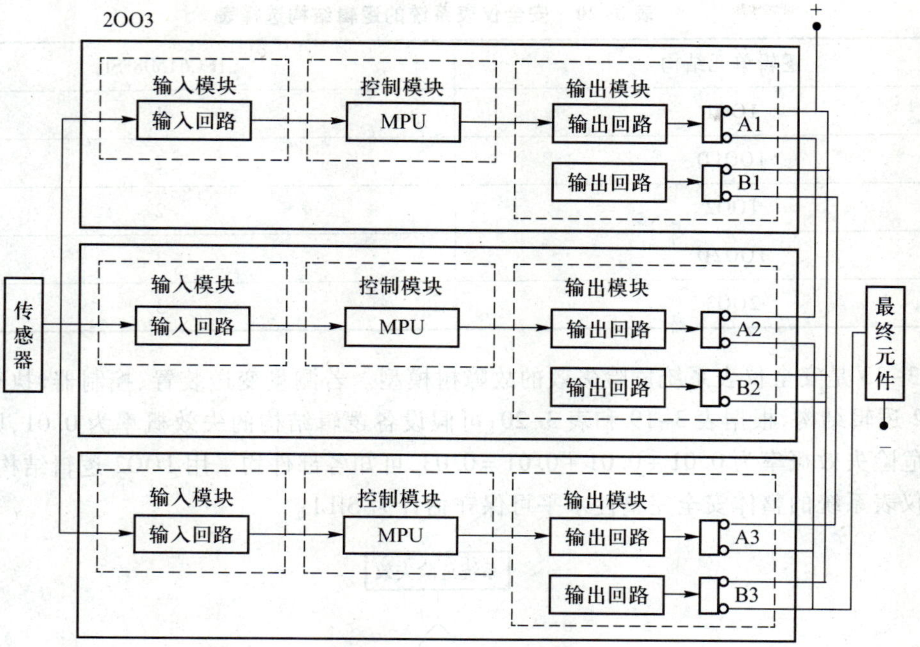

(c)

(a) 1OO1 逻辑结构框图　(b) 1OO1D 逻辑结构框图　(c) 1OO2 逻辑结构框图

(d) 1OO2D 逻辑结构框图　(e) 2OO3 逻辑结构框图

图 3-32　安全联锁系统逻辑结构框图

3.5.3　安全仪表系统的 SIL 评估方法

把一个安全功能分配给一个还是几个 SIS 取决于许多因素,但主要取决于安全功能达到的风险降低,要求的风险降低越大,该功能就越可能分配给更多的安全仪表系统。在某些情况下,风险在可允许的范围内,此时不需要降低风险,也不需要安全仪表系统。对于已经存在的安全仪表系统,其功能安全是否满足允许风险定义,是否需要将过程风险进一步降低,也需要通过 SIL 计算进行评估,获得安全仪表系统的 PFD_{avg}。

IEC61508 中没有具体介绍如何计算 SIL,ISA 的技术报告 ISA - TR84. 0. 02 中推荐了 3 种方法计算安全仪表系统的安全完整性水平,分别是简化公式法、故障树法和马尔科夫模型,它们都是基于概率和后果的定量计算方法。其中,故障树模型是比较常用的一类可靠性模型。

在使用故障树计算 SIS 的要求时失效概率时,若不易得到各个仪表的失效概率数值,可以取仪表 SIL 级别所对应的最高失效概率进行保守估算。为了达到某一特定的 SIL,必须综合考虑安全仪表系统的每一个环节,包括检测单元、执行元件、逻辑运算器等。各种逻辑结构适用于不同的 SIL 要求,表 3-20 是安全仪表系统的逻辑结构选择表。

表 3-20　安全仪表系统的逻辑结构选择表

逻辑单元结构	IEC61508 SIL
1OO1	1
1OO1D	2
1OO2	2
1OO2D	3
2OO3	3

图 3-33 是安全仪表系统危险失效的故障树模型。若测量变送装置、控制器、执行机构均采用 1OO2 逻辑结构，根据表 3-19 和表 3-20，可假设各逻辑结构的失效概率为 0.01，则安全仪表系统的危险失效概率为 0.01 + 0.01 + 0.01 = 0.03，可知各部件均采用 1OO2 逻辑结构时，所组成的安全仪表系统的整体安全完整性水平可保守估计为 SIL1。

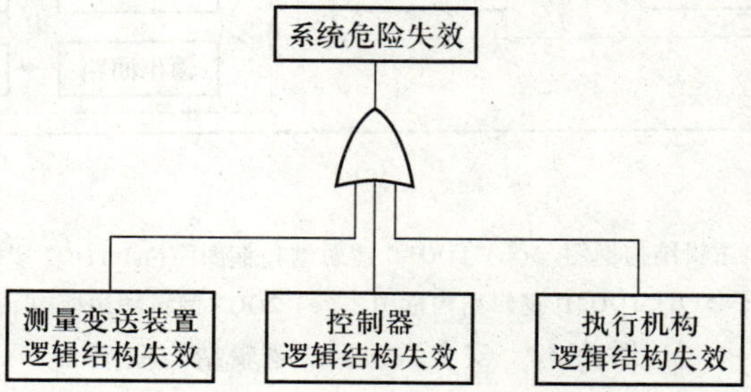

图 3-33　SIS 危险失效的故障树模型

进而可得图 3-34 所示事件树，经过计算可知，在 3 层防护层作用下，剩余风险的发生频率已降到 3.6×10^{-6}/年，事故频率等级为 1 级，该风险已经可以接受了。

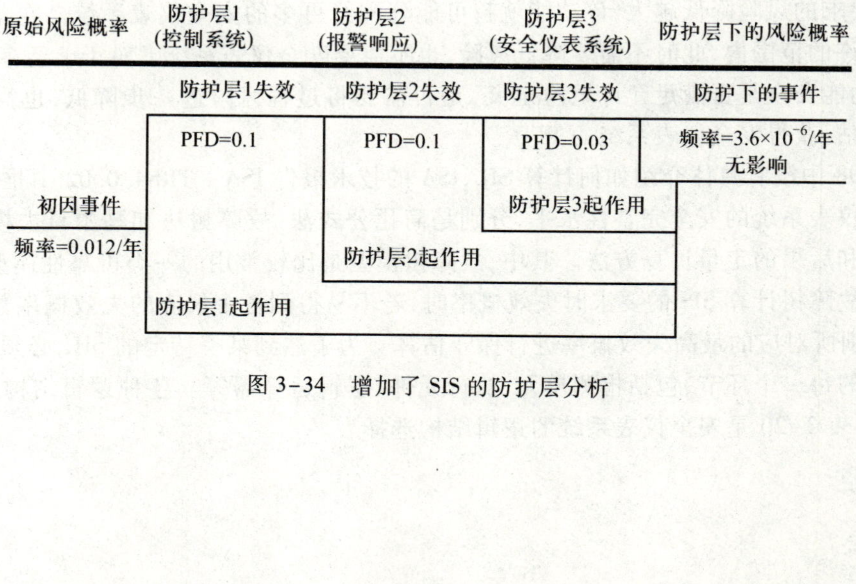

图 3-34　增加了 SIS 的防护层分析

3.5.4 工程表达

《自控专业工程设计文件深度的规定》(HG/T 20638—1998)中规定，当采用 DCS/FCS 的自控工程设计安全仪表系统时，应设计联锁系统逻辑图以及相应设计文件中的报警部分(如回路图、端子图、监控数据表、工艺流程显示、趋势记录等)，联锁系统逻辑图是表明安全仪表系统逻辑关系的重要文件，它由一些逻辑符号组成，通过逻辑符号相互之间的连线，共同表达安全仪表系统逻辑关系。《自控专业工程设计用图形符号和文字代号》(HG/T 20637.2—1998)中给出了规定的基本逻辑功能符号和电气元件符号。

图 3-35 给出了某个自控化工程设计中的一张联锁系统逻辑图。图中分为三部分：左侧为联锁系统输入信号表；中间部分是由各种逻辑符号组成的逻辑图，逻辑图中的各个逻辑单元与相互之间的连线一起表达出联锁系统的逻辑关系；右侧是联锁系统所带动的执行器表，即输出信号表。

位号	用途	触点位置	联锁原因	故障时触点状态
TSHH-101A	反应釜温度	仪表盘	高高	开
TSHH-101B	反应釜温度	仪表盘	高高	开
TSHH-102A	反应釜温度	仪表盘	高高	开
TSHH-102B	反应釜温度	仪表盘	高高	开
PB-101	联锁系统紧急停车	仪表盘	停车	开
PB-101R	联锁系统紧急复位	仪表盘	复位	闭

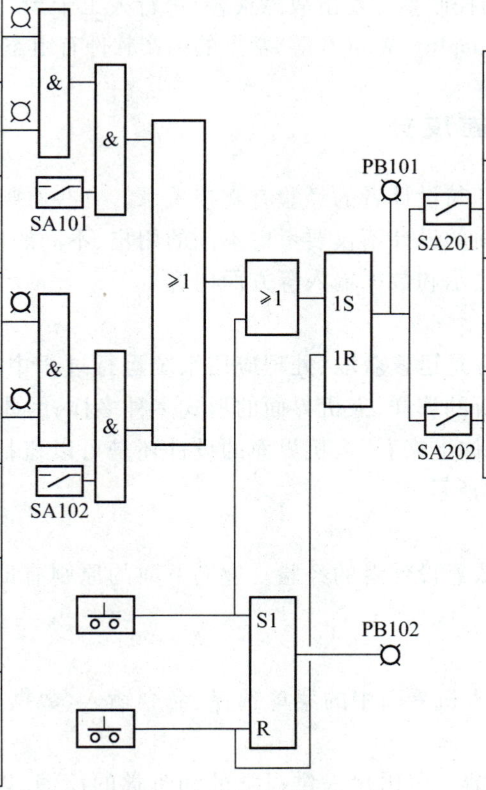

故障时状态	位号或名称	用途	联锁动作状态
电磁阀失电	XV101	反应釜入口阀	关
电磁阀失电	XV102	反应釜出口阀	关

图 3-35　联锁系统逻辑图

3.6 人机界面设计

人机界面(HMI)是现代计算机控制系统的一个主要特点,采用大屏幕高分辨率显示器显示过程工艺数据,画面内容丰富可以动态地显示数字、棒图、模拟表、趋势图等,结合薄膜键盘、触摸屏、鼠标器、跟踪球等设备,使得生产工、维护人员和技术人员可以方便地进行操作。一般具有下列功能:

(1) 操作员可以在任意时刻通过 HMI 监视生产过程的有关参数,包括过程变量、基准值、控制器输出恒和反馈恒等。

(2) 具有过程数据的实时显示和历史记录功能。

(3) 能够完成系统报警显示功能。

(4) 应用多媒体技术,使得画面更加生动活泼,还可以提供语音功能。

对于一个有实际应用价值的控制系统来讲,除了硬件和控制软件之外,还应有适合于用户操作的方便的人机界面。近年来组态软件的人机界面系统起着越来越重要的作用,它的好坏直接影响到组态软件的寿命。用户可以通过人机界面随时了解、观察并掌握整个控制系统的工作状态,必要时还可以通过人机界面向控制系统发出故障报警,进行人工干预。现在比较常用的国外的人机界面软件有 IFix、InTouch、Cimplity、WinCC 等,常见的国产软件有组态王、力控、Fame-View 等。

3.6.1 OS 站画面设计

人机界面设计的好坏与设计者的经验有直接关系。有些原则对几乎所有良好的人机界面的设计是适用的。人机界面的设计不仅要考虑不同的用户、不同的应用场合和不同的目标,也要考虑可交互性以及信息的显示和数据输入等方面内容。

1. 设计步骤

人机界面的主要任务是迅速获取、处理应用系统运行过程中的数据、命令,并以适当的方式显示出来。正如以上分析的那样,人机界面的形式多种多样,因此在设计时尽管可以采用不同的设计思路和方法,但从总体上来看,人机界面的设计还是可以概括为以下几个主要步骤,人机界面设计流程图如图 3-36 所示。

2. 设计原则

用户界面设计主要依靠设计者的经验。遵循下面的原则有助于设计者设计出友好、高效的人机界面。

(1) 一般交互

① 保持一致性。使人机界面中的菜单选择、命令输入、数据显示及众多其他功能采用一致的格式。

② 提供有意义的反馈。向用户提供视觉的和听觉的反馈,以保证在用户和界面之间建立双向通信。

③ 在执行有较大破坏性的动作之前要求用户确认。如果用户要删除一个文件,或覆盖一些重要信息,或请求中止一个程序运行,应该给出"您是否确实要……"的信息,使用户确认发出的指令。

④ 允许取消绝大多数操作。UNDO 或 REVERSE 功能使众多终端用户避免了大量时间的浪费。每个交互应用系统都应该能方便地取消已完成的操作。

⑤ 减少在两次操作之间必须记忆的信息量。不应该期望用户能记住一大串数字或名字,以便在下一步操作中使用它们,应该尽量减少记忆量。

⑥ 提高对话、移动和思考的效率。应该尽量减少击键次数,设计屏幕布局时应该考虑尽量减少鼠标移动的距离,尽量避免出现用户问"这是什么意思"的情况。

⑦ 允许犯错误。系统应该保护自己不受致命错误的破坏。

⑧ 按照功能对动作分类,并据此设计屏幕布局。下拉菜单的一个主要优点就是能按照动作类型组织命令。

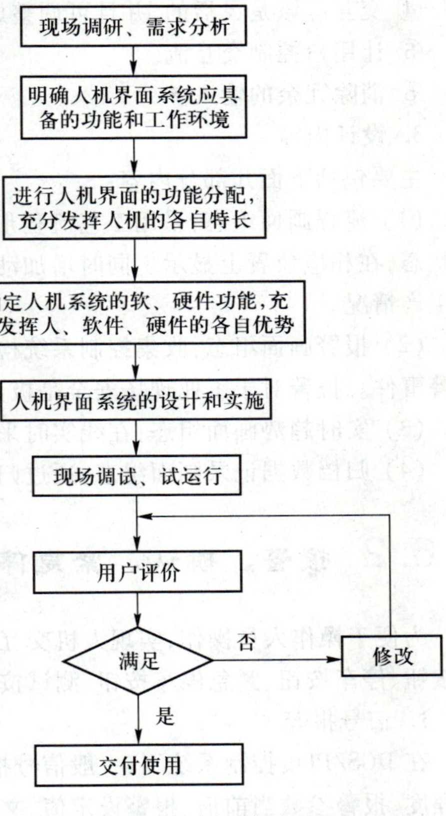

图 3-36　人机界面流程

(2) 信息显示

① 如果人机界面显示的信息是不完整的、含糊的或难于理解的,则应用软件显然不能满足用户的需求。可以用多种不同方式"显示"信息,如用文字、图片和声音等。

② 只显示与当前工作内容有关的信息。用户在获得有关系统的特定功能信息时,不必看到与之无关的数据、菜单和图形。

③ 使用一致的标记、标准的缩写和可预知的颜色。显示的含义应该非常明确,用户不必参照其他信息源就能理解。

④ 产生有意义的出错信息。

⑤ 使用大小写缩进和文本分组以帮助理解。

(3) 数据输入

用户的大部分时间用在选择命令、键入数据和向系统提供输入。在许多应用系统中,键盘仍然是主要的输入介质,下面是数据输入时应该注意的问题。

① 尽量减少用户输入动作。

② 保持信息显示和数据输入之间的一致性。

③ 允许用户自定义输入。

④ 交互应该是灵活的，并且可调整成用户最喜欢的输入方式。

⑤ 让用户控制交互流。

⑥ 消除冗余的输入。

3. 设计内容

主要包括下面几部分内容：

（1）流程画面组态：采用工艺流程形式，将采集到的过程参数实时值、设备（泵、阀门）的运行状态，在相应位置上显示。同时增加动画效果，使得操作人员可以快捷、直观地了解设备信息和生产情况。

（2）报警画面组态：收集控制系统检测到的各种报警信息，通过声音和闪烁等方式显示当前报警事件。报警对于工业现场安全是极为重要的，为生产过程中的故障排除提供直接帮助。

（3）实时趋势画面组态：在线实时采集变量数据，呈现变量的实时变化趋势。

（4）归档数据记录画面组态：通过归档数据报表自动更新记录过程参数实时值。

3.6.2 报警、确认、紧急停车按钮

为便于操作人员操作，实现人机交互过程，在生产现场需要设置现场操作柜，柜上应设置启动按钮、停车按钮、紧急停车按钮、测试按钮、设备启动开关以及各种声光报警等。

1. 信号报警

在 DCS/PLC 控制系统下，一般信号报警采用 DCS/PLC 实现，CRT 显示的报警信息应包括报警程度、报警参数当前值、报警设定值、文字描述及其他信息，并按此顺序排列，对于重要报警点还可设置操作指导画面，帮助操作人员及时、正确地处理问题。

除采用常规方法之外，可在 DCS/PLC 内部通过改变声音振荡频率或振荡幅度的方法区分不同的报警功能或报警程度。对于重要的报警点，除采用 CRT 显示外，还应另外设置独立的灯光显示单元，安装在现场操作柜上。

一般的信号报警可选用单独的报警开关，也可选用带输出接点的仪表或 DCS/PLC 系统的内部接点作为发信装置。对生产过程影响重大的操作监视点，即使过程控制系统采用了 DCS/PLC，在下面情况下仍需采用独立的信号报警系统：

（1）对于关键的过程参数需要经常监视其状态，或某些能引起其他参数报警的过程参数；

（2）装置停车或 DCS/PLC 失效后仍需监视的参数，如可燃性/毒性气体报警。

在同一控制室内，为区分不同装置的信号报警，或是同一装置的不同区域，采用不同音量或音调的音响报警器能迅速引起操作人员的注意，不同的报警功能与报警级别也应考虑用类似的方法区分开来。

一般有触点的继电器型信号报警装置中的继电器箱和音响器安装在控制柜后框架上或控制柜后的墙上，信号灯安装在控制柜上部；无触点信号报警器安装在控制柜上部，外接音响则安装

在控制柜后框架上或墙上。

2. 确认

信号报警系统仪表配有按钮，应根据报警顺序选择按钮，如试验按钮、确认按钮、复位按钮和手出复位按钮等。一般确认按钮为黑色，试验按钮为白色，其他可根据具体情况采用合适的颜色。不同的报警顺序需要不同数量的按钮，各按钮功能也不相同，具体如下：

(1) 确认按钮：表明操作人员确认了一个新的报警。

(2) 消音按钮：消除影响声音，但不影响灯光显示或回铃状态。

(3) 复位按钮：如报警系统测出，按下该按钮使该点恢复到正常状态。

(4) 首出复位按钮：按下后，使首出信号的灯光显示与后续信号相同。

(5) 试验按钮：用以检查影响和全部灯光回路是否完好。

当过程变量出现越限时，信号报警系统便发出声光信号报警，操作人员得知后按下消音按钮进行确认，音响信号停止，灯光信号变为平光显示，操作人员可根据灯光信号所显示的位号（每个信号灯都有监视变量位号），采取相应的措施来消除故障，待过程变量回到正常状态之后，相应信号灯熄灭。

消音按钮和试验按钮等应当安装在控制柜中下部以便于操作。

3. 紧急停车按钮

大型生产过程中由于生产流程长、生产设备多、参数多且相互关系复杂，且多是在高负荷条件下生产，使得生产过程变化非常快。对于生产过程多是远距离监视和控制，并且监视和控制的变量又很多，这些问题的存在严重时可能会出现人身安全和设备安全事故，因此必须有安全联锁系统辅助操作人员对生产过程监视。故障时，安全联锁系统能自动产生一系列自定义动作，使工艺装置与操作人员处于安全状态。

与信号报警系统相比，不同之处在于安全联锁系统对故障检出信号处理之后，还要向生产过程输出信号，对生产过程进行干预，所以安全联锁系统中要有信号输出部分和执行机构。除此之外，其他部分与信号报警系统在结构、功能和要求上相似，不同之处在于对联锁系统的可靠性要求更高，这是因为安全联锁系统内部故障会直接对生产过程产生重大影响。

一般情况下，安全联锁系统应当设置系统的投入和切除装置，并且应当有明显的信号指示这两种状态，一般的安全连续系统联锁的投入和切除装置安装在现场控制柜后面，重要或者切换频繁的紧急停车投入和切除装置可安装在控制柜上，与相应的投入和切除信号灯布置在一起。

3.7 电气设计

自动控制系统工作时，需要能源为其提供能量。能源质量是自动控制系统正常工作的保障，能源质量的好坏直接影响自动控制系统的控制质量。自控工程设计中，供电系统设计主要进行的是配电设计。仪表用380 V/220 V 和 110 V 的交流电源、100 V 及以上的直流电源由自控专业提出设计条件，电气专业负责设计。低于 110 V 的交流电源和低于 100 V 的直流电源则由自控专业设计。

3.7.1 供电设计

仪表供电可分为三级供电、二级供电、一级供电三种供电方式，工程人员需根据实际用电仪表分布情况与用电负荷的大小，选择供电方式，具体选择依据可参见《过程控制工程设计(第二版)》第十章。

自动化工程中供电系统以供电系统图、供电箱接线图的形式表达。其中供电系统图表达的是供电系统的层次及相互之间的连接关系，具体的接线连接由各个供电箱接线图表达。

1. 供电系统图：

(1) 范例(图 3-37)

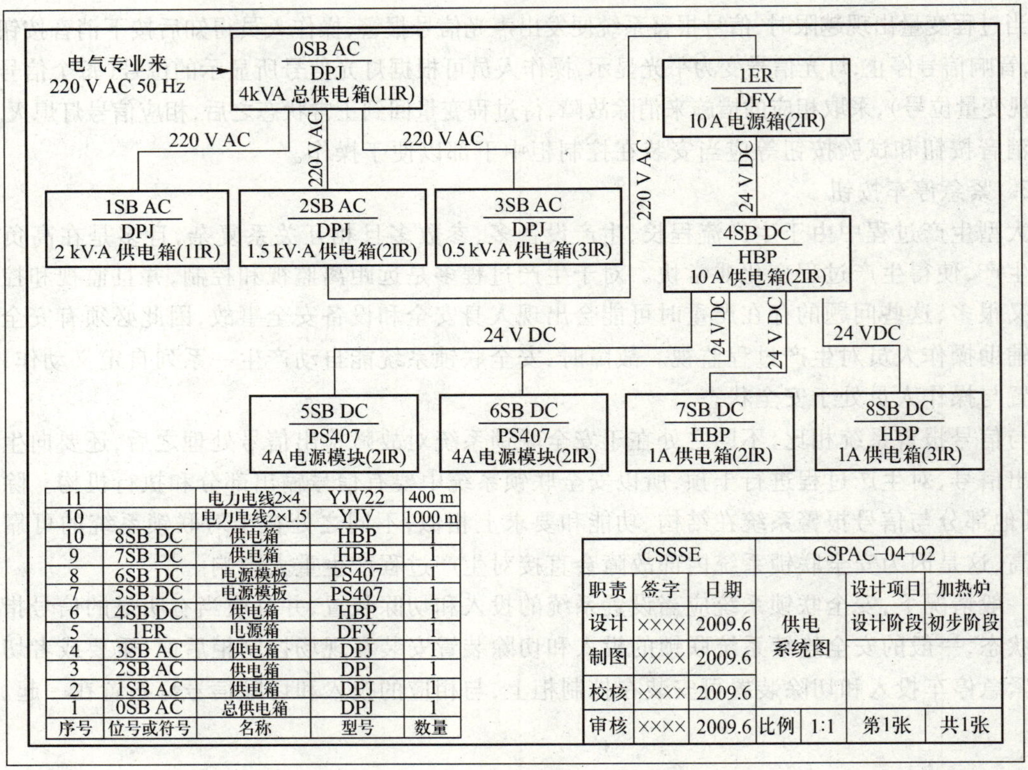

图 3-37　供电系统图

(2) 注意事项

同一控制系统需由同一电源供电。

2. 供电箱接线图

范例(图 3-38)：供电箱接线图有多张，对于图 3-38 一共有 9 张供电接线图与之对应，图 3-39 只是其中一张。

7SB	电缆	对象位号	名称或型号	需要容量/W	熔断器容量/A	引向
L1	36C YJV 2×1.5	AN1101	SFA	2	0.03	3IR
L2	37C YJV 2×1.5	FN1101A	SFA	2	0.03	3IR
L3	38C YJV 2×1.5	FN1102	SFA	2	0.03	3IR
L4	39C YJV 2×1.5	FN1103A	SFA	2	0.03	3IR
L5	40C YJV 2×1.5	FN1104A	SFA	2	0.03	3IR
L6	41C YJV 2×1.5	FN1105	SFA	2	0.03	3IR
L7	42C YJV 2×1.5	PN1101A	SFA	2	0.03	3IR
L8	43C YJV 2×1.5	PN1102A	SFA	2	0.03	3IR
L9	44C YJV 2×1.5	TN1101A	SFA	2	0.03	3IR
L10	45C YJV 2×1.5	TN1102	SFA	2	0.03	3IR
L11	46C YJV 2×1.5	TN1103	SFA	2	0.03	3IR
L12	47C YJV 2×1.5	TN1104	SFA	2	0.03	3IR
L13	48C YJV 2×1.5	TN1105	SFA	2	0.03	3IR
L14	49C YJV 2×1.5	VN1101	SFA-13	2	0.03	3IR
L15	50C YJV 2×1.5	VN1102	SFA-13	2	0.03	3IR
L16	51C YJV 2×1.5	VN1103	SFA-13	2	0.03	3IR
L17	52C YJV 2×1.5	VN1104	SFA-13	2	0.03	3IR
L18	53C YJV 2×1.5	VN1105	SFA-13	2	0.03	3IR
L19	54C YJV 2×1.5	DN1101	SFA-13	2	0.03	3IR
L20	55C YJV 2×1.5	SN1101A	SFA-13	2	0.03	3IR
L21	56C YJV 2×1.5	FN1101B	SFA	2	0.03	3IR
L22	57C YJV 2×1.5	FN1104B	SFA	2	0.03	3IR
L23	58C YJV 2×1.5	PN1101B	SFA	2	0.03	3IR
L24	59C YJV 2×1.5	PN1102B	SFA	2	0.03	3IR
L25	60C YJV 2×1.5	TN1101B	SFA	2	0.03	3IR
L26						
L27						
L28						
L29						
L30						
L31 (N, L)	21R-IP YJV 2×1.5	4SB DC		100	1	2IR

序号	位号或符号	名称及规格	型号	数量
1	7SB DC	供电箱	HBP	1

职责	签字	日期	供电箱接线图	设计项目	加热炉
设计	××××	2009.6		设计阶段	初步阶段
制图	××××	2009.6		CSSSE	
校核	××××	2009.6		CSPAC-04-02	
审核	××××	2009.6	比例 1:1	第1张	共9张

图 3-38　供电箱接线图

3.7.2 中央控制室的电气柜设计

放置在中央控制室的电气柜主要包括控制柜、端子柜。控制柜内放置CPU、板卡、稳压电源、风扇等电气设备，需要设计控制柜的内部布局图；端子柜内主要放置的是安全栅，实现将现场信号（本安信号）、中央控制室信号（非本安信号）隔离开的作用，需要设计端子柜布置图。

1. 控制柜内部布局图

范例如图3-39所示。

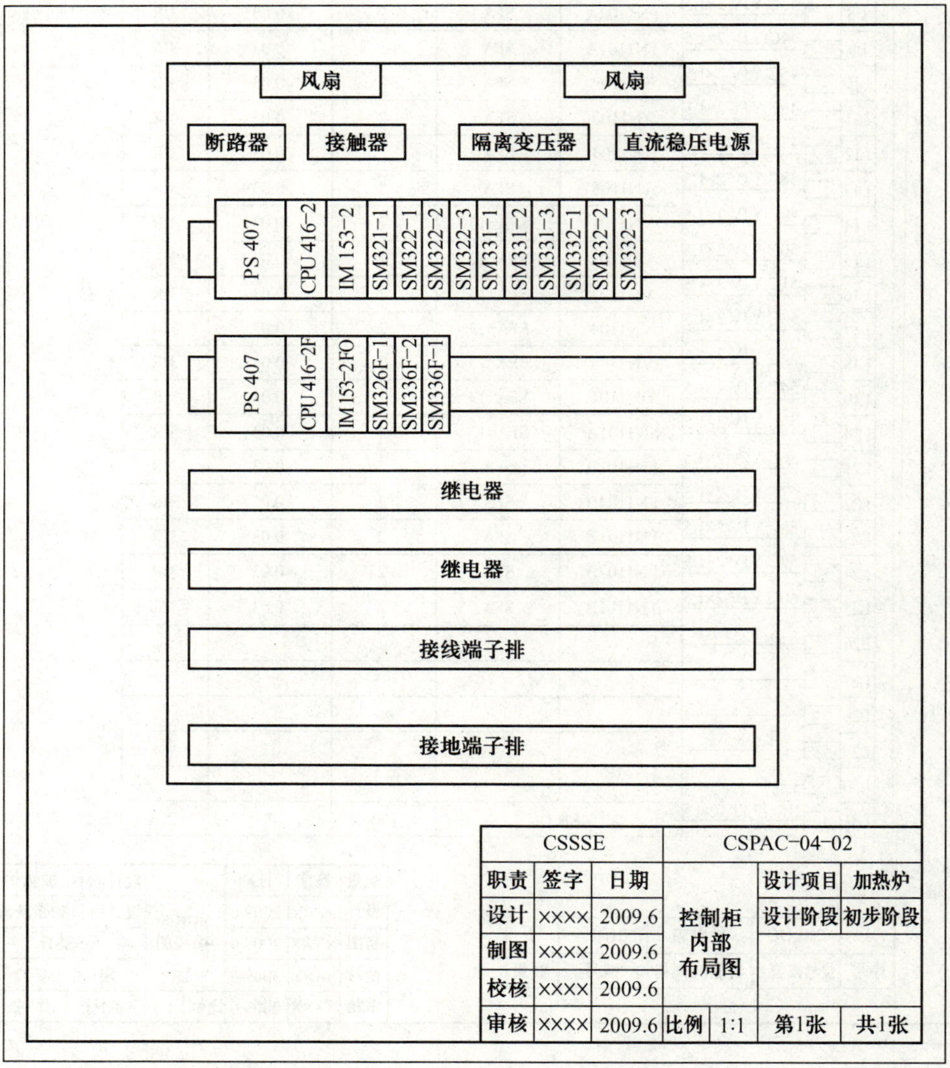

图3-39　控制柜内部布局图

2. 端子柜布置图：

范例如图 3-40 所示。

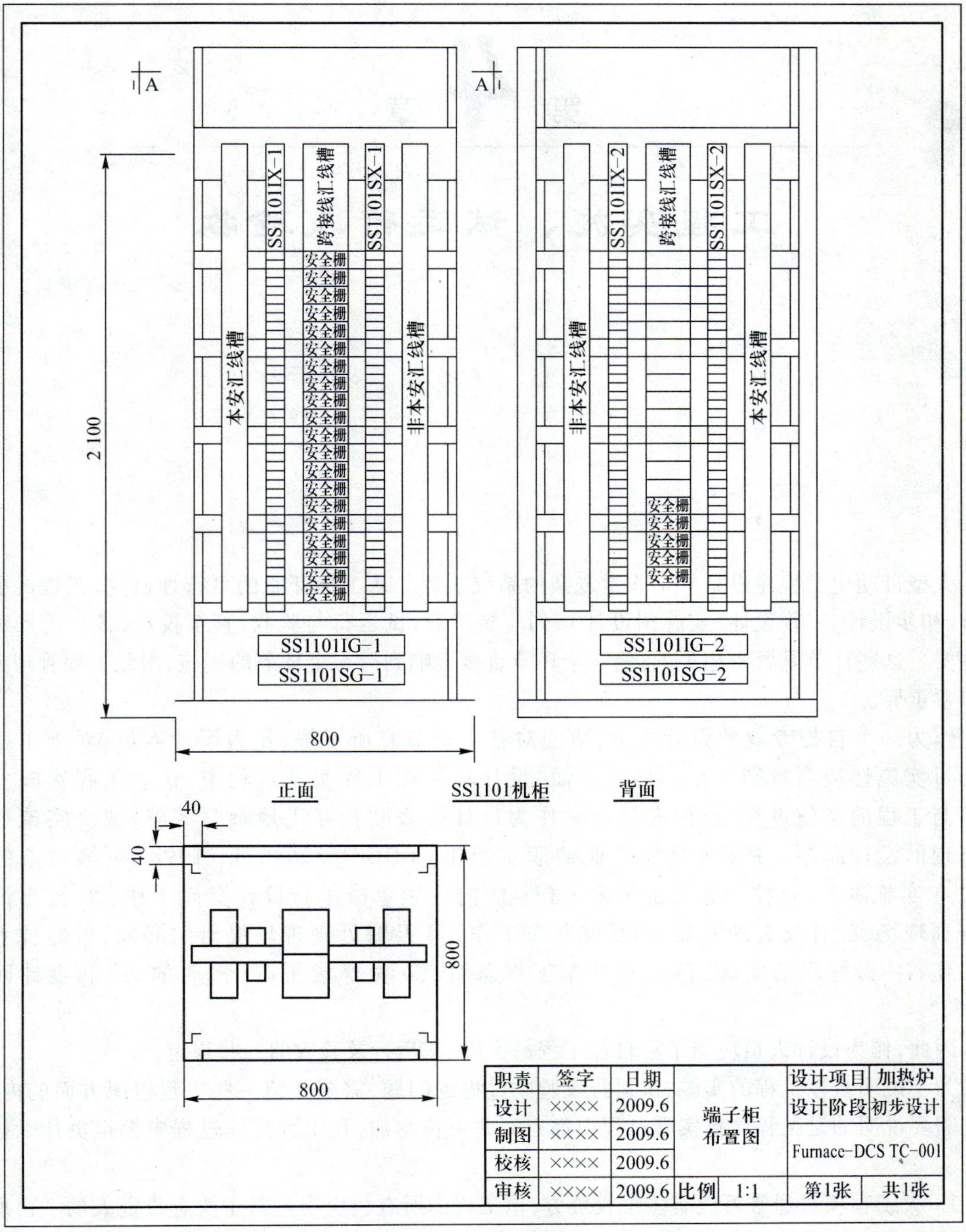

图 3-40　端子柜布置图

第 4 章

工程实施、试运行及验收

大型自动化工程建设是一个非常复杂的系统工程。从工程开始的可行性研究、工程的前期准备、初步设计、工程设计(实施图设计),到实施建设、试运行与验收,直至投产,各个阶段都非常重要。这些环节是紧密相关的,前一个环节直接影响到后一个环节的实施,因此工程管理就显得非常重要。

作为一个自控专业的设计人员,应当对各个环节有所了解,作为设计人员,对于工程设计的可实施性应当特别关注。另一方面,设计单位在工程实施过程中,作为工程实施一方要参与工程的实施过程,设计人员有时作为设计代表驻扎在工地参与实施,解决实施过程中出现的设计问题。根据《自控专业的职责范围》(HG/T 20636.1—1998)中第六条的规定,"在实施阶段,自控专业负责下列工作:① 向实施单位进行设计交底工作;② 派出设计代表到现场,配合仪表的安装、调校和开车工作;③ 及时处理现场提出的问题,做好技术服务工作;④ 做好现场实施、调试和开车工作总结;⑤ 做好竣工图(需要的话)和设计回访工作。"

因此,作为设计人员应当了解自控工程的实施、试运行及验收的一些规定。

为了说明自控工程的实施、试运行及验收过程的问题,需要介绍一些工程组织方面的内容。首先需要说明的是工程项目实施过程中都有哪些单位参加,在工程实施过程中都担负什么样的责任。

1. 大工程项目通常可能有多个投资方,该工程的所有权应当是属于所有投资人的。由所有投资方组建的法人单位就是该工程的所有人。由所有人授权的单位即为该工程的建设单位,有时也称为该工程的业主。

2. 有时建设单位将该工程全部委托给一个单位实施，此时受委托单位称为总承包人。总承包人又可将工程的各个部分再委托给其他单位，这些单位叫做分包人，分包对总承包人负责，这种体制叫做总承包人负责制。另一种可能是建设单位自己组织工程的实施，由他自己将工程的各个部分发包给各个工程单位，各工程单位对建设单位负责，这种体制叫做建设单位负责制。在总承包人负责制下，实施总负责人为总承包单位的现场总工程师。在建设单位负责制下，实施总负责人为建设单位的现场总工程师。现场总工程负责实施工作的总体工作，包括实施进度、实施质量与检验、各个专业的配合与协调等工作。

3. 实施单位是负责具体实施层的单位。根据专业的不同可有不同的实施单位参与实施，例如土建、电气、仪表、设备等，大的综合实施单位自己就有各个专业，此时也可能由一家实施单位将所有实施工作都承包下来。

现代的自控工程设计中，常常大量采用以计算机网络技术为基础的自动化工具（例如DCS、FCS、PLC等系统）来实现生产过程的自动化，由于这些自动化工具常常是系统比较大，系统也比较复杂，对实施有其特殊的要求，所以这些自动化工具的供货方常常作为特殊实施单位参与工程实施。这些单位通常要负责系统各个机柜的安装、线路的敷设、系统的接线、软件的调试等工作。

4. 设计单位是该项工程的设计人，一般应当派驻设计代表参与实施。设计代表负责解决现场实施中出现的与设计有关的技术问题。例如解释设计文件中的问题、与实施方共同决定设计文件中没有交代的工程细节等。如果实施过程中出现一些设计遗漏或不合理的问题，设计代表应当立即与本设计单位、该项内容的设计人员取得联系，经协商后加以解决。如果原工程设计文件不能很好地解决该问题，则应当就该部分进行重新设计并出具设计变更文件，设计变更文件原则上应当由建设单位、设计单位、实施单位共同确认。

与上面第三点中的原因相同，由于采用以计算机网络技术为基础的自动化工具（例如DCS、FCS、PLC等系统）来实现生产过程的自动化，由于这些系统的特殊性，有时供货单位也要参与工程设计，乃至于由供货单位独立完成与其产品相关部分的设计工作。如果是供货单位独立完成设计，则这部分设计责任由其独立承担。

4.1 工程的实施

自控工程的实施是在工程设计（实施图设计）完成之后进行的。自控工程的实施是生产自动化得以实现的重要环节。生产自动化的优劣即取决于工程设计的好坏，也取决于实施质量的好坏。

对于自控工程的实施及管理，应当按照国家的相应法规、标准及规范进行。现有的涉及自控工程的实施及管理的国家及行业标准有：

(1) 工业自动化仪表工程实施及验收规范(国家标准:GBJ 93—86)；

(2) 自动化仪表安装工程质量检验评定标准(国家标准:GBJ 131—90)；

(3) 石油化工仪表工程实施技术规范(中石化标准:SHJ 521—91)；

(4) 工业控制计算机系统验收大纲(机械部标准:JB/T 5234)；

(5) 电气装置安装工程接地装置实施及验收规范(国家标准:GB 50169)；

(6) 电气装置安装工程低压电器实施及验收规范(国家标准:GB 50254)。

4.1.1 实施条件

自控工程什么时候进入到实施阶段,取决于整体工程进展情况,这包括相关专业的工程进展、自控工程的准备情况、相关人员的培训情况。一般可将这条件划分为组织机构和人员的准备、技术文件的准备和实施条件的准备。

1. 根据《化学工业大、中型装置试车工作规范》(HGJ 231—91)中的规定,“建设单位或生产单位必须在工程建设开始时即成立生产准备机构,负责各项生产准备工作,以满足试车和生产的需要,其主要领导必须从建设开始就主持该项工作,以保证工程建设与生产的衔接”。

2. 根据《工业自动化仪表工程实施及验收规范》(GBJ 131—90)中的规定,“仪表工程应具有下列条件方可实施:① 设计实施图纸、有关技术文件及必要的仪表安装使用说明书已齐全;② 实施图纸已经过会审;③ 已经过技术交底和必要的技术培训等技术准备工作;④ 实施现场已具备仪表工程的实施条件。”

3. 实施现场的土建、设备等工程已经完成并进行了必要的清理。实施现场的水、电、气符合仪表工程要求,交通、通讯设施良好。仪表设备已经到达现场并按要求进行仓储保管。

4.1.2 实施工作内容及相互关系

图4-1是仪表工程主要实施工作及程序框图。

仪表工程实施工作大体上可分为管路部分、仪表部分、电线电缆部分和仪表盘(箱、柜)部分的实施。每部分又可分为预处理和安装两步工作,例如管路部分,需要先进行除锈防腐蚀处理,仪表部分安装之前先进行检验调整,然后再进行安装。

各个部分安装的技术要求在国标和行业规范标准中都有规定,内容比较多,也比较庞杂,此处不再一一列举,实施过程中参照相应标准执行。另一方面,实施过程中需要做好技术数据的记录工作,这些记录将作为工程试车、工程验收的技术文件。

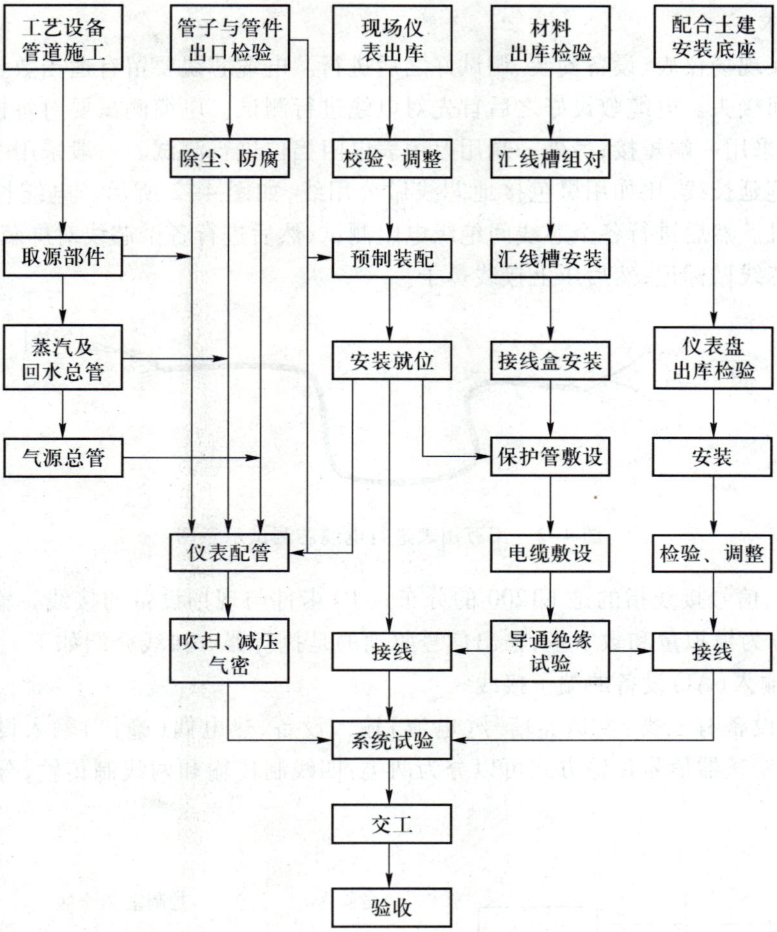

图 4-1　实施工作及程序框图

4.1.3 信号接线与调试

1. 接线原则

(1) 规范化:安装、布线应符合电气安装标准。所有电缆都应当敷设在电缆桥架中。电缆桥架中强电、弱电信号分开敷设,如不能避免则要加装隔离板。电缆桥架中本安信号、非本安信号分开敷设。端子柜内所有信号线都应绑扎成束,或采用走线槽布线,本安信号、非本安信号分开敷设,走不同的走线槽。所有接线的线头都要采用压线鼻方式,所有线头都应穿接线标记管。

(2) 安全性:安装牢固,接线正确可靠;导线无破损,无毛刺,线头无碰壳、无裸露;有接地或接零、短路、过载、过压、欠压等安全保护措施;有紧急停车装置。

(3) 经济性:尽可能少用电器,布线尽可能简短;避免损坏元器件,减少浪费。

2. 接线要求

接线工作在现场仪表、设备安装、调试好之后进行。电缆芯线要留有适当数量的备用。电缆一般不能有中间接头。电缆敷设好之后首先对电缆进行测试。电缆测试要对每根线芯进行通断测试,测试方法采用一端短接,另外一端用万用表电阻挡位进行测试。一般采用一根共用电缆芯线做万用表表笔延长线,比如用黑色接地芯线做公用线,如图 4-2 所示。电缆长度比较长的时候要配备对讲机。然后进行各个芯线间绝缘电阻测试,然后进行各个芯线对屏蔽层的绝缘测试。测试之后每个芯线做标记,然后压上接线鼻子。

图 4-2 用万用表进行电缆芯测试示意图

在 PCS7 中,信号接线指的是 ET200 的分布式 IO 卡件与现场设备的接线。输入的信号和输出的信号可以分为模拟量和数字量,输出信号驱动的是执行器。接线介绍如下。

3. 模拟量输入(AI)设备的端子接线

基本的 AI 设备有三类:变送器信号(电流)输入设备、热电偶(毫伏)输入设备、热电阻(电阻)输入设备。变送器信号传输方式可以分为两类:四线制传输和两线制传输,分别如图 4-3 和图 4-4 所示。

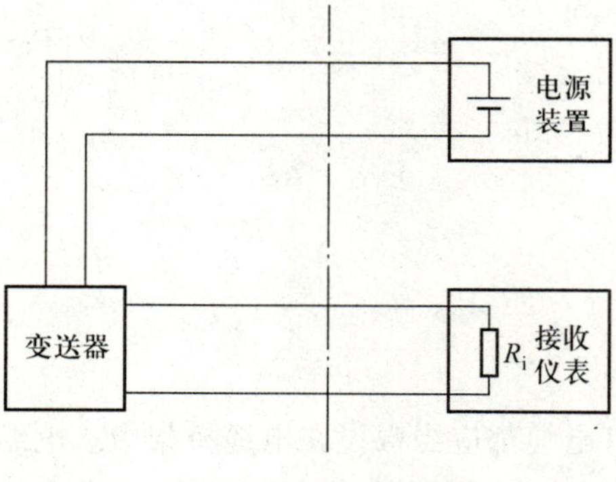

图 4-3 变送器的四线制传送

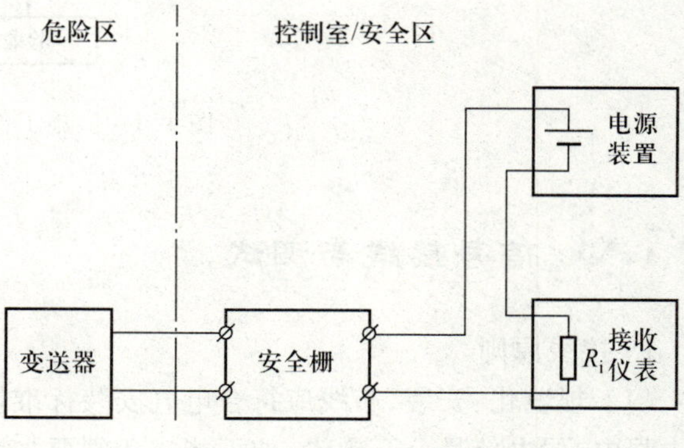

图 4-4 变送器的两线制传送

(1) 四线制传输:供电电源和输出信号分别由两根导线传输。

(2) 两线制传输:电源线与信号线公用两根导线。

4. 模拟量输出(AO)设备的端子接线

流程工业的生产现场多为易燃易爆场合,在 AO 信号通道上串入安全栅,将限制进入危险场所设备电能量，保证安全。其连接如图 4-5 所示。

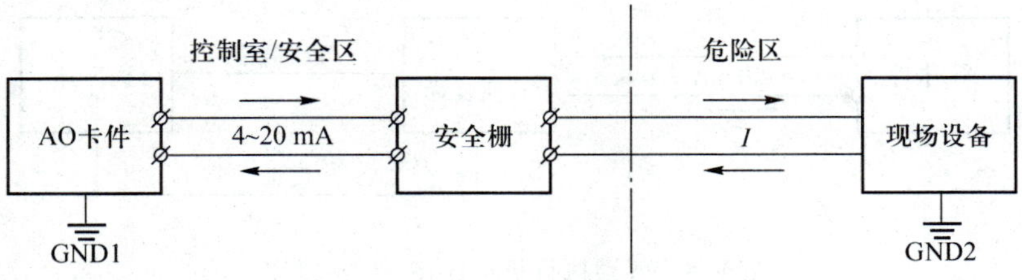

图 4-5　串入安全栅的 AO 输出

安全栅：本质安全型防爆仪器仪表的关联设备，设置在安全场所的一侧，在安全区和危险区之间双向传递电信号。在正常情况下不影响测量系统的功能，当本安防爆系统发生故障时，能将窜入危险场所的能量（电能）限制在安全值以内，从而保证现场生产安全。图 4-6 是安全栅连接示意图。现场仪表如果是防爆或隔爆的，如果 DCS AO 具有本安功能就无需使用安全栅了。

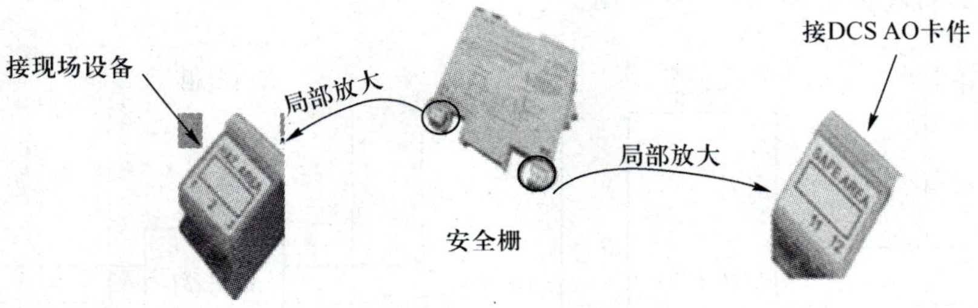

图 4-6　安全栅连接示意图

5. 驱动电动执行机构

AO 通道输出的 4～20 mA 信号，经过伺服放大器，产生控制指令，操纵执行器动作达到调节作用。如图 4-7 所示。

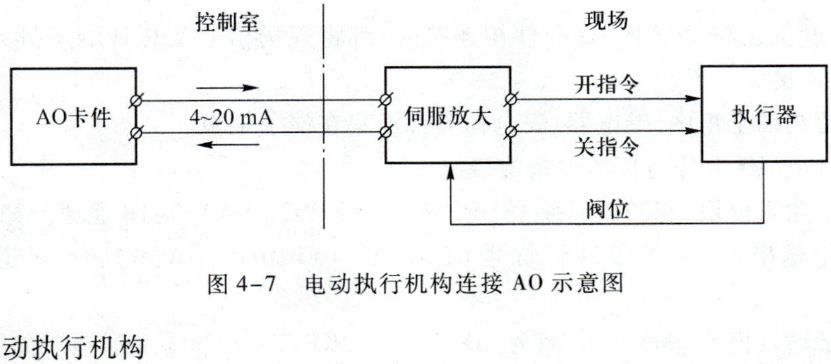

图 4-7　电动执行机构连接 AO 示意图

6. 驱动气动执行机构

AO 通道输出的 4～20 mA 信号，经过电/气转换器，产生气压信号，驱动气动执行器动作达到调节作用。如图 4-8 所示。

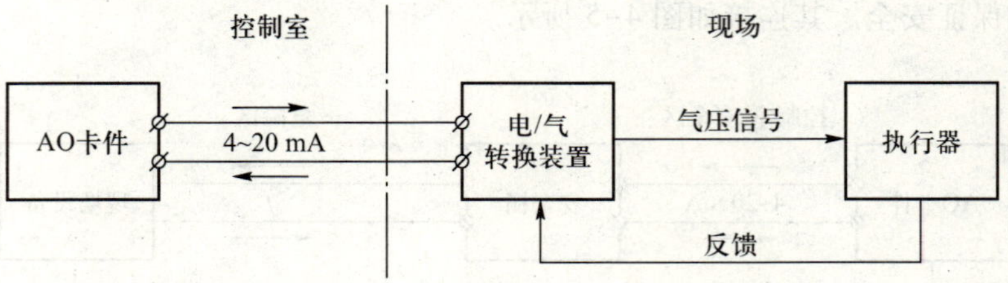

图 4-8　气动执行机构连接 AO 示意图

7. 开关量输入(DI)设备的端子接线

每路干接点信号采用两根导线接到 DI 的一对正、负端子上。如图 4-9 所示。这样每一路信号的接线清晰,查线维护方便,但要用较多电缆。

8. 开关量输出(DO)设备的端子接线

开关量输出信号是弱电信号,要控制现场设备的开/关、启/停,一般是通过中间继电器,由中间继电器驱动现场设备。如图 4-10 所示。

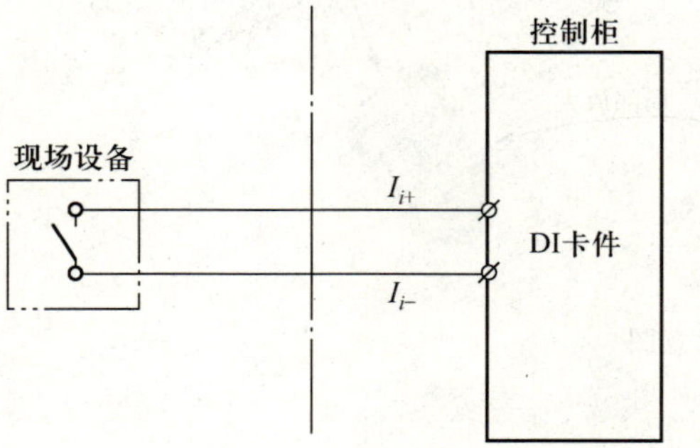

图 4-9　干接点开关量输入(DI)设备连接示意图

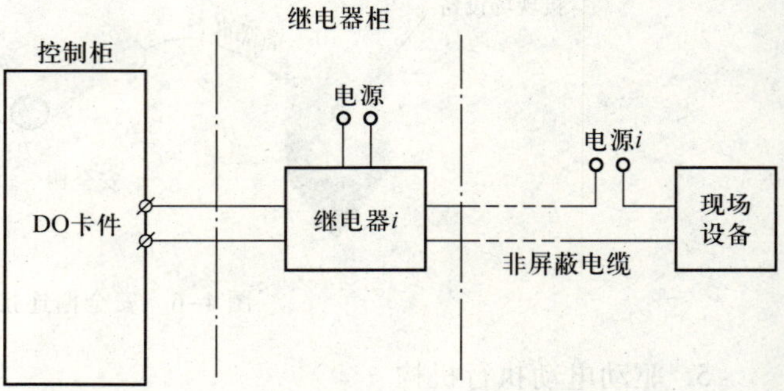

图 4-10　开关量输出(DO)连接示意图

通常,现场设备在与 DCS 的 IO 卡件相连接时,都将现场信号汇总到端子排,再由端子排引线与 IO 卡件相连接。

端子排安装在端子柜中,继电器、安全栅等都汇集在端子柜中。

9. 西门子典型 IO 卡件与现场设备的接线

(1) 数字量输入模块 SM321(订货号 6ES7321 - 1BH02 - 0AA0):16 通道。如图 4-11 所示。

(2) 数字量输出模块 SM322(订货号 6ES7322 - 1BH01 - 0AA0):16 通道。如图 4-12 所示。

(3) 模拟量输入模块 SM331(订货号:6ES7331 - 7KF02 - 0AB0):8 通道。如图 4-13 所示。

(4) 模拟量输出模块 SM332(订货号:6ES7332 - 5HD01 - 0AB0):4 通道。如图 4-14 所示。

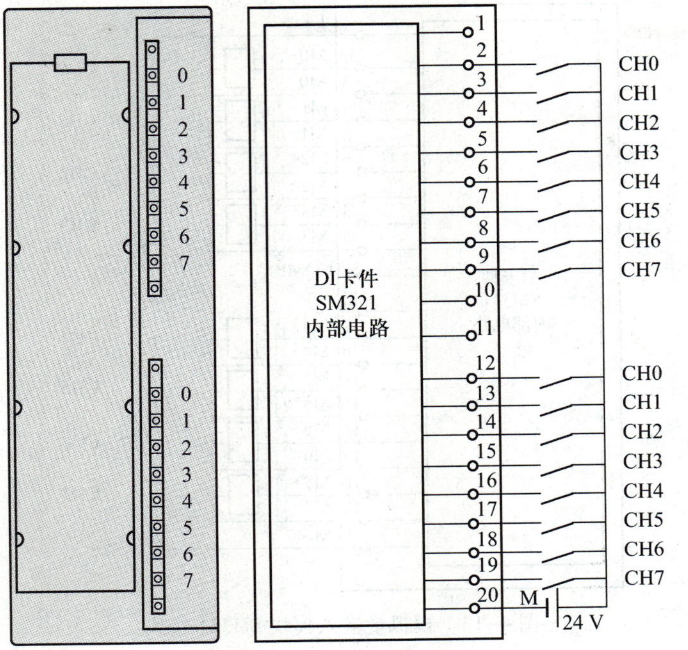

图 4-11　数字量输入模块 SM321 接线

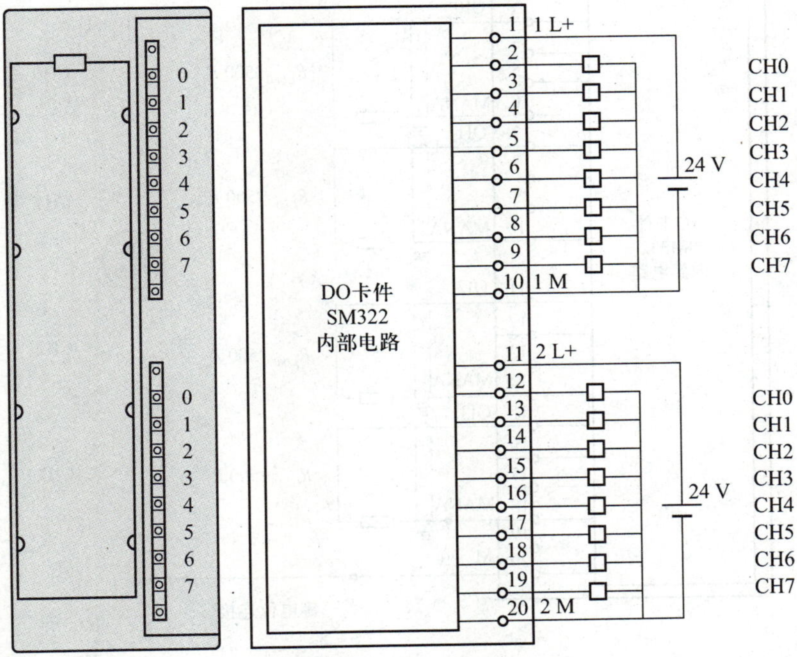

图 4-12　数字量输出模块 SM322 接线

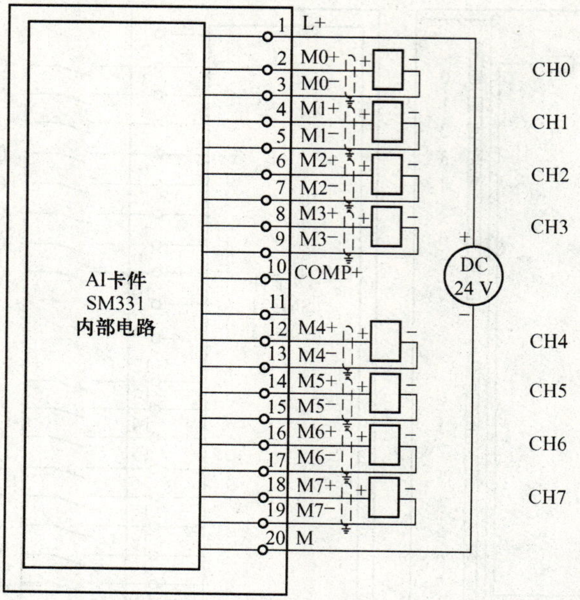

图 4-13　模拟量输入模块 SM331 接线

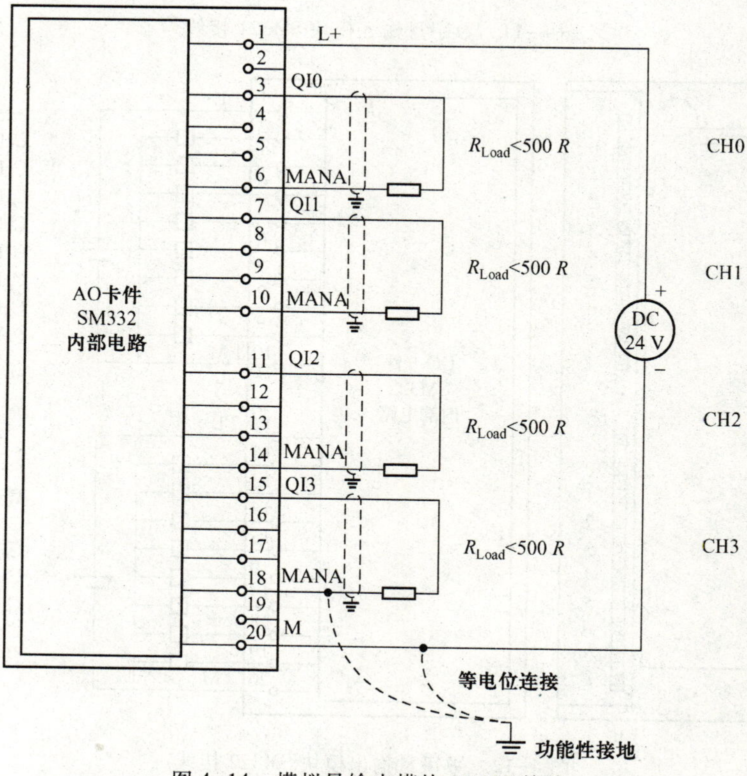

图 4-14　模拟量输出模块 SM332 接线

4.1.4 故障诊断与排除

接线完毕之后,从 PCS7 的 CFC 中的 AI、AO 模块输入以及输出端口观察是否有信号,如果没有信号,则需要进行故障诊断以及排除故障诊断,排除时的检查顺序是首先要从信号端子处断开接线,检查信号端子通断,然后检查电缆通断,再检查现场仪表是否良好。在检测故障的时候,可以采用万用表进行测量。

4.1.5 系统调试步骤

针对上述案例为项目改造,具体实施过程分三个阶段。

第一阶段,分三个次序。

(1) 核对现场现有接线与原图纸是否一致,并作好相应记录,特别是柜内信号端子的位号与现场实际信号的位号是否一致。

(2) 在物理上将各个新电气柜安装到现有设备相近区域,并进行新电气柜内的各设备器件和网络的通电调试,确认柜内信号通信正常。

(3) 进行新电气柜内的各设备器件和网络的破坏性试验,例如人为切换冗余 CPU 或 I/O 模块,以验证其可靠性。

第一阶段,不对生产造成任何影响,即不需生产停顿。如图 4-15 所示。

图 4-15 项目实施第一阶段示意图

第二阶段,也分三个次序。

(1) 在各方做好准备工作后,确认不影响生产的前提下,首先切断电源,拆除端子板并作相应记录。

（2）拆除原柜体，并安装新的控制柜到原有位置上。

（3）进行新电气柜内各仪表器件的安装和接线。

第二阶段前后对生产会有 3 天左右的影响。如图 4-16 所示。

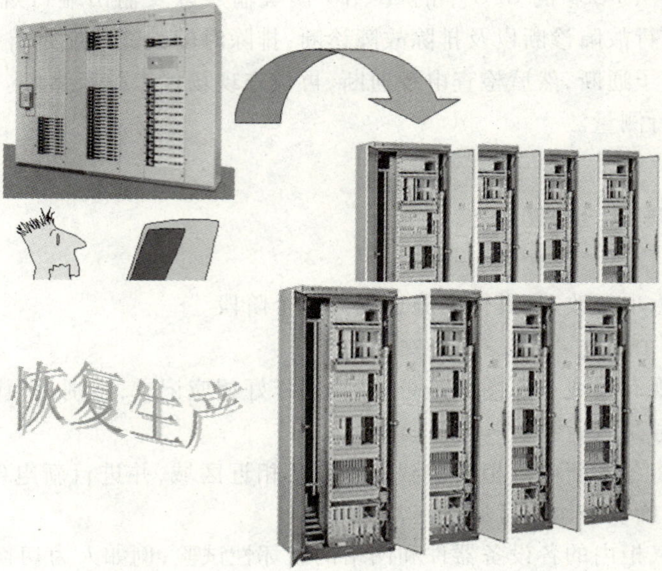

图 4-16　项目实施第二阶段示意图

第三阶段，系统接入电源，调试程序。具体分以下几步来执行。

（1）检查柜内回路接线是否正确，接地是否可靠，有无短路现象等。确认无误后，系统准备上电。先上辅助照明回路的电源，再上控制回路的电源，最后上动力回路的电源。

（2）系统上电完成后，首先检查电气急停回路是否能正常工作。

（3）下载硬件配置，检查 CPU 是否能正常工作。

（4）检查系统网络是否运行正常，包括所有 IO 从站等。

（5）进行 IO 点测试，检查信号回路是否正常。直接由现场给定输入信号到端子后，检查 PLC 是否能正常接受到该信号；在现场设备允许动作的前提下，由 PLC 强制输出信号到现场，检查设备是否能正常工作。

（6）按系统工艺要求，逐步下载程序。首先，测试单个设备是否能正常工作；接着，在确保单个设备正常工作的前提下，测试设备间连锁程序，是否能按要求逻辑进行正常开车。

（7）模拟故障信号，比如外围信号断线或模拟量信号有干扰，检查系统是否能及时报警，并作出相应的故障处理。总之，尽量模拟能导致停车的故障信号，依次检查各设备是否能按顺序要求安全停车。

（8）测试上位机网络是否工作正常。检查能否正常读取现场信号到监控画面；同时，由操作画面给出信号后,现场设备能否正常动作。

(9) 现场条件允许的前提下,进行破坏性实验,比如操作员不按操作顺序开车,或乱按操作按钮时,测试程序是否能正常运行。

(10) 与第三方设备存在通信时,测试通讯信号是否能正常接受和发送,是否存在延时。当通讯中断时,系统是否能按要求运行。

4.1.6 控制器组态

以西门子控制为例,分以下几个步骤:

1. PLC 的硬件组态 HW。如图 4-17 所示。

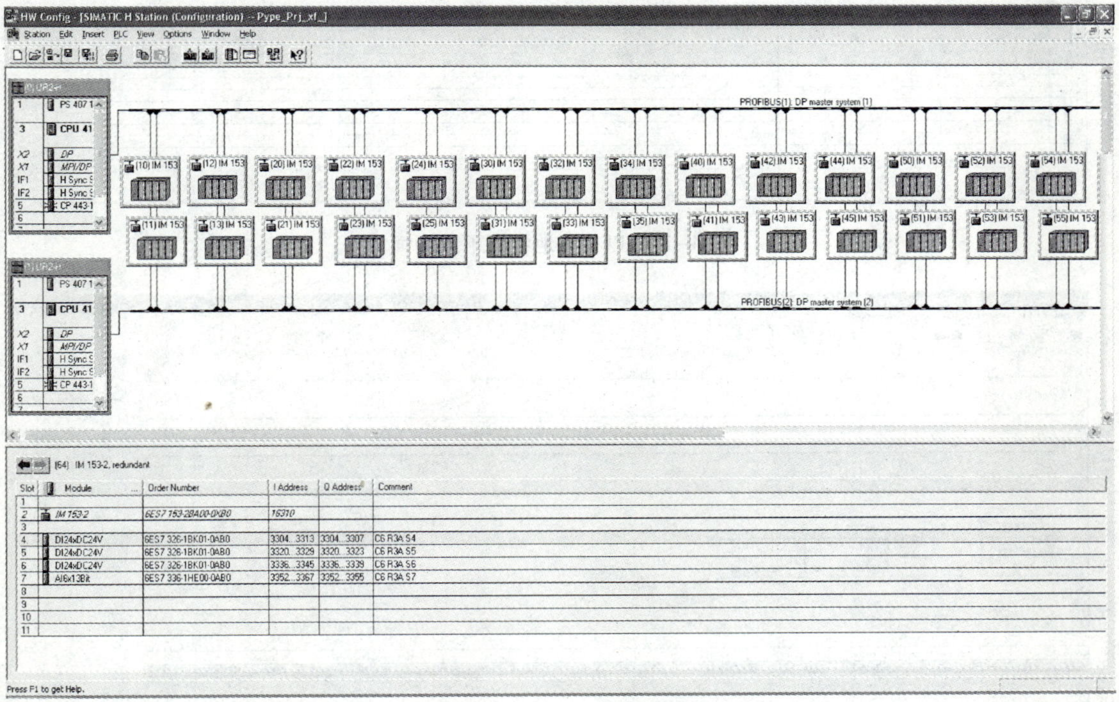

图 4-17　PLC 的硬件组态下载画面

2. PC 的本地组态 PC Station。如图 4-18 所示。

3. PLC 的网络组态 NetPro。如图 4-19 所示。

软件编程时,遵循以下三点:

(1) 编写 IO 点的符号表,建议以设备位号作为符号名。

(2) 将实际 IO 地址转化为中间存储位的地址,便于日后更改配置。

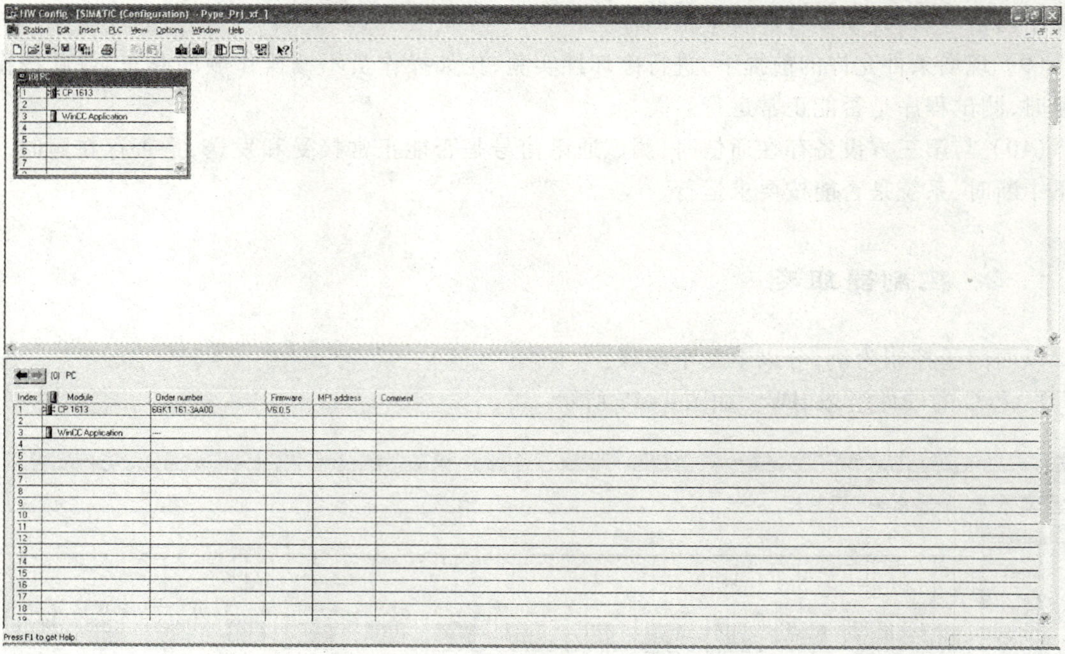

图 4-18　PLC 本地组态下载画面

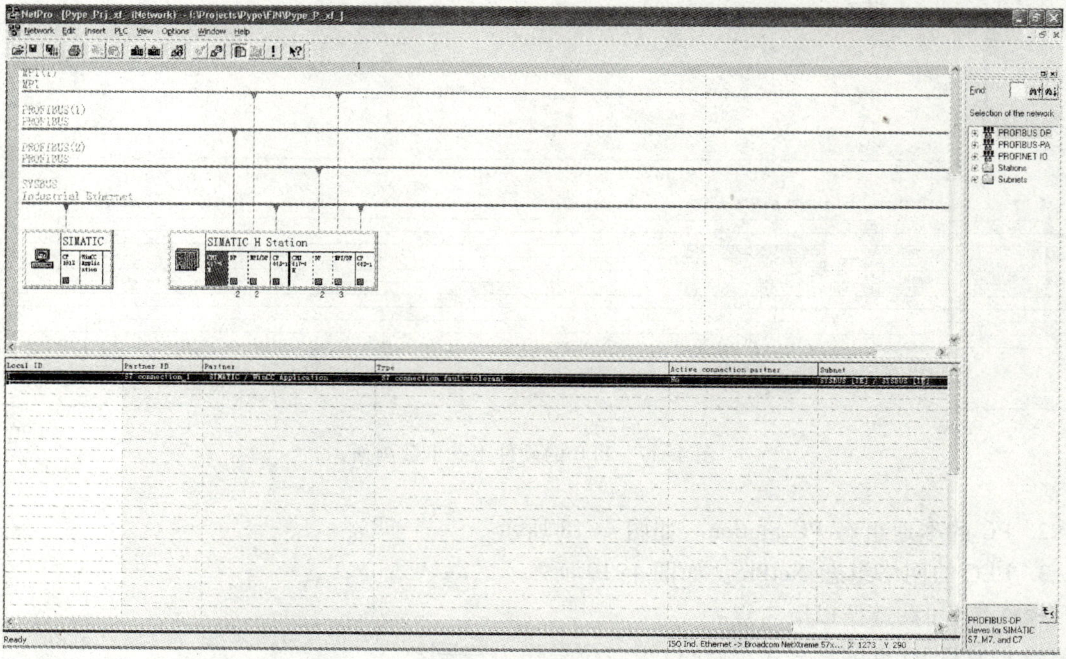

图 4-19　PLC 的网络组态下载画面

(3) 针对好几个设备的相同控制功能，比如阀门控制、电机控制等，尽量编写功能块，方便调用。

4.1.7 质量监督

质量管理就是在合同签订后，乙方将指定一名项目经理，负责协调工程实施全过程中的各项工作。如系统设计、工程进度、制造确认、编程和技术服务、图纸文件、设备拆箱验收、工厂和现场测试、编制文件、启动、调试、投运和现场系统可利用率测试等工作。工程质量管理包括以下几方面：

1. 确定工程管理组织机构。
2. 提供系统设备使用安排计划。
3. 明确提出工程不同实施阶段的工作内容、计划安排。
4. 负责安排各次工程联络会议。
5. 接受项目工程监督和管理。

4.2 自动化工程的试运行及验收

仪表工程安装工作结束之后，就进入到试运行和验收阶段。

4.2.1 仪表的调校

根据《工业自动化仪表工程施工及验收规范》(GBJ 131—90)中的规定，仪表的调校分两步进行，即单体调校和系统调校。

单体调校即对单台仪表的检验、调整和校准。该步工作应当在仪表安装之前，在仪表调校室内进行。进行仪表调校的条件、所使用的调校工具、调校的点数应当遵守《工业自动化仪表工程施工及验收规范》(GBJ 131—90)中的规定。调校人员应当将调校结果认真地填写在调校记录中，以备交工时使用。

经过调校合格的仪表、相关的取源部件、仪表管路、仪表供电、仪表供气、相应电气设备及附件，按设计和《工业自动化仪表工程施工及验收规范》(GBJ 131—90)中的要求安装完毕之后，即为技术竣工合格状态，此时可进入试运行。

4.2.2 仪表系统的试运行

技术竣工合格的仪表系统，可进行系统联调，系统联调也叫做系统调校。进行系统调校时，在系统的信号发生端(变送器或检测元件处)输入一个模拟信号，检查系统的误差。系统的误差值应当满足下式。

$$\Delta B=\sqrt{(\Delta A_1)^2+(\Delta A_2)^2+\cdots+(\Delta A_n)^2}$$

式中：

ΔB 为系统误差；

$\Delta A_1 \cdots\cdots \Delta A_n$ 为系统内单元仪表的允许基本误差。

如果系统误差不满足要求，则应当重新检查调校系统内的各个仪表。

技术竣工合格的仪表系统，经系统调校合格并且符合设计要求，符合《工业自动化仪表工程施工及验收规范》（GBJ 131—90）中的规定，系统即为无负荷试运行合格。

无负荷联动试车合格的仪表系统，已接受了工艺参数信号，而且已起到对工艺参数的检测、调节、报警和联锁作用，并经 48 小时连续正常运行后，系统即为负荷试运行合格。

一般情况下，系统无负荷联动试车由仪表专业主持，工艺专业配合；系统负荷联动试车由工艺专业主持，仪表专业配合。

仪表系统负荷联动试车合格之后就可向生产单位进行交工，生产单位应当及时组织验收。

4.2.3 仪表工程的交工验收

仪表工程交工时应当交验下列技术文件：

(1) 工程竣工图；

(2) 隐蔽工程记录；

(3) 孔板、喷嘴、文丘利管及流量检测元件安装记录；

(4) 电缆（线）绝缘电阻测定记录；

(5) 接地电阻测定记录；

(6) 管路压力试验、脱脂记录；

(7) 高压、高温、低温和特殊材料管路的管子、管件及阀门的材质合格证；

(8) 焊接高压、高温、低温和特殊材料焊件的焊条合格证；

(9) 设计变更通知书，设备、材料代用单和合理化建议；

(10) 仪表设备交接清单；

(11) 未完工程项目明细表；

(12) 仪表调校记录。

关于试车、交工过程中的验收文件的格式，可由工程各方商定。图 4-20 至图 4-27 只是一部分试车、交工验收文件的示例，用户可参考这些文件格式来制定自己的文件格式，甚至可以直接采用这些格式。

严格讲讲工程施工与验收已经不是过程工程设计的内容，但是作为工程设计人员应当对这些内容有所了解，所以这里只是对工程施工与验收进行简单介绍，工作实践中应当详细的阅读相关的国家规范和行业标准，严格按规定执行。

交工验收证书

年　月　日

工程编号		工程性质	
工程名称		专业名称	
开工日期		竣工日期	
设计工程量		竣工工程量	
预算工作量	元	竣工工作量	元
预算变更原因			

施工依据				
	批准单位		批准文件号	
	合同文件号		批准图纸号	
	预算编制单位		预算批准书	

工程质量总评定： 检查人：　　检查单位盖章 年　月　日
工程验收意见：
生产单位代表：　　施工单位代表： 验收人：　　施工负责人： 接收人：　　交工人： 年　月　日　　年　月　日
注：1. 工程性质：填新建，改建，扩建 2. 工程量：填仪表设备台，件数

图 4-20　交工验收证书

中间交接证书

年　月　日

工程项目名称：
单位工程名称：
工程简要内容：
交工情况：(符合设计的程度，主要缺陷及处理意见)
质量鉴定： 检查员：
建设单位代表：　　施工单位代表：

图 4-21　中间交接证书

试车合格证书

年　月　日

工程项目名称：
车间，工段或生产系统名称：
试车时间：自　年　月　日起至　年　月　日
试车情况：
质量鉴定： 检查员：
附件：
建设单位代表：　　施工单位代表：

图 4-22　试车合格证书

仪表设备交接清单

年　月　日

工程名称：

序号	位号	仪表名称	型号及规格	材质	单位	数量

接受单位：　　移交单位：

代表：　　代表：　　制表：

图 4-23　仪表设备交接清单

未完工程项目明细表

年　月　日

工程名称:				
序号	项目名称	未完工原因	数量	处理意见
建设单位签字:		施工单位签字:		

图 4-24　未完工程项目明细表

电缆(线)绝缘电阻测定记录

年　月　日

工程名称:					
电缆(线)号	型号及规格	芯线与地(MΩ)	芯线之间(MΩ)	测定人	测定日期
技术负责人:			检查人:	制表:	

图 4-25　电缆(线)绝缘电阻测定记录

调节器调校记录(一)

年　月　日

工程名称			仪表名称		位号		
厂家及出厂编号			型号		精确度		
输入		输出	作用形式		电气源		
刻度范围							
绝缘电阻(MΩ)	电源与地		输入与地		输出与地		输入与输出
标准仪表及编号:							
指示精确度调校:							
名称	刻度	标准输入	实测值(　)				回差
	%		上升	误差%	下降	误差%	%
	0						
	25						
	50						
	75						
	100						
	0						
	25						
	50						
	75						
	100						
	0						
	25						
	50						
	75						
	100						

输出表头精确度调校:

刻度%	标准输入(　)	实测值%				回差
		上升	误差	下降	误差	%

图 4-26　调节器调校记录

系统调试记录(二)

年　月　日

系统内仪表调校记录:				
序号	位号	仪表名称	调校内容	调校结果
系统调试结果:				
技术负责人:			检查人:	调试人:

图 4-27　系统调试记录

第 5 章

项目管理

项目管理是一个管理学分支学科，指在项目活动中运用专门的知识、技能、工具和方法，使项目能够在有限资源限定条件下，实现或超过设定的需求和期望。项目管理是一些与成功地实现一系列目标相关的活动（譬如任务）的整体。这包括策划、进度计划和维护组成项目的活动的进展。

项目管理是基于管理原则的一套技术方法，这些技术或方法用于计划、评估、控制工作活动，以便按时、按预算、依据规范达到理想的最终效果。

项目管理的内容包括以下几个方面。

1. 项目范围管理

项目范围管理是为了实现项目的目标，对项目的工作内容进行控制的管理过程。它包括范围的界定、范围的规划、范围的调整等。

2. 项目时间管理

项目时间管理是为了确保项目最终按时完成的一系列管理过程。它包括具体活动界定、活动排序、时间估计、进度安排及时间控制等项工作。很多人把 GTD 时间管理引入其中，大幅提高了工作效率。

3. 项目质量管理

项目质量管理是为了确保项目达到客户所规定的质量要求所实施的一系列管理过程。它包括质量规划、质量控制和质量保证等。

4. 项目人员管理

项目人员管理是为了保证所有项目中人的能力和积极性都得到最有效地发挥和利用所做的一系列管理措施。它包括组织的规划、团队的建设、人员的选聘和项目的班子建设等一系列工作。

5. 项目经费管理

项目经费管理是为了保证完成项目的实际成本、费用不超过预算成本、费用的管理过程。它包括资源的配置,成本、费用的预算以及费用的控制等项工作。

6. 项目沟通管理

项目沟通管理是为了确保项目信息的合理收集和传输所需要实施的一系列措施,它包括沟通规划、信息传输和进度报告等。

7. 项目风险管理

项目风险管理涉及项目可能遇到的各种不确定因素。它包括风险识别、风险量化、制定对策和风险控制等。

8. 项目采购管理

项目采购管理是为了从项目实施组织之外获得所需资源或服务所采取的一系列管理措施。包括采购计划、采购与征购、资源的选择以及合同的管理等项目工作。

9. 项目集成管理

项目集成管理是指为确保项目各项工作能够有机地协调和配合所展开的综合性和全局性的项目管理工作和过程。它包括项目集成计划的制订、项目集成计划的实施、项目变动的总体控制等。

下面就时间管理、质量管理、人员管理、经费管理、风险管理和采购管理等六方面作具体说明。

5.1 时间管理

5.1.1 时间管理介绍

所谓项目时间是指该项目从开始到结束的时间。所谓时间管理,是指用最短的时间或在预定的时间内,把项目所有事情做好。如何利用好时间,关键在于制定完善的、合理的工作计划。所谓工作计划,就是填写自己和企业的工作时间表,例如某年某月某日要做什么事;哪些事先做,哪些事后做;哪个时间内以哪些事为重点;安排哪些时间内做什么事等。但是,有计划地利用工作时间,并不是要求把未来的工作时间全部地填满工作内容,而是合理地安排最主要的工作和最关键的问题。这些工作和问题,只要安排得适时和得当,就会像机器的主轴带动整个机器运转那样,促使其他的事情按时完成。

因此，真正会利用时间的人，不是把大量时间花于忙乱的工作中，而是用在拟订计划中。通过制定周密的工作计划，确定实现工作目标的手段和方法，预定出实现目标的进程及步骤。

5.1.2 时间管理理论

有关时间管理的研究已有相当历史，犹如人类社会从农业革命演进到工业革命，再到资讯革命，时间管理理论也可分为四代。

第一代的理论着重利用便条与备忘录，在忙碌中调配时间与精力。第二代强调行事历与日程表，反映出时间管理已注意到规划未来的重要。第三代是目前正流行、讲求优先顺序的观念。也就是依据轻重缓急设定短、中、长期目标，再逐日制定实现目标的计划，将有限的时间、精力加以分配，争取最高的效率。这种做法有它可取的地方，但也有人发现，过分强调效率，把时间绷得紧紧的，反而会产生反效果，使人失去增进感情、满足个人需要以及享受意外之喜的机会。于是许多人放弃这种过于死板拘束的时间管理法，回复到前两代的做法，以维护生活的品质。

现在，又有第四代的理论出现。与以往截然不同之处在于，它根本否定"时间管理"这个名词，主张关键不在于时间管理，而在于个人管理。与其着重于时间与事务的安排，不如把重心放在维持产出与产能的平衡上。

5.1.3 时间管理的方法

时间管理的方法有很多，这里介绍最新的时间管理概念——GTD。

GTD，Getting Things Done 的缩写。来自于 David Allen 的一本畅销书《Getting Things Done》，国内的中文翻译本为《尽管去做：无压工作的艺术》。GTD 的具体做法可以分成收集、整理、组织、回顾与行动五个步骤。

收集：就是将你能够想到的所有的未尽事宜（GTD 中称为素材（stuff））统统罗列出来，放入收件箱（inbox）中，这个收件箱既可以是用来放置各种实物的实际的文件夹或者篮子，也可以有用来记录各种事项的纸张或 PDA。收集的关键在于把一切赶出你的大脑，记录下所有的工作 。

整理：将素材放入收件箱之后，就需要定期或不定期地进行整理，清空收件箱。将这些素材按是否可以付诸行动进行区分整理，对于不能付诸行动的内容，可以进一步分为参考资料、日后可能需要处理以及垃圾几类，而对可行动的内容再考虑是否可在两分钟内完成，如果可以，则立即行动完成它，如果不行则对下一步行动进行组织 。

组织：组织是 GTD 中最核心的步骤，组织主要分成对参考资料的组织与对下一步行动的组织。对参考资料的组织主要就是一个文档管理系统，而对下一步行动的组织则一般可分为下一步行动清单、等待清单和未来/某天清单。

等待清单主要是记录那些委派他人去做的工作，未来/某天清单则是记录延迟处理且没有具体的完成日期的未来计划等。而下一步清单则是具体的下一步工作,而且如果一个项目涉及多步骤的工作,那么需要将其细化成具体的工作。

GTD 对下一步清单的处理与一般的 to - do list 最大的不同在于,它作了进一步的细化,比如按照地点(电脑旁、办公室、电话旁、家里、超市)分别记录只有在这些地方才可以执行的行动,而当你到这些地点后也就能够一目了然地知道应该做哪些工作

回顾:回顾也是 GTD 中的一个重要步骤,一般需要每周进行回顾与检查,通过回顾及检查你的所有清单并进行更新,可以确保 GTD 系统的运作,而且在回顾的同时可能还需要进行未来一周的计划工作。

行动:现在你可以按照每份清单开始执行了,在具体行动中可能会需要根据所处的环境、时间的多少、精力情况以及重要性来选择清单以及清单上的事项来执行。

5.2 质量管理

5.2.1 质量管理介绍

项目质量管理(Project Quality Management)中质量通常指产品的质量,广义的还包括工作的质量。产品质量是指产品的使用价值及其属性,而工作质量则是产品质量的保证,它反映了与产品质量直接有关的工作对产品质量的保证程度。

5.2.2 质量技术

项目的质量管理工作是一个系统过程,在实施过程中必须创造必要的资源条件,使之与项目质量要求相适应。各职能部门及实施单位要保证工作质量和项目质量,实行业务工作程序化、标准化和规范化。支持质量部门独立地、有效地行使职权,对项目实施全过程实行质量控制。

质量管理文件指在项目实施过程中,为达到预期的项目质量和工作质量要求,对与管理有关的重复性事务和概念所做的规定。

1. 质量保证大纲

在项目或任务下达或合同签订生效开始后,在项目实施过程中的每一阶段,均需在总结上阶段实施情况的基础上进行制定或修订,以指导本阶段的实施和管理工作。

质量保证大纲的目标是:提高项目实施的适用性和任务完成率、降低项目对维修和后勤保障的要求、提供基本的质量信息、提高工程实施的经济效益。

质量保证大纲的内容是:按项目的特点和有关部门对质量的要求,提出明确的质量指标要求;明确规定工艺技术、计划、质量和物资部门的质量责任;确定各实施阶段的工作目标;针对项

目特点和实际的实施能力,提出质量控制点和需要进行特殊控制的要求、措施、方法及其相应的完成标识和评价标准;对设计、工艺和项目质量评审要有明确规定。

2. 质量工作计划

质量工作计划是对特定的项目、服务、合同规定专门的质量措施、资源和活动顺序的文件。

质量工作计划的工作内容:实现的质量目标;应承担的工作项目、要求、责任以及完成的时间等;在计划期内应达到的质量指标和用户质量要求;计划期内质量发展的具体目标、分段进度、实现的工作内容、项目实施准备工作、重大技术改进措施、检测及技术开发等。

3. 质量成本

质量成本是实施单位为了保证和提高产品质量、满足用户需要而支出的费用,以及因未达到质量标准而产生的一切损失费用的总和。质量管理职能部门根据质量工作计划,提出质量成本项目和计划。

(1) 质量费用的归集

承制单位应严格遵守质量成本开支范围,根据审核无误的原始凭证,按质量成本核算对象及质量成本科目,分责任单位正确归集质量费用,不属于现行成本开支范围的质量费用,列入不可计成本质量费用统计表。

(2) 质量费用的分配

属于现行项目开支范围内的质量费用,应分别在项目和工作中进行核算,不属于现行项目成本开支范围的质量费用,统计归集后直接或分配计入完工项目和目前实施项目的质量成本。能够分清由哪个项目负担的费用直接计入该项目明细账或成本质量费用统计表,不能分清的统计后,按工时分配计入。

5.2.3 质量计划

质量计划的目的主要是确保项目的质量标准能够得以满意的实现,其关键是在项目的计划期内确保项目按期完成,同时要处理与其他项目计划之间的关系。

1. 质量计划的输入要素

质量计划的输入要素包括质量方针、范围陈述、产品描述、标准和规则。

2. 质量计划的输出

质量管理计划:质量管理计划主要描述项目管理组应该如何实施它的质量方针。在ISO9000中,项目的质量系统被描述为对组织结构、责任、方法、步骤及资源等实施质量管理。质量计划提供了对整个项目进行质量控制、质量保证及质量改进的基础。

具体操作说明:对于一些特殊条款需要附加操作说明,包括对他们的解释及在质量控制过程中如何度量的问题。比如说满足项目进度日期不能足以说是对项目管理质量的度量,项目管理组还必须指出每一项工作是否按时开始或者按时结束,各个独立的工作是否被度量或者仅是做了一定的说明等类似情况。

检查表格:检查表格是一种用于对项目执行情况进行分析的工具,其可能是简单的也可能是复杂的,通常的描述包括命令和询问两种形式。许多组织已经形成了标准的确保频繁执行的工作顺利执行的体系。

其他过程的输入:质量计划过程也有助于对其他领域工作的开展。

5.2.4 质量保证

质量保证是所有计划和系统工作实施达到质量计划要求的基础,为项目质量系统的正常运转提供可靠的保证,它应该贯穿于项目实施的全过程之中。在ISO9000系列实施之前,质量保证通常被描述在质量计划之中。

质量保证通常是由质量保证部门或者类似的组织单元提供,但是不必总是如此。质量保证通常提供给项目管理组以及实施组织(内部质量保证)或者提供给客户或项目工作涉及的其他活动(外部质量保证)。

1. 质量保证的输入

质量管理计划、质量控制度量的结果、操作说明。

2. 质量保证的输出

质量改进:质量改进包括增加项目有效性和效率以提高项目投资者的利益的各种行动。在大多数情况下,质量改进将要求改变不正确的行动以及克服这种不正确行动的过程。

5.2.5 质量控制

质量控制主要是监督项目的实施结果,将项目的结果与事先制定的质量标准进行比较,找出其存在的差距,并分析形成这一差距的原因,质量控制同样贯穿于项目实施的全过程。项目的结果包括产品结果(如交付)以及管理结果(如实施的费用和进度)。质量控制通常是由质量控制部门或类似的质量组织单元实施,但是也并非总是如此。

项目管理组应该具有统计质量控制的工作知识,特别是抽样检查和概率方面的知识,以便帮助他们评价质量控制的输出。他们应该清楚预防和检查、特征样本和随机样本、特殊原因和随机原因、偏差和控制线等几个概念的不同。

1. 质量控制的输入

工作结果、质量管理计划、操作描述、检查表格。

2. 质量控制的输出

质量改进措施可接受的决定:每一项目都有接受和拒绝的可能,不被接受的工作需要重新进行。

重新工作:不被接受的工作需要重新执行,项目工作组的目标是使得返工的工作最少。

完成检查表:当检查的时候,应该完成对项目质量的记录,即完成检查表格。

过程调整:过程调整包括对质量控制度量结果的纠正以及预防工作。

5.3 人员管理

5.3.1 人员管理介绍

人员管理的终极目的是充分发挥项目人员的能力,充分发掘项目成员的潜能。同时,项目人员管理也需要制定一些规则,制定这些规则是为了项目各个部分相互协调,相互密切配合,因此项目过程和规范也是很重要的,这是保证项目成员的整体力量,同时又保证每个成员有充分的发挥空间,项目过程和规范应当能促进项目成员的能动性和创造力,同时要肯定项目成员对项目成败的重要价值。

5.3.2 人员管理要点

人员管理可从以下几个方面考虑:

(1) 选择和招募合适的人员

对人员考察的重点不仅仅是具备的知识技能,而更多应该是针对其个人性格、价值观、协作和沟通能力和自我学习能力方法的考察。

(2) 为人员分配合适的工作

每个项目成员都有各自的特长和性格特点,必须要充分考虑项目成员的技能情况和性格特点为他们分配正确的工作,同时还需要考虑项目成员的工作兴趣和爱好。

(3) 考核要真正体现个人绩效

综合考核个人的协作精神和价值观两方面。只有两个方面都表现不错的人,才是项目真正的骨干成员,并且应在工作岗位和薪酬上得到体现,使其成为项目长期稳定的优秀员工。

(4) 更多的是培养人而不是管理人

只有真正从培养项目成员出发才能够将被动的管理转变为自发和主动的管理。

(5) 经常和项目成员进行单独的沟通

项目经理应该定期和项目成员进行单独的沟通,了解项目成员的工作和生活情况、个人的职业规划和工作想法,单独指出项目成员工作中的不足和需要改进的地方。

(6) 协调项目中的冲突

项目过程出现一些冲突是难免的,对于项目成员间自己可以解决的冲突,项目经理尽量不要越俎代庖,同时也要尽量不让冲突升级。项目经理的作用就是让冲突在项目可控的范围内,并在冲突过后促进项目成员反思和学习。

5.3.3 人员管理的技巧——“刺猬”理论

在冷风瑟瑟的冬日里，有两只困倦的刺猬想要相拥取暖休息，但无奈的是双方的身上都有刺，刺的双方无论怎么调整睡姿也睡的不安稳。于是，它们就分开了一定的距离。但又冷的受不了，于是又凑到了一起。几经反复的折腾，两只刺猬终于通过自己的努力找到了一个合适的距离，又能互相取暖，又不至于刺到对方，于是舒服的睡了。这个故事不禁让我们想到了管理实践中管理者与被管理者之间的距离应该是多远。无疑，刺猬理论给了我们最贴切的答案。

心理学家研究表明，领导者要想搞好工作，应该与下属保持较为亲密的关系，这样容易赢得下属的尊重，下属在工作时也愿意从领导的角度出发，替领导考虑，并尽可能地把事情做好，但同时又要保持适当的距离，尤其在心理距离上，这样可以保持领导的神秘感，而且减少下属之间的胡乱猜疑，避免不必要的争斗。但有以下几种情形还要区别对待。

(1) 当你只有一个下属的时候

在很多中小型企业的人力资源部、企化部等部门的人员往往都很少，大多数都是一个经理带着一个“兵”。在这个时候往往两者之间的距离很亲近，有种共生或相依为命的感觉。这时的管理通常很简单，不必使用过分复杂的管理技巧和手段。多数时候只要经理吩咐，下属就会照做，但在绩效上的效果通常不会很好，但还可以完成。因为员工和经理的距离很近，经理通常布置工作后不好意思催促或监督下属工作，即使有时不痛不痒地说了几句，也因为关系亲密被忽略了。所以在这种条件下的管理最应该注意心理距离的问题，在工作中不应经常带有日常的感情，并不要交流过多关于个人的隐私问题，虽然这对增进感情很有好处，但由于过分亲近又没有竞争的压力，如果再加上管理不当，会造成工作拖延、懈怠，绩效低下等不良现象。

(2) 当你有几个下属的时候

当你有几个下属时，情况通常会很复杂，假如你的下属是和你一个办公室，也就是说和你在一起办公时，你的下属通常会分为几个不同势力的小圈子。圈子的中心就是在你面前的红人。当然也可能出现最不好管理的几个人围成一个小阵营。这个时候领导最重要的工作是平衡自己与各个阵营的关系和距离，而不是只局限于与各人的关系中。通常要注意的就是日常工作的安排是否合理、绩效考核是否公平和每个红人之间距离的问题。但无特殊情况下，领导者要尽力保持各个阵营的势力均衡，避免某些阵营势力过大，造成管理的不便。同时又由于大家日常在一起工作，领导也要注意和下属沟通的亲密程度以及次数，但正式的沟通或工作安排则不必要回避，以免引起误会或不必要的猜想。假如你的下属不经常和你在一起，比如管理销售人员，这就又要复杂一些。这时实际上你对员工的工作情况和思想情况掌握的并不会很多。他们对你感情和距离也难以捉摸，经常会有很大变化，但基本会保持尊敬。他们会因为你无意和他们的闲聊，距离突然拉近。也会因为一次销售的失败，对你、对公司同时失去信心。昨天还兄弟天长地久，今日就离你而去。所以这种情况，管理者最重要的就是在可以保持规范化管理的前提下和下属保持比较近的心理距离，把握下属的心理，才能合理的使用管理模式，取得较好的管理绩效。

(3) 当你的下属有几十个人以上时

这时的管理者多数是在扮演你所在职位应该扮演的角色，而不是做你自己了。这时领导者做的很多工作都要注意自身形象和地位的维护。与员工的距离也要保持适当，甚至可以略远一些，这样更有利于自己权威的体现。但在工作之余可以和员工走的近些，尽量平易近人，这样员工在工作中会表现得比较尊敬和畏惧。但切不可距离很近，这样很容易暴露个人的缺点，影响下属对领导的敬佩，甚至造成失望。

其实管理无定论，领导与员工的关系也如镜中花、水中月，也会因为管理者的性别和其他因素有近有远。但刺猬理论却给我们提了一个很有意义的提示，无论远近，舒适、温暖就好。

5.4 经费管理

5.4.1 经费管理介绍

经费管理主要是针对项目的成本估算，是指根据项目的资源需求和计划，以及各种项目资源的价格信息，估算和确定项目各种活动的成本和整个项目总成本。项目成本的构成，主要包括项目定义与决策工作成本、项目设计成本、项目采购成本、项目实施成本。具体的项目成本科目包括人工成本、物料成本、顾问费用、设备费用、不可预见费。项目成本估算的方法有类比估算法、参数估计法、标准定额法、工料清单法、软件工具法。项目成本估算的结果有项目成本估算文件、相关支持细节文件、项目成本管理计划。

项目经费管理需对项目成本进行控制，这就需要进行项目成本的估算。

5.4.2 项目成本管理估算方法

成本估算是对完成项目所需费用的估计和计划，是项目计划中的一个重要组成部分。要实行成本控制，首先要进行成本估算。理想的是，完成某项任务所需费用可根据历史标准估算。但对许多工业来说，由于项目和计划变化多端，把以前的活动与现实对比几乎是不可能的。费用的信息，不管是否根据历史标准，都只能将其作为一种估算。而且在费时较长的大型项目中，还应考虑到今后几年的职工工资结构是否会发生变化、今后几年原材料费用的上涨如何、经营基础以及管理费用在整个项目寿命周期内会不会变化等问题。所以，成本估算显然是在一个无法以高度可靠性预计的环境下进行。在项目管理过程中，为了使时间、费用和工作范围内的资源得到最佳利用，人们开发出了不少成本估算方法，以尽量得到较好的估算。这里简要介绍以下几种。

1. 经验估算法

进行估计的人应有专门知识和丰富的经验，据此提出一个近似的数字。这种方法是一种最原始的方法，还称不上估算，只是一种近似的猜测。它对要求很快拿出一个大概数字的项目是可以的，但对要求详细的估算显然是不能满足要求的。

2. 因素估算法

这是比较科学的一种传统估算方法。它以过去为根据来预测未来，并利用数学知识。它的基本方法是利用规模和成本图。如图 5-1 所示。图上的线表示规模和成本的关系，图上的点是根据过去类似项目的资料而描绘，根据这些点描绘出的线体现了规模和成本之间的基本关系。这里画的是直线，但也有可能是曲线。成本包括不同的组成部分，如材料、人工和运费等。这些都可以有不同的曲线。项目规模知道以后，就可以利用这些线找出成本各个不同组成部分的近似数字。

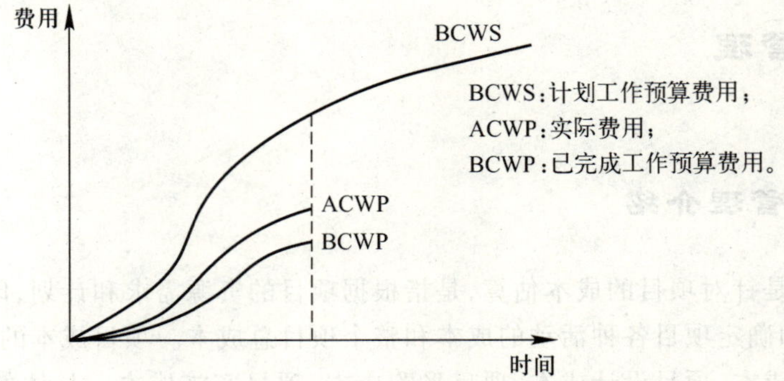

图 5-1　规模和成本图

这里要注意的是，找这些点要有一个"基准年度"，目的是消除通货膨胀的影响。画在图上的点应该是经过调整的数字。例如以 1980 年为基准年，其他年份的数字都以 1980 年为准进行调整，然后才能描点画线。项目规模确定之后，从线上找出相应的点，但这个点是以 1980 年为基准的数字，还需要再调整到当年，才是估算出的成本数字。此外，如果项目周期较长，还应考虑到今后几年可能发生的通货膨胀、材料涨价等因素。

做这种成本估算，前提是有过去类似项目的资料，而且这些资料应在同一基础上，具有可比性。

3. WBS 基础上的全面详细估算

即利用 WBS 方法，先把项目任务进行合理的细分，分到可以确认的程度，如某种材料、某种设备、某一活动单元等，然后估算每个 WBS 要素的费用。采用这一方法的前提条件或先决步骤是：

(1) 对项目需求作出一个完整的限定。

(2) 制定完成任务所必需的逻辑步骤。

(3) 编制 WBS 表。

项目需求的完整限定应包括工作报告书、规格书以及总进度表。工作报告书是指实施项目所需的各项工作的叙述性说明，它应确认必须达到的目标。如果有资金等限制，该信息也应包括在内。规格书是对工时、设备以及材料标价的根据。它应该能使项目人员和用户了解工时、设备以及材料估价的依据。总进度表应明确项目实施的主要阶段和分界点,其中应包括长期订货、原型试验、设计评审会议以及其他任何关键的决策点。如果可能,用来指导成本估算的总进度表应含有项目开始和结束的日历时间。

一旦项目需求被勾画出来,就应制定完成任务所必需的逻辑步骤。在现代大型复杂项目中,通常是用箭头图来表明项目任务的逻辑程序,并以此作为下一步绘制 CPM 或 PERT 图以及 WBS 表的根据。

编制 WBS 表的最简单方法是依据箭头图。把箭头图上的每一项活动当作一项工作任务,在此基础上再描绘分工作任务。

进度表和 WBS 表完成之后,就可以进行成本估算了。在大型项目中,成本估算的结果最后应以下述的报告形式表述出来:

(1) 对每个 WBS 要素的详细费用估算。还应有一个各项分工作、分任务的费用汇总表,以及项目和整个计划的累积报表。

(2) 每个部门的计划工时曲线。如果部门工时曲线含有“峰”和“谷”,应考虑对进度表作若干改变,以得到工时的均衡性。

(3) 逐月的工时费用总结。以便项目费用必须削减时,项目负责人能够利用此表和工时曲线作权衡性研究。

(4) 逐年费用分配表。此表以 WBS 要素来划分,表明每年(或每季度)所需费用。此表实质上是每项活动的项目现金流量的总结。

(5) 原料及支出预测,它表明供货商的供货时间、支付方式、承担义务以及支付原料的现金流量等。

采用这种方法估算成本需要进行大量的计算,工作量较大,所以只计算本身也需要花费一定的时间和费用。但这种方法的准确度较高,用这种方法作出的这些报表不仅仅是成本估算的表述,还可以用来作为项目控制的依据。最高管理层则可以用这些报表来选择和批准项目,评定项目的优先性。以上介绍了三种成本估算的方法。除此之外,在实践中还可将几种方法结合起来使用。例如,对项目的主要部分进行详细估算,其他部分则按过去的经验或用因素估算法进行估算。

5.5 风险管理

5.5.1 风险管理介绍

项目风险管理是指对项目风险从识别到分析乃至采取应对措施等一系列过程,它包括将积极因素所产生的影响最大化和使消极因素产生的影响最小化两方面内容,主要包括:风险识别、风险量化、风险对策。

风险识别包含两方面内容：识别哪些风险可能影响项目进展；记录具体风险的各方面特征。风险识别不是一次性行为，而应有规律的贯穿整个项目中。风险识别包括识别内在风险及外在风险。内在风险指项目工作组能加以控制和影响的风险，如人事任免和成本估计等。外在风险指超出项目工作组等控力和影响力之外的风险，如市场转向或政府行为等。

风险量化涉及对风险和风险之间相互作用的评估，用这个评估分析项目可能的输出。这首先需要决定哪些风险值得反应。

风险对策研究包括对机会的跟踪进度和对危机的对策的定义。风险对策实施控制包括实施风险管理方案以便在项目过程中对风险事件做出回应。当变故发生时，需要重复进行风险识别、风险量化以及风险对策研究等一整套基本措施。

在全面分析评估风险因素的基础上，制定有效的管理方案是风险管理工作的成败关键，它直接决定管理的效率和效果。因此，详实、全面、有效成为方案的基本要求，其内容应包括：风险管理方案的制订原则和框架；风险管理的措施；风险管理的工作程序等。

5.5.2 风险管理的各个步骤

对于现代企业来说，风险管理就是通过风险的识别、预测和衡量，选择有效的手段，以尽可能降低成本，有计划地处理风险，以获得企业安全生产的经济保障。这就要求企业在生产经营过程中，应对可能发生的风险进行识别，预测各种风险发生后对资源及生产经营造成的消极影响，使生产能够持续进行。可见，风险的识别、风险的预测和风险的处理是企业风险管理的主要步骤。

1. 风险的识别

风险的识别是风险管理的首要环节。只有在全面了解各种风险的基础上，才能够预测危险可能造成的危害，从而选择处理风险的有效手段。

风险识别方法很多，常见的方法有：

（1）生产流程分析法

生产流程分析法是对企业整个生产经营过程进行全面分析，对其中各个环节逐项分析可能遭遇的风险，找出各种潜在的风险因素。生产流程分析法可分为风险列举法和流程图法。

风险列举法指风险管理部门根据本企业的生产流程，列举出各个生产环节的所有风险。

流程图法指企业风险管理部门将整个企业生产过程一切环节系统化、顺序化，制成流程图，从而便于发现企业面临的风险。

（2）财务表格分析法

财务表格分析法是通过对企业的资产负债表、损益表、营业报告书及其他有关资料进行分析，从而识别和发现企业现有的财产、责任等面临的风险。

（3）保险调查法

采用保险调查法进行风险识别可以利用以下两种形式。

通过保险险种一览表，企业可以根据保险公司或者专门保险刊物的保险险种一览表，选择适合本企业需要的险种。这种方法仅仅对可保风险进行识别，对不可保风险则无能为力。

委托保险人或者保险咨询服务机构对本企业的风险管理进行调查设计，找出各种财产和责任存在的风险。

2. 风险的预测

风险预测实际上就是估算、衡量风险，由风险管理人运用科学的方法，对其掌握的统计资料、风险信息及风险的性质进行系统分析和研究，进而确定各项风险的频度和强度，为选择适当的风险处理方法提供依据。风险的预测一般包括以下两个方面。

(1) 预测风险的概率：通过资料积累和观察，发现造成损失的规律性。举一个简单的例子，一个时期一万栋房屋中有十栋发生火灾，则风险发生的概率是1/1000。由此对概率高的风险进行重点防范。

(2) 预测风险的强度：假设风险发生，导致企业的直接损失和间接损失。对于容易造成直接损失并且损失规模和程度大的风险应重点防范。

3. 风险的处理

风险处理常见的方法有以下几种。

(1) 避免风险：消极躲避风险。比如避免火灾可将房屋出售，避免航空事故可改用陆路运输等。因为存在以下问题，所以一般不采用。

可能会带来另外的风险。比如航空运输改用陆路运输，虽然避免了航空事故，但是却面临着陆路运输工具事故的风险。

会影响企业经营目标的实现。比如为避免生产事故而停止生产，则企业的收益目标无法实现。

(2) 预防风险：采取措施消除或者减少风险发生的因素。例如为了防止水灾导致仓库进水，采取增加防洪门、加高防洪堤等，可大大减少因水灾导致的损失。

(3) 自保风险：企业自己承担风险。途径有：① 小额损失纳入生产经营成本，损失发生时用企业的收益补偿。② 针对发生的频率和强度都大的风险建立意外损失基金，损失发生时用它补偿。带来的问题是挤占了企业的资金，降低了资金使用的效率。③ 对于较大的企业，建立专业的自保公司。

(4) 转移风险：在危险发生前，通过采取出售、转让、保险等方法，将风险转移出去。

5.5.3 风险管理方法

这里介绍两个项目风险管理的方法，分别是头脑风暴法和核对表法。

(1) 头脑风暴法

头脑风暴法是在解决问题时常用的一种方法，具体来说就是团队的全体成员自发地提出主张和想法。产生热情的、富有创造性的更好的方案。

头脑风暴法更注重想出主意的数量，而不是质量。这样做的目的是要团队想出尽可能多的主意，鼓励成员有新奇或突破常规的主意。

头脑风暴法的具体做法是：当讨论某个问题时，由一个协助的记录人员在翻动记录卡或黑板前做记录。首先，由某个成员说出一个主意，接着下一个出主意，这个过程不断进行，每人每次想出一个主意。这一循环过程一直进行，直到想尽了一切主意或限定时间已到。

应用头脑风暴法时，要遵循两个主要的规则：不进行讨论，没有判断性评论。一个成员说出他（她）的主意后，紧接着下一个成员说。人们只需要说出一个主意，不要讨论、评判，更不要试图宣扬。

（2）核对表法

核对表是基于以前类比项目信息及其他相关信息编制的风险识别核对图表。核对表一般按照风险来源排列。利用核对表进行风险识别的主要优点是快而简单，缺点是受到项目可比性的限制。

人们考虑问题有联想习惯。在过去经验的启示下，思想常常变得很活跃，浮想联翩。风险识别实际是关于将来风险事件的设想，是一种预测。如果把人们经历过的风险事件及其来源罗列出来，写成一张核对表，那么，项目管理人员看了就容易开阔思路，容易想到本项目会有哪些潜在的风险。核对表可以包含多种内容，例如以前项目成功或失败的原因、项目其他方面规划的结果（范围、成本、质量、进度、采购与合同、人力资源与沟通等计划成果）、项目产品或服务的说明书、项目班子成员的技能、项目可用资源等。还可以到保险公司去索取资料，认真研究其中的保险例外，这些东西能够提醒还有哪些风险尚未考虑到。

在实际的信息系统项目管理过程中，我们要根据自己项目的实际情况和项目环境的影响，选择恰当的方法和技术。

5.6 采购管理

5.6.1 采购管理介绍

项目采购管理包括从执行组织之外获取货物和服务的过程（process）。这些过程之间以及与其他领域的过程之间相互作用。如果项目需要，每一过程可以由个人、多人或团体来完成。

梅瑞狄斯在《项目管理——管理新视角》中提到："在采购设备、原材料和分包服务的过程中，必须清楚的界定出特定的需要，并且还要找到最低的价格和最具竞争力的供应商。"在现实的项目采购操作中，要实现这两个"最"字的目标是十分不容易的。但是，却能够通过对项目采购管理中部分环节的控制，来有效的降低采购成本，从而使项目资金达到最优的配置，用有限的资金获取尽可能多的资源，这是在项目采购管理中所能够实现的成本目标。

下面将从成本控制的角度来逐一论述在项目采购管理中降低采购成本的一些措施。

5.6.2 制定采购计划

1. 制造、采购分析

一般而言,在采购之前首先要做制造、采购分析,以决定是否要采购、怎样采购、采购什么、采购多少以及何时采购等。

在制造、采购分析中,主要对采购可能发生的直接成本、间接成本、自行制造能力、采购评标能力等进行分析比较,并决定是否从单一的供应商或从多个供应商采购所需的全部或部分货物和服务,或者不从外部采购而自行制造。

2. 合同类型的选择

当决定需要采购时,合同类型的选择成为买卖双方关注的焦点,因为不同的合同类型决定了风险在买方和卖方之间分配。买方的目标是把最大的实施风险放在卖方,同时维护对项目经济、高效执行的奖励;卖方的目标是把风险降到最低,同时使利润最大化。常见的合同可分为以下5种。不同合同类型适用于不同的情形,买方可根据具体情况进行选择。一般来说,其适用情况如下。

成本加成本百分比(CPPC)合同:由于不利于控制成本,目前很少采用。

成本加固定费用(CPFF)合同:适合于研发项目。

成本加奖励费(CPIF)合同:主要用于长期的、硬件开发和试验要求多的合同。

固定价格加奖励费用(FPI)合同:长期的高价值合同。

固定总价(FFP)合同:买方易于控制总成本,风险最小;卖方风险最大而潜在利润可能最大,因而最常用。

3. 采购计划编制

根据制造、采购分析的结果和所选择的合同类型编制采购计划,说明如何对采购过程进行管理。具体包括合同类型、组织采购的人员、管理潜在的供应商、编制采购文档、制定评价标准等。

根据项目需要,采购管理计划可以是正式、详细的,也可以是非正式、概括的。

5.6.3 过程管理

1. 询价

询价(Solicitation)就是从可能的卖方那里获得谁有资格完成工作的信息,该过程的专业术语叫供方资格确认(Source Qualification)。获取信息的渠道有招标公告、行业刊物、互联网等媒体、供应商目录、约定专家拟定可能的供应商名单等。通过询价获得供应商的投标建议书。

2. 供方选择

这个阶段根据既定的评价标准选择一个承包商。评价方法有以下几种。

合同谈判:双方澄清见解,达成协议。这种方式也叫"议标"。

加权方法:把定性数据量化,将人的偏见影响降至最低程度。这种方式也叫"综合评标法"。

筛选方法:为一个或多个评价标准确定最低限度履行要求。如最低价格法。

独立估算:采购组织自己编制"标底",作为与卖方的建议比较的参考点。

一般情况下,要求参与竞争的承包商不得低于三个。选定供方后,经谈判,买卖双方签订合同。

3. 合同管理

合同管理是确保买卖双方履行合同要求的过程,一般包括以下几个层次的集成和协调。

(1) 授权承包商在适当的时间进行工作。

(2) 监控承包商成本、进度计划和技术绩效。

(3) 检查和核实分包商产品的质量。

(4) 变更控制,以保证变更能得到适当的批准,并保证所有应该知情的人员获知变更。

(5) 根据合同条款,建立卖方执行进度和费用支付的联系。

(6) 采购审计。

(7) 正式验收和合同归档。

5.6.4 成本分析

采购成本降到最低对公司利润的增长是重要的,但更重要的是,应该考虑项目生命周期内的最低整体采购成本。在实际采购工作中,很多招标单位通常只关注承包方的投标报价,而忽视了招标成本、建设成本和所有权损耗成本等项目整体采购成本。

1. 招标成本

首先要考虑发出招标要约前的行为,招标方需要确定目标、调查主题、编写需求建议书(RFP)、考察和认同供应商、获取内部的授权、寻求预算支持等,然后发出要约。该过程可能需要整个合同价的2%到5%。

然后,竞标者需要对招标方的招标文件制定其投标建议书,费时又费钱,每个竞标者在竞标说明上都要花费合同价的约1%到6.7%的成本。如果有五个竞标者,该成本将达到合同价的5%到30%。表面上看来,这笔款项由竞标者承担,但是从长远看是由招标方承担。因为竞标者总把竞标成本直接加在每次竞标的项目上。

评标程序开始后,招标方需做包括开标、评标、定标、谈判、批准等事项。这个总成本可能占合同价的2%到5%。如果因为某种原因必须重新招标时,这部分成本将大幅增加。

因此,对于一般行业来说,竞标的总成本可能占到合同价的10%到50%。无论招标方处于何种行业,降低招标成本都是一种责任。

2. 建设成本

建设成本是投标报价的主要依据，往往是买卖双方关注的重点。一般包括这几个方面：前期准备、正式建设费用等、与其他系统的集成、授权、交付和保险、相关手册、对员工和管理者的培训等。

3. 所有权损耗成本

所有权损耗成本指长期损耗成本，包括项目运营成本和处置成本。项目运营成本可能会持续多年，并且可能是前期费用的许多倍；在设备濒于报废之时还需考虑其销毁或处理的处置成本。

综合考虑这些成本将有助于以正确的观点看待实际采购价，帮助买方选择最好的方案。

5.7 项目管理案例与经验

某石化公司聚乙烯装置 ESD 系统的 S5 PLC 要技术改造。其装置的核心设备——压缩机（K－4003）的停车联锁由该系统完成，其开车联锁由 DCS 系统完成，而 DCS 系统采用的是 HONEYWELL TDC 3000。由于 HONEYWELL 采用的是一款很老的通信卡 PLCG，这样出现一个难题是，如何保证新系统能无缝替换原有老系统，而不影响到现有通信。再加上该装置中又涉及仿喘振控制和超速保护，这样新系统调试存在很大难度。而且，客户要求新系统采用 S7－400FH 的故障安全型系统，那么如何设计新系统的安全等级，以满足客户的要求，又将是一个难题。总而言之，在机会存在的同时，风险也非常大。

成功项目和失败项目的最大不同在于项目管理。目前这个项目已经完成交付，现已投产运行，生产良好，客户也很满意。之所以能成功地完成难度这么大的项目，关键在于有一个合格的项目经理。接下来，我们可以看看在项目实施过程中，项目经理都做了哪些事情。

（1）起始阶段

在项目意向明晰后，项目经理首先做的事情是查阅资料、确定项目助手、制定下一步计划。查阅资料主要是针对项目中难点的解决方案；确定项目助手是在技术和业务方面与项目经理有互补作用；下一步计划就是，和客户面对面的沟通，了解客户的期望以及对项目的认知情况，进一步了解相关技术，编写技术方案协议书。

这三方面的工作都是非常重要的，查阅资料表明项目经理意识到项目的难关和风险在哪里，并开始采取措施去规避风险；确定项目助手为组建项目实施团队奠定基础；下一步计划的目的就是要定义项目，其用途是尽可能使双方的期望能够吻合，这会为项目的成功奠定基础。需要注意的是，项目定义对任何一个项目来说都是第一位的，是否以书面形式出现倒在其次，但是作为项目经理，一定要清楚客户认为的项目成功标志是什么，也要清楚项目团队到底能够为客户提供什么样的产品或服务。如果不能吻合，那么至少有一方在这个项目中要尝到失败的滋味。

在和客户沟通的过程中，项目经理要求项目助手必须本着谦虚的态度，向客户学习业务知识，掌握相应的业务术语，同时也和主要人员保持良好的关系。这些，都为随后项目实施中和客户的流畅沟通奠定基础。

在这个阶段，项目经理还有两件事做得非常好。一件是让公司高层领导重视这个项目，从而获得公司高层的支持，这对随后项目实施过程中得到其他部门的配合是非常重要的；另一件是和销售经理形成良好的分工合作关系，各自完成分内工作，并注意时刻分享项目信息。在许多项目中，项目人员和销售人员往往是隔离的，甚至是对立的，最后往往只能走向失败。

(2) 执行阶段

在签订合同后，项目经理和项目成员留任，并组建实施项目团队。这样做的好处是项目信息不会损耗。当然，在很多公司中，售前的项目经理和售后的项目经理是分开的，那么很重要的一个工作就是公司要有规范的文档管理，以保证项目信息的最大保留。

项目经理在经过分析之后，从各部门抽调人员组成项目团队，然后召开内部项目开工会议。对项目团队人员进行鼓励和动员，通报项目的目标和时间表，分派相应的职责给每一个成员。同时，项目经理也注意到把销售经理吸收到项目组中，事实证明，有销售经理的积极配合，与客户的沟通工作就变得容易多了。

项目组织结构如图 5-2 所示。

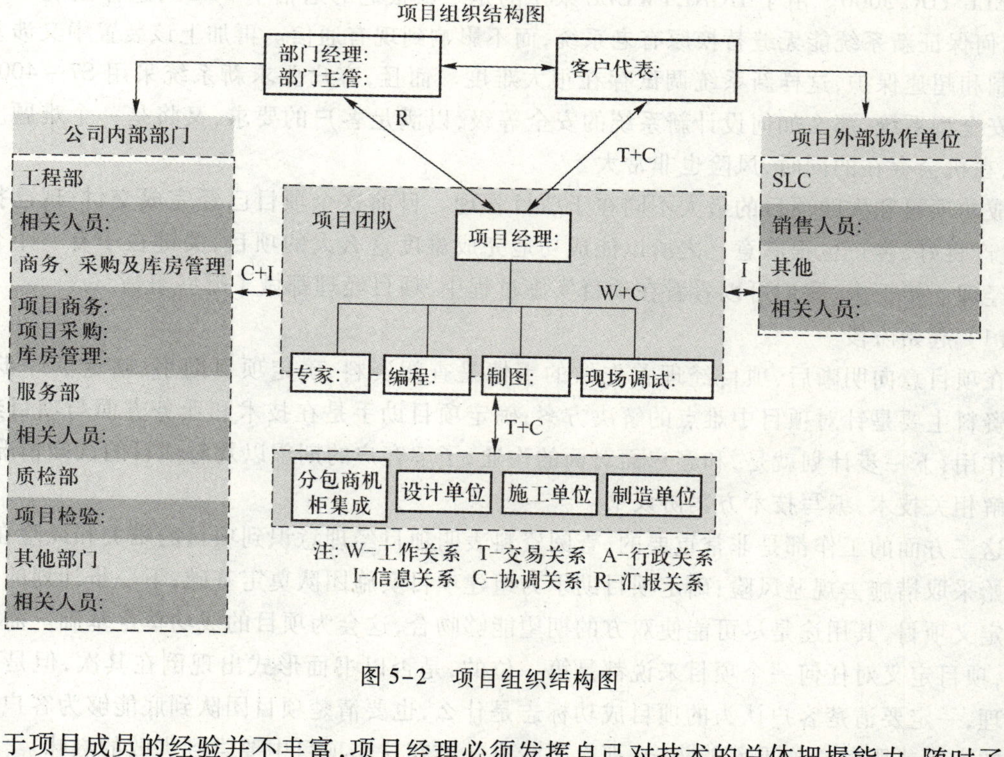

图 5-2 项目组织结构图

鉴于项目成员的经验并不丰富，项目经理必须发挥自己对技术的总体把握能力，随时了解项目成员的技术熟悉进展，并给予必要的指导和帮助，最终成功规避新技术带来的风险。

在项目组织结构和角色确定后，项目经理在基于先前提交的计划基础上，制定项目任务书，进一步细化项目组技术成员的职责。通过指派主任工程师，充分调动骨干人员的积极性，同时也帮他们树立权威，使项目工作得以齐头并进。

项目任务书如图 5-3 所示。

<table>
<tr><td colspan="6">Project Assignment Sheet
项目任务书</td></tr>
<tr><td>Customer Name
客户名称</td><td colspan="5"></td></tr>
<tr><td>Project Name
项目名称</td><td colspan="5"></td></tr>
<tr><td>SIAS Ref.No
项目参考号</td><td></td><td>Contract No.
合同号</td><td></td><td>WBS No.
工作分类号</td><td></td></tr>
<tr><td>Project Manager
项目经理</td><td></td><td>Leader Engineer
主任工程师</td><td></td><td>Commercial Officer
商务人员</td><td></td></tr>
<tr><td colspan="6">Project Scope
项目范围:</td></tr>
<tr><td colspan="6">Project Objective
项目目标:</td></tr>
<tr><td colspan="2">Time of Internal Kick Off Meeting
内部开工会时间</td><td colspan="4"></td></tr>
<tr><td colspan="6">Task List任务描述</td></tr>
<tr><td>Item
序号</td><td colspan="2">Task
任务</td><td colspan="2">Time
时间</td><td>Engineer
工程师</td></tr>
<tr><td>1</td><td colspan="2">工艺澄清</td><td colspan="2"></td><td></td></tr>
<tr><td>2</td><td colspan="2">源程序解读</td><td colspan="2"></td><td></td></tr>
<tr><td>3</td><td colspan="2">硬件及机柜设计</td><td colspan="2"></td><td></td></tr>
<tr><td>4</td><td colspan="2">程序组态</td><td colspan="2"></td><td></td></tr>
<tr><td>5</td><td colspan="2">画面设计</td><td colspan="2"></td><td></td></tr>
<tr><td>6</td><td colspan="2">IT测试</td><td colspan="2"></td><td></td></tr>
<tr><td>7</td><td colspan="2">FAT</td><td colspan="2"></td><td></td></tr>
<tr><td>8</td><td colspan="2">SAT</td><td colspan="2"></td><td></td></tr>
<tr><td>9</td><td colspan="2">系统切换投运</td><td colspan="2"></td><td></td></tr>
<tr><td colspan="4">Comments of Eng. Dept. 工程部意见:

签字/日期</td><td colspan="2">Comments of SERVICE 服务部意见:

签字/日期</td></tr>
</table>

图 5-3　项目任务书

在计划制定之后，项目的成功与否就要看计划的执行，以及针对实际情况进行应变的能力。相对于技术人员，项目经理的工作重点是调度资源、监督和控制进度、指导工作。项目经理和各方面人员的沟通是确保项目顺利进行的有效手段。

在项目实施中，除了人员到位，项目经理对各项资源的及时到位给予高度重视，注意和公司内各部门，包括商务部、采购部、物流部的积极配合，做到时刻掌握项目执行过程中各项相关资源的到位情况，碰到某些资源不能到位时，及时寻找变通办法。有的项目失败就在于，项目经理只是从技术层面看项目管理，甚至认为这些内容应该是销售或者别的部门要事先准备好，殊不知最清楚的还是项目团队本身,最后往往会因为这些事情而影响项目的工作氛围,甚至是导致项目的延期。

根据项目的情况,项目经理确定项目程序开发分两个阶段:第一阶段是完成功能开发;第二阶段是界面确认和性能优化。

由于第一阶段的功能开发都是些硬性指标,只要达到技术协议里客户事先提出的技术指标即可,因此各项进度还比较顺利。但到了第二阶段,客户的参与程度有很大的提高,虽然对项目实施的人力资源有一定补充,但也带来明显的弊病(最初项目成员都没有意识到)。因为参与的客户人员会随时向项目组成员提出些界面的修改要求,开始时项目成员有求必应,后来发现有的要求很有必要,但有的要求则是很不成熟,来回变了好几次,尤其是随着项目的进展,对项目的不利影响越来越大。项目经理在和项目成员仔细沟通后,和销售人员商量对策,最后说服客户以合同为前提,如果确有必要修改,客户应尽量考虑成熟,但所有变动要以书面的正式形式通知项目经理。这样,问题很快就得到控制。当然,能够达到这样的效果有一个很重要的前提是,项目组的工作一直是有成效的,得到客户的信任。许多项目做着做着,作为承担项目实施的一方往往就失去客户的信任,从而在碰到问题时很难取得客户的理解和支持,最后就只能埋怨客户故意刁难。

在项目实施过程中,项目组内部成员之间也出现过一些问题,比如彼此工作习惯的不同,甚至一些纯属个人范畴的事情也会被引入到项目中,从而对项目的工作气氛产生不良影响。项目经理在一开始就注意和所有项目成员有非正式的沟通渠道,注意倾听他们的述说,使各自的情绪能够有排遣的空间;定期召开正式的会议,通报项目的进度、问题、新的计划等,确保项目运行在统一的方向上;不定期聚餐,活跃项目气氛;树立公正客观的工作环境,求异存同,使每个成员都有被尊重的感觉。有的项目往往只关注技术实现,而不关注成员的心理感受,使得工作效率降低,最后导致项目不能按时保质完成。

在项目执行的整个过程中,项目经理倡导有原则的让客户积极参与项目实施工作,其好处有以下几点:

① 对于客户,项目实施是透明的,提高了客户对自身公司的信任度。

② 最终用户的积极介入,有助于程序编写,少走弯路,也更容易获得客户满意度。

③ 通过和最终用户的密切配合,能更好地了解客户所在行业的业务情况,为以后争取相关行业的其他项目提供了经验。

(3) 结束阶段

在项目的结束阶段,项目经理主要负责的工作内容包括:总结和移交存档各种资源(如设备、文档等),其目的是使得公司能够不断积累有关的知识;对业务发展情况提出建议,供公司领导层决策,其目的是为继续拓展市场做准备;组织项目组成员工作的表彰和最后聚会,一方面是对成员工作的认可,另一方面是提高成员对项目实施的认同感。

(4) 经验分享

其实,任何一个项目在执行过程中都会碰到问题,评价一个项目是否成功并不能以碰到问题的多少作为标准，其标准应是按时、保质实现预先所确定的各项指标等。

在这个项目中，也碰到了很多问题，比如客户的需求变化、资源的到位、成员的冲突等。这些问题在其他大部分项目中也都会碰到，解决起来其实很简单，比如：

① 客户需求变化。理解客户业务，使用客户的语言，站在客户的角度思考问题，取得客户的信任，这样最后客户也会站在你的角度替你思考问题的。其实，大部分客户都是通情达理的，问题在于我们实施项目时迈出的每一步。

② 资源到位。尊重理解公司内部相关部门或合作伙伴的工作，从而让他们也尊重理解我们的工作并配合我们；获得公司领导的支持；原定资源不能到位时，不要一条路走到黑，一定可以找到替换办法的。

③ 成员冲突。还是这个原则——尊重和理解，在项目中倡导互相的尊重理解，求异存同。求异有两方面含义：一是纯属个人空间，这样会使项目色彩更丰富；二是项目工作中，每个成员的职责都是不同的。类似的，存同也有两方面含义：二是发掘共同的爱好和话题，缩短彼此距离；一是工作中的共享部分，一定要有严格的相同标准。

对于项目经理，除了掌握必备的项目基本方法和管理工具（如计划制定、预算编制等），对项目背景和目标有清楚的理解和认识外，很重要的一点就是与人沟通的技巧。成功项目经理和失败项目经理的最大差别，可能就在于如何和人打交道，如何和客户打交道，如何和公司领导打交道，如何和公司内其他部门打交道，如何和项目组成员打交道。

第6章

参考案例

参考案例均选自2009西门子杯全国大学生控制仿真挑战赛的优秀作品。由于本书篇幅有限,不能将作品的全部内容展示在这里,所以只选择其中具有代表性的部分,以供读者参考。

6.1 比赛题目

本次大赛考题是基于计算机动态仿真技术构建的工业加热炉装置作为被控对象,要求参赛队员充分考虑该装置对象动态特性的基础上,设计完整的控制方案。方案中需突出本次大赛主题"节能、减排与安全"。

一、被控对象工艺流程描述

图6-1是加热炉工艺流程。

所选被控对象为过程工业领域常见的加热炉单元,通过加热炉对流传热与辐射传热将一定流量的物料A加热至工艺要求的温度。

待加热物料A经由上料泵P1101泵出,分两路,其中一路进入换热器E1101与热物料换热后,与另外一路混合,进入加热炉F1101的对流段。进入换热器E1101的待加热物料A走管程,一方面对最终产品(热物料A)的温度起到微调(减温)的作用,另一方面也能对待加热物料A起到一定的预热作用。

加热炉对流段由多段盘管组成,炉膛产生的高温烟气自上而下通过管间,与管内的物料A

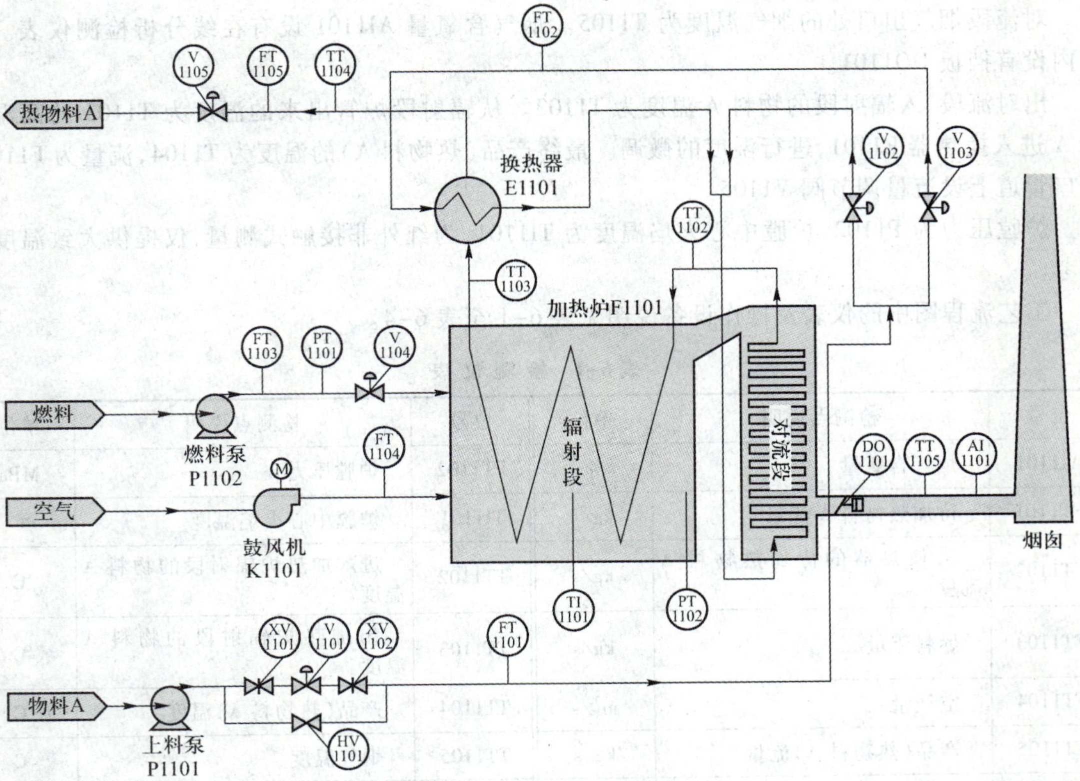

图 6-1　加热炉工艺流程

换热，回收烟气中的余热并使物料 A 进一步预热。

对流段流出的物料 A 全部进入 F1101 辐射段炉管，接受燃烧器火焰的辐射热量，达到所要求的高温后出加热炉，进入换热器 E1101 壳程，进行温度的微调并为冷物料预热，最后以工艺所要求的物料温度输送给下一生产单元。

二、工艺过程简介

待加热物料 A 流量为 F1101，温度为常温 20℃，经由上料泵 P1101 泵出。流量管线上设有调节阀 V1101，调节阀有前、后阀 XV1101 和 XV1102，以及旁路阀 HV1101。

待加热物料 A 被分为两路，一路进入换热器 E1101 预热，预热后与另外一路混合进入加热炉。两路物料 A 管道上分别设有调节阀 V1102 和 V1103。正常工况时，大部分待加热物料 A 直接流向加热炉对流段，少部分待加热物料 A 流向换热器，其流量为 F1102。

燃料经由燃料泵 P1102 泵入加热炉 F1101 的燃烧器，燃料流量为 F1103，燃料压力为 P1101，燃料流量管线设调节阀 V1104。空气经由变频风机 K1101 送入燃烧器，空气量为 F1104。燃料与空气在燃烧器混合燃烧，产生热量使辐射段炉管内的物料 A 迅速升温。燃烧产生的烟气带有大量余热，在对流段进行余热回收。

对流段烟气出口处的烟气温度为 T1105。烟气含氧量 AI1101 设有在线分析检测仪表。烟道内设有挡板 DO1101。

出对流段、入辐射段的物料 A 温度为 T1102。从辐射段炉管出来的温度为 T1103 的高温物料 A 进入换热器 E1101,进行温度的微调。最终产品(热物料 A)的温度为 T1104,流量为 F1105,出口管道上设流量调节阀 V1105。

炉膛压力为 P1102,炉膛中心火焰温度为 TI1101,为红外非接触式测量,仅提供大致温度的参考。

工艺流程图中的仪表及操作设备说明见表 6-1 至表 6-4。

表 6-1 检测仪表

位号	检测点说明	单位	位号	检测点说明	单位
AI1101	烟气含氧量	%	PT1102	炉膛压力	MPa
FT1101	待加热物料 A 流量	kg/s	TI1101	炉膛中心火焰温度	℃
FT1102	去换热器的待加热物料 A 流量	kg/s	TT1102	进入加热炉辐射段的物料 A 温度	℃
FT1103	燃料流量	kg/s	TT1103	出加热炉辐射段的物料 A 温度	℃
FT1104	空气量	m^3/s	TT1104	产品(热物料 A)温度	℃
FT1105	产品(热物料 A)流量	kg/s	TT1105	烟气温度	℃
PT1101	燃料压力	MPa			

表 6-2 执行机构

位号	执行机构说明	位号	执行机构说明
V1101	待加热物料 A 管线流量调节阀	V1104	燃料管线流量调节阀
V1102	直接进入加热炉对流段的待加热物料 A 管线流量调节阀	V1105	产品(热物料 A)管线流量调节阀
V1103	去换热器的待加热物料 A 管线流量调节阀	DO1101	烟道挡板

表 6-3 开关阀

位号	执行机构说明
XV1101	物料 A 管线流量调节阀前阀
XV1102	物料 A 管线流量调节阀后阀

表 6-4 手操阀

位号	执行机构说明
HV1101	物料 A 管线流量调节阀旁路阀

三、具体控制要求

1. 热物料出口温度控制

要求参赛队伍设计控制方案，在物料 A 进料量一定的情况下，使得热物料 A 达到要求的温度并维持其在允许的范围内。

2. 节能控制

节能体现在满足工艺控制要求的前提下，达到最小燃料使用量。一方面要求加热炉在正常工况时燃料的使用量最少，同时也体现在从冷态开车到加热炉达到正常工况所需的燃料用量达到最少。

3. 减排控制

排放指标主要体现在二氧化碳的排放量上，同时兼顾由于燃烧不充分产生有毒一氧化碳的排放量。

4. 安全控制

针对炉管爆裂（A 物料为可燃物质）、炉膛灭火、进料中断这三种加热炉事故进行故障识别并设计相应的安全控制系统。

四、比赛要求

针对控制要求，需要选手在理解被控对象的基础上，完成：

(1) 控制系统及方案的设计，包括被控变量、操纵变量、阀门特性等的选择，并说明理由；

(2) 硬件系统方案设计；

(3) 被控对象特性测试；

(4) 在西门子 PCS7 上进行控制组态以及监控组态；

(5) 实施控制系统，包括参数整定、控制系统投运；

(6) 实施扰动，评估控制系统性能。

初赛要求参加比赛的各支参赛队完成上述任务中第(1)、(2)项，即控制系统与硬件系统的方案设计。要求选手以工程文档方式进行撰写。评委基于所撰写的控制方案进行初赛评判。初赛通过的二十支参赛队将获得加热炉仿真对象进行(3)、(4)、(5)项工作。在进入决赛夏令营后，在较短时间内完成现场的实施，并由专家组随机指定扰动来测试控制性能。控制方案不限，最终以综合控制性能作为成绩判定的主要依据。

下面以两个参赛作品为样板，说明如何作出一个好的工程文档。这两个文档采用的是西门子公司的 PCS7 系统，其中控制器的正反作用采用的是系统偏差定义，即控制器偏差为给定减去测量，当控制器测量信号增加，控制器输出减小，则控制器为正作用。

6.2 CSPAC－04－22 号参赛队伍作品（部分）

作品一共分为五章：被控对象的工艺流程概述；加热炉控制方案设计；加热炉过程开车设计；安全连锁系统的方案设计；加热炉控制系统设计。文章思路清楚、结构条理，在详细分析被控对象特点的基础上，提出工业上常见的控制方案——串级、单回路控制等，并以工程标准文件形式表达，保证方案具有较高的稳定性和实施性。同时，为使整个控制系统更具高效性与先进性，参赛队伍在控制方案中加入了自适应模糊 PID 控制算法。

6.2.1 被控对象的工艺流程概述

这一章，主要是对被控对象、工艺流程、控制要求的分析和总结。具体内容略。

6.2.2 加热炉控制方案设计

原设计方案包括：

（1）物料 A 进口流量控制方案设计；

（2）物料 A 辐射段出口温度控制方案设计；

（3）炉膛压力控制方案设计；

（4）热物料 A 出口温度控制方案；

（5）运用先进控制算法对物料 A 出口温度进行控制。

由于加热炉的控制方案设计主要是对加热系统的设计，所以在这里仅摘录参赛队伍方案中"物料 A 辐射段出口温度控制方案设计"。其他控制部分的分析过程与其类似。

1. 被控变量与操纵变量的选择

表 6-5 是被控变量与操纵变量的选择结果及理由。

表 6-5　被控变量与操纵变量的选择

被控变量	选择理由
物料 A 辐射段出口温度	可以更好地去控制热物料 A 的出口温度，已达到稳定热物料出口温度这一控制要求。
操作变量	选择理由。
燃料进炉流量	可以很好地反映燃料的燃烧程度，影响物料 A 辐射段出口温度。
空气进炉流量	可以很好地反映燃料的燃烧程度，影响物料 A 辐射段出口温度。

2. 阀门的选择

V1104 为燃料管线流量控制阀，当系统发生故障时，气信号减小，则应关闭阀门，让燃料不再通入炉膛中，这样就有效地防止了由于炉膛温度过高而导致的爆炸，故选择气开阀。根据燃料流量特性，选择阀门为线性特性。

3. 控制方案

物料 A 辐射段出口温度的控制要求：

（1）辐射段物料 A 出口温度稳定；

(2) 炉膛中燃料充分燃烧,供气量适宜,即防止由于空气不足时烟囱冒黑烟,也不要因空气过量而增加热量损失。

根据上述要求我们设计了温度—流量的串级控制系统;为了达到良好燃烧,供气适宜,在此基础上将燃料流量作为主流量,空气流量作为从流量组成比值控制系统。为了使燃料用量最小和充分燃烧,还应在上述控制方案的基础上再加两个选择器组成逻辑提量功能的控制系统。控制方块图如图 6-2 所示。

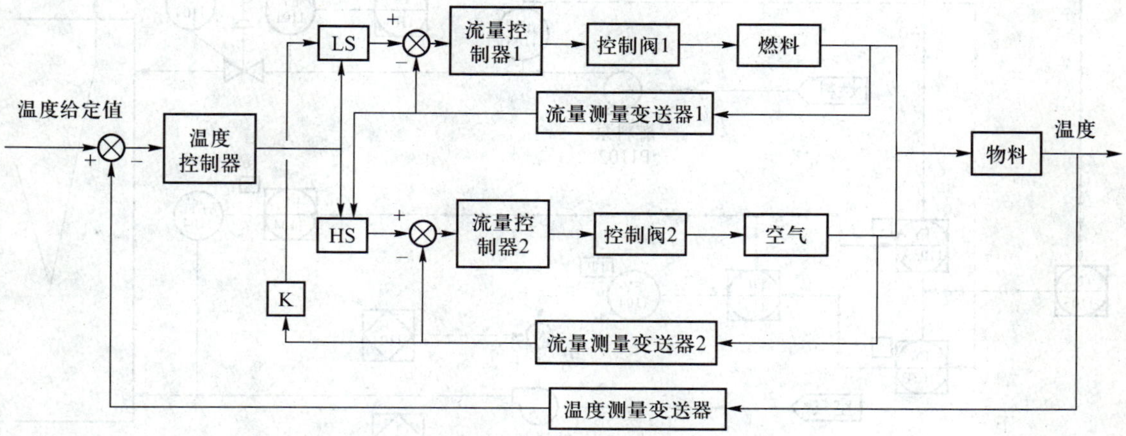

图 6-2　升温段温度—流量控制方块图

串级控制系统可以很好地改善工艺过程控制的品质。对加热炉这样容量滞后和干扰都很大的系统来说,我们可以将主要干扰放在副回路当中,这样可使串级控制系统迅速地控制副回路的扰动。副回路进行粗调,主回路进行细调,再加上主回路的 PID 控制就可以有效地克服系统的容量滞后和大干扰。串级控制系统可以很好地改善工艺过程的品质。

但是仅仅是温度稳定还是不够的,在此基础上,我们还要保证炉膛中燃料的充分燃烧和排出烟气含氧量较低,达到节能减排的功效。这时我们就在上面控制系统的基础上,设计了比值流量控制系统,并且增加了两个逻辑选择器。这样我们不仅可以设定燃料和空气的比值,还可以通过逻辑选择器进行选择控制。这样在需要提高负荷时,选择先提高空气量,再提高燃料量;在需要降低负荷时,选择先降燃料量,再降空气量。这样就可以使燃料充分燃烧,并且降低烟气氧含量。综上所述,我们可以得到物料 A 辐射段出口温度控制图(见图 6-3)。图中除了上述控制系统外,考虑安全因素,还加入了连锁保护系统,这点会在连锁保护系统中介绍。

4. 控制器正反作用和逻辑选择器高低的确定

主、副控制器正、反作用的确定顺序应该遵循先副后主的原则。

副回路:确定副控制器的正、反作用与主回路无关,根据副回路的具体情况而定。在以燃料为被控对象的回路当中,根据安全要求控制阀 V1104 应选气开式,则其放大倍数为正,由于燃料对象和其测量变送器的放大倍数都为正,为了保证副环内所有放大倍数乘积为负,流量控制器 1

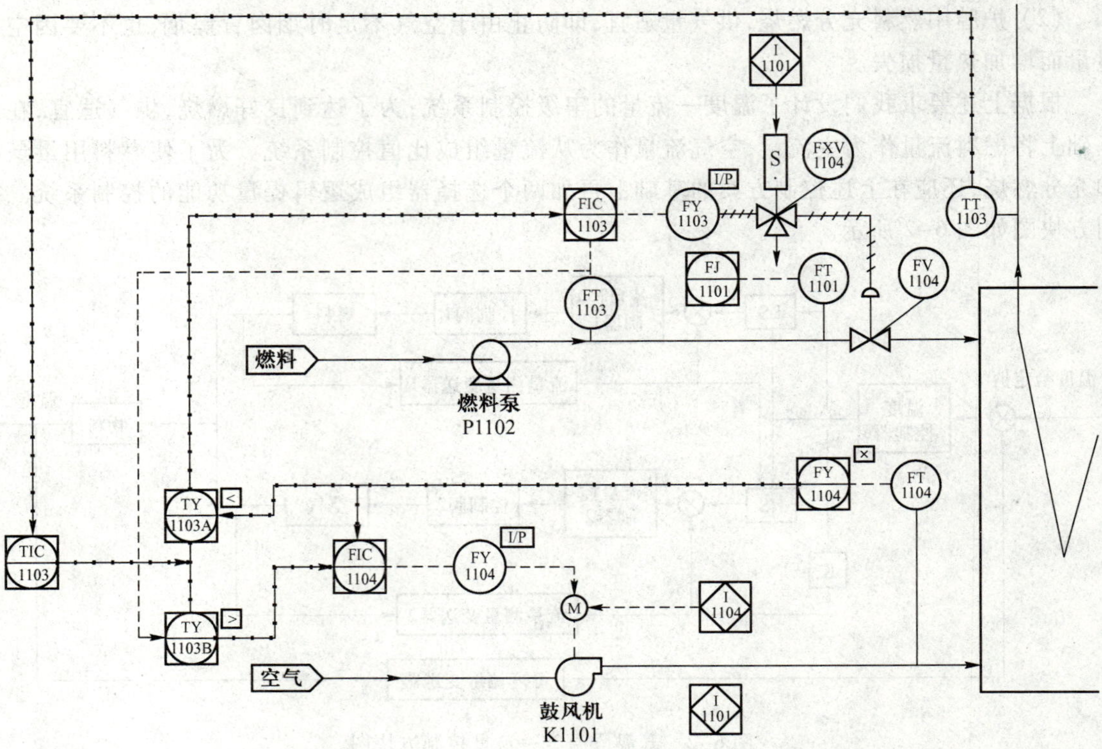

图 6-3　物料 A 辐射段出口温度控制 P&ID 图

应选择反作用。

同理可知，在以空气为被控对象的回路当中，除控制器外所有放大倍数都为正，则流量控制器 2 应选择反作用。

主回路：主控制器的正、反作用要根据主环所包括的各个环节的情况来确定，主环内包括有主控制器、副回路、主对象和主变送器。而我们将副回路视为"正"环节来看待，实际上主变送器放大倍数符号一般情况下都是"正"的，因此主控制器的正反作用只取决于主对象放大倍数的符号。则由此主回路可知主对象放大倍数的符号为正，温度控制器应选择反作用。

高选器：在提负荷时，温度产生负偏差。由于主控制器为反作用，则控制器输出正偏差。因为先提空气量，再提燃料量，则这时应该对空气先进行控制，逻辑选择器应选高选器。

低选器：在降负荷时，温度产生正偏差。由于主控制器为反作用，则控制器输出负偏差。因为先降燃料量，再降空气量，则这时应该对燃料先进行控制，逻辑选择器应选低选器。

其他四部分控制方案的分析过程基本同上，在此基础上，参赛队伍给出最后的整体方案设计，并用 P&ID 图表达。

5. 加热炉系统控制完整 P&ID 图

图 6-4 是加热炉控制系统完整 P&ID 图，包括安全连锁保护系统。

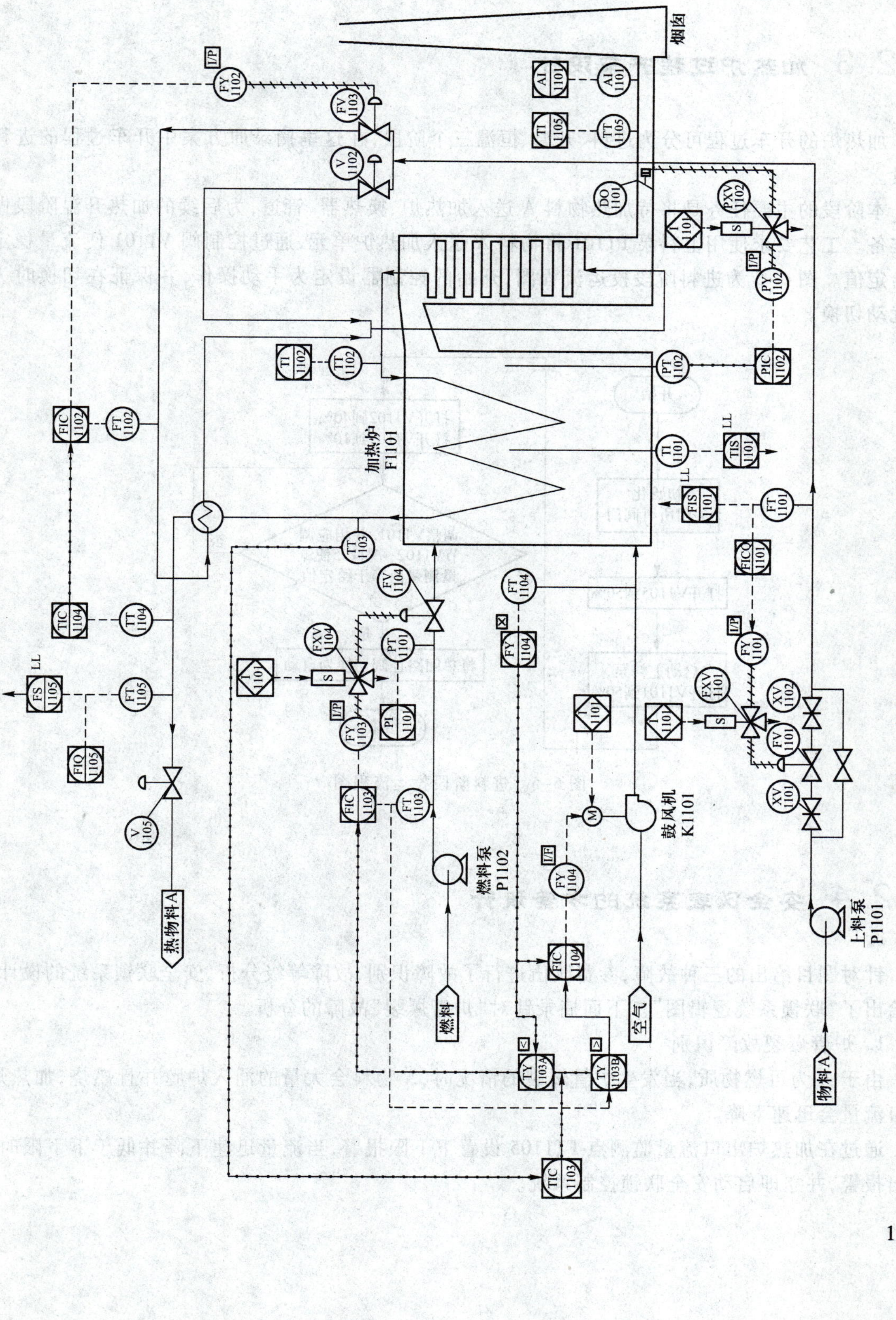

图6-4　加热炉系统控制完整P&ID回路图

6.2.3 加热炉过程开车设计

加热炉的开车过程可分为进料、升温、恒温三个阶段，在这里摘录原方案中开车过程的进料阶段。

本阶段的主要任务是将待加热物料 A 送入加热炉、换热器、管道，为后续的加热升温阶段做好准备。工艺要求使用上料泵 P1101 将物料 A 送入加热炉单元，通过控制阀 V1101 使流量稳定在给定值。图 6-5 为进料阶段投运流程图，开始的控制器设定为手动操作，并保证在切换时为无扰动切换。

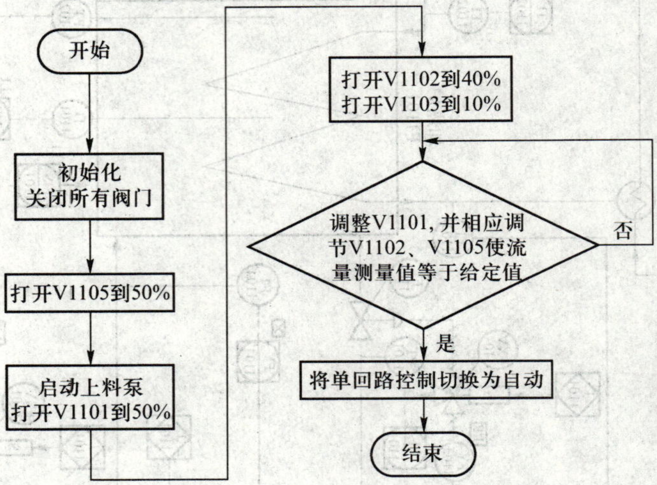

图 6-5　进料阶段投运流程图

6.2.4 安全仪表系统的方案设计

针对题目给出的三种故障，参赛队伍进行了故障识别、故障等级分析、安全联锁系统的设计，并给出了“联锁系统逻辑图”。下面摘录针对“炉管爆裂”故障的分析。

1. 炉管爆裂故障识别

由于 A 为可燃物质，当发生炉管爆裂的情况时，A 物料会大量的涌入炉膛并且燃烧，加热炉出口流量会迅速下降。

通过在加热炉出口流量监测点 FT1105 设置下下限报警，当流量迅速下降并低于下下限时，发出报警，并立即启动安全联锁控制系统。

2. 故障等级分析

故障分为不同等级,有的需要手动操作即可恢复、解决,有的则需要紧急停车,在设计安全联锁系统前,需要分析故障的特点、严重情况,提出解决方案,再设计相应的安全联锁系统。表 6-6 是故障等级分析结果。

表 6-6 故障等级分析

故障名称	特点	解决方案
炉管爆裂	易发生炉膛爆炸	中断物料、燃料,修复或更换爆裂管道
炉膛灭火	物料 A 出口温度下降,无法满足生产要求	中断物料、燃料,查找原因
进料中断	加热炉中无物料,发生“干烧”现象	中断物料、燃料,查找原因

通过上面的分析可以看出,三种故障等级都是比较严重的,需要设计紧急停车系统,一方面减少经济损失,一方面防止事故发生。

3. 安全联锁系统

三种故障都需要设计紧急停车系统,但我们在设计时也同时考虑了三种不同的情况,图 6-6 是紧急停车系统的流程图。其中的时间参数可以依据实际情况进行调整。

流程图说明如下。

(1) 延迟 5 分钟关闭鼓风机,当发生炉管爆裂、炉膛灭火时,需要将炉膛内的残余气体尽快吹出,方便检修。

(2) 延迟 5 分钟关闭上料泵、燃料泵,考虑进料中断情况:如果为暂时中断,可以通过按紧急停车复位按钮,重新生产;若为长期中断,则关闭泵,防止长期空转,保护泵。

(3) 其中时间参数可依据实际情况进行调整。

4. 联锁系统逻辑图

除了上述系统外,我们还设计了手动联锁系统紧急停车和复位按键。当发生紧急情况而系统未报警时,可以直接手动启动联锁紧急停车系统,并在修复完故障后,手动复位,解除报警。联锁系统紧急停车和复位按键只有高级别权限的工作人员才能使用。图 6-7 为联锁系统逻辑图。

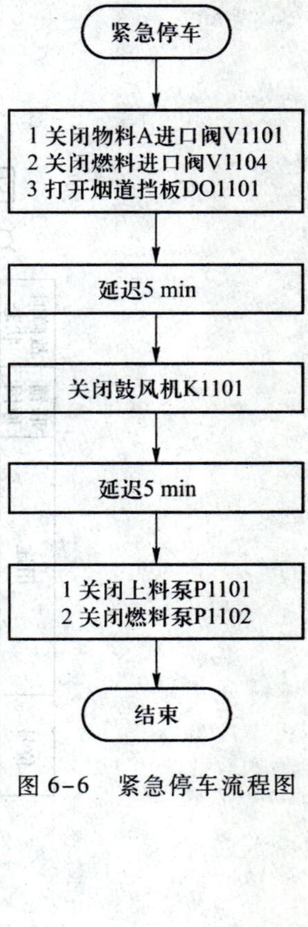

图 6-6 紧急停车流程图

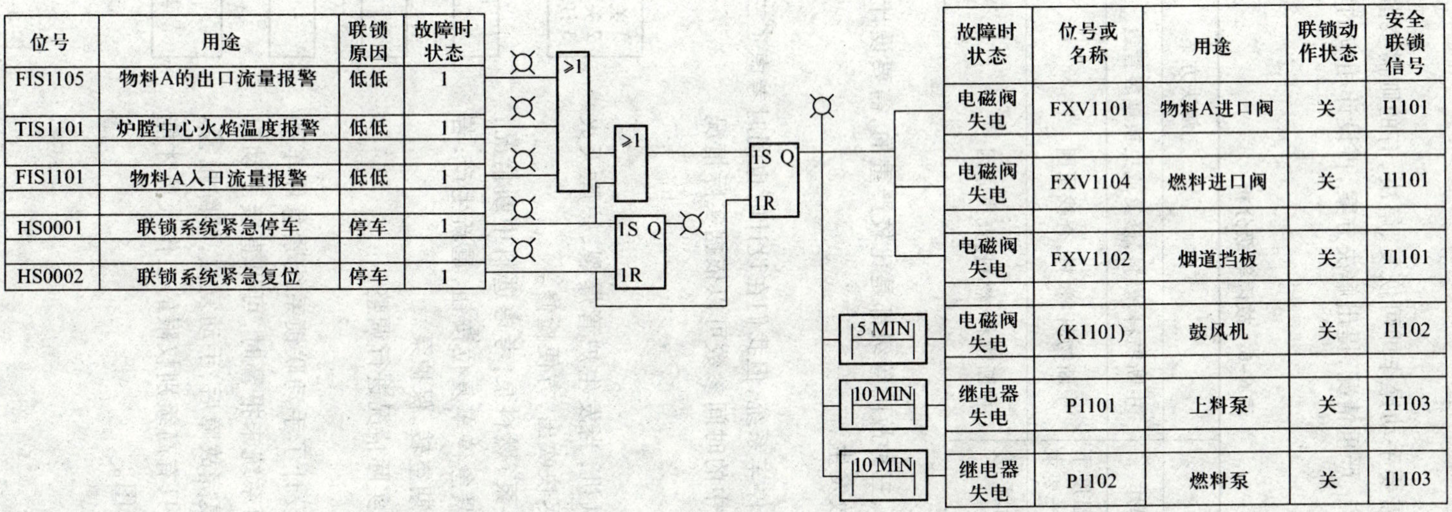
位号
用途
联锁原因
故障时状态
FIS1105
物料A的出口流量报警
低低
1
TIS1101
炉膛中心火焰温度报警
低低
1
FIS1101
物料A入口流量报警
低低
1
HS0001
联锁系统紧急停车
停车
1
HS0002
联锁系统紧急复位
停车
1
≥1
≥1
IS Q
1R
IS Q
1R
5 MIN
10 MIN
10 MIN
故障时状态
位号或名称
用途
联锁动作状态
安全联锁信号
电磁阀失电
FXV1101
物料A进口阀
关
I1101
电磁阀失电
FXV1104
燃料进口阀
关
I1101
电磁阀失电
FXV1102
烟道挡板
关
I1101
电磁阀失电
(K1101)
鼓风机
关
I1102
继电器失电
P1101
上料泵
关
I1103
继电器失电
P1102
燃料泵
关
I1103

图6–7　联锁系统逻辑图

6.2.5 加热炉控制系统设计

参赛队伍选取的是西门子 PCS7 过程控制系统，本小节在对 PCS7 过程控制系统介绍后，结合本次比赛的内容，进行输入输出点的选取、硬件配置、系统网络设计、硬件组态、HMI 的初步设计。

1. PCS7 过程控制系统

控制系统采用西门子 PCS7 过程控制系统，PCS7 是一种模块化的基于现场总线的新一代过程控制系统，将传统的 DCS 和 PLC 控制系统的优点相结合，系统所有的硬件都基于统一的硬件平台，可以根据需要选用不同的功能组件进行系统组态。所有的软件也都全部集成在 SIMATIC 程序管理器下，有统一的软件平台。它采用了现代化的软件体系结构，对项目进行管理、处理、归档和建立文件，在软件开发方面，采用了面向对象的技术。在项目管理上，以系统硬件和工艺过程两个不同的视角，同时进行管理。这两个视角在程序管理器中分别称为标准分级（Standard_Hierarchy）和工艺分级（Plant_Hierarchy）。其中，标准分级主要管理系统的硬件，如控制器、系统总线、I/O 系统等；工艺分级主要管理工艺过程，它将整个工厂按工艺过程的要求，分为各个子系统，然后将各子系统映射到控制器上。与传统 DCS 系统相比，DCS 的组态直接面向工艺过程。在 SIMATIC 程序管理下，有多种组态工具可以使用，无论采用何种组态工具，生成的组态数据都自动存到一个统一的数据库中。这些组态工具是：CFC（连续功能图）、SFC（顺序功能图）、STEP7（SIMATICS7 系列 PLC 编程语言）、SCL（结构化的控制语言）和 WinCC（SIMATIC 视窗控制中心）等。

系统采用大量新技术，在网络配置上采用标准工业以太网和 Profibus 网络，消除了 DCS 和 PLC 系统间的界限，真正实现了仪控和电控的一体化，充分体现了全集成自动化的特点，使系统应用范围变广，是一种面向所有过程控制应用场合的开放型过程控制系统。

PSC7 有以下组成部分。

（1）SIMATIC Manager：核心应用程序，用于建立或访问 PCS7 项目应用程序。

（2）HW - Config：组态系统硬件结构。

（3）CFC 和 SFC 编辑器：建立连续功能图和顺序功能图。

（4）带有各种编辑器的 PCS7 OS：操作员站（OS）的组态。

2. 输入输出点的选取

根据系统的工艺过程、测控参数和控制要求，本系统的输入输出点如表 6-7 所示。

表 6-7　系统输入输出点

序号	位号	说明	类型	信号	单位	量程
1	FT1101	待加热物料 A 流量	AI	4 ~ 20mA	kg/s	待定
2	FT1102	去换热器的待加热物料 A 流量	AI	4 ~ 20mA	kg/s	待定

续表

序号	位号	说明	类型	信号	单位	量程
3	FT1103	燃料流量	AI	4～20mA	kg/s	待定
4	FT1104	空气量	AI	4～20mA	m^3/s	待定
5	FT1105	产品(热物料 A)流量	AI	4～20mA	kg/s	待定
6	PT1101	燃料压力	AI	4～20mA	MPa	待定
7	PT1102	炉膛压力	AI	4～20mA	MPa	待定
8	TI1101	炉膛中心火焰温度	AI	4～20mA	℃	待定
9	TT1102	进入加热炉辐射段的物料 A 温度	AI	4～20mA	℃	待定
10	TT1103	出加热炉辐射段的物料 A 温度	AI	4～20mA	℃	待定
11	TT1104	产品(热物料 A)温度	AI	4～20mA	℃	待定
12	TT1105	烟气温度	AI	4～20mA	℃	待定
13	AI1101	烟气含氧量	AI	4～20mA	%	100
14	V1101	待加热物料 A 管线流量控制阀	AO	4～20mA	%	100
15	V1103	去换热器的待加热物料 A 管线流量控制阀	AO	4～20mA	%	100
16	V1104	燃料管线流量控制阀	AO	4～20mA	%	100
17	M	鼓风机电动机	AO	4～20mA	%	100
18	DO1101	烟道挡板	AO	4～20mA	%	100

3. 硬件配置

根据控制要求及 PCS7 技术资料，可采用一种经济实用的硬件配置方案，系统硬件配置如表 6-8 所示。

表 6-8 硬件配置表

序号	设备名称	数量	说明
1	SIMATIC PCS 7 BOX	1	ES/OS/AS
2	ET 200M IM 153－2	1	集中式外围设备模板
3	SM331 8×12BIT	2	8 路模拟量输入
4	SM332 4×12BIT	2	4 路模拟量输出
5	SM 322 16×DC 24V/0.5A	1	16 路数字输出

控制系统采用结构紧凑、设计独立的 SIMATIC PCS7 BOX 来实现。SIMATIC PCS7 BOX 是西门子公司在充分利用了 SIMATIC PCS7 的所有标准组件并秉承了全面的可伸缩性、无缝兼容的可扩展性和组网能力等优势的基础上专门设计用于小型应用的紧凑而经济的过程控制系统。

SIMATIC PCS7 BOX 在一台紧凑设计的工控机中整合了一个最优秀过程控制系统(DCS)的

所有组件，诸如可视化系统、工程师站、现场总线、基于 SQL 的归档系统以及集成的硬件控制器。SIMATIC PCS 7 BOX 系统能够以通常方式连接到工业以太网总线，进而集成到整个工厂的通讯系统。在 SIMATIC PCS 7 网络中，通过 BOX PC 的集成以太网接口，还可与其他 SIMATIC PCS 7 组件进行通讯，例如 AS、OS 或 ES 以及批处理或 MES 应用程序。通过 Slot CPU 416 中的两个集成 PROFIBUS - DP 接口，还可链接过程 I/O 以及 SIMATIC ET 200M 分布式标准 I/O 设备。

本控制系统正是通过 SIMATIC PCS7 BOX 集成的 PROFIBUS - DP 接口与 SIMATIC ET200M 进行连接通信。ET 200M 是 PROFIBUS - DP 现场总线的一个从站，最大数据传输率是 12 Mbit/s。由于 ET 200M 分布式 I/O 站的 IM153 通讯接口模块或 SM 系列 I/O 信号接口模块都安装在一个配有有源总线模板的机架上，有源总线模板具有“插入/取出”特性，使得 ET 200M 分布式 I/O 站的每个模块能够在系统运行过程中带电热插拔更换。

主要 I/O 模块包括：

(1) 采用 SM331　类型 8 通道 * 12 位的模拟量输入模块，用于采集设备温度信号、流量信号、压力信号、液位信号等。

(2) 采用 SM332　类型 8 通道 * 12 位的模拟量输出模块，输出模拟信号用于控制阀门状态。

(3) SM322 类型　16 通道 24VDC 的数字量输出模块，用以控制电磁阀的开启关闭。

4. 系统网络设计

系统通讯图如图 6-8 所示，ES/OS 通过工业以太网与 AS 相连，AS 与外围设备模板 ET

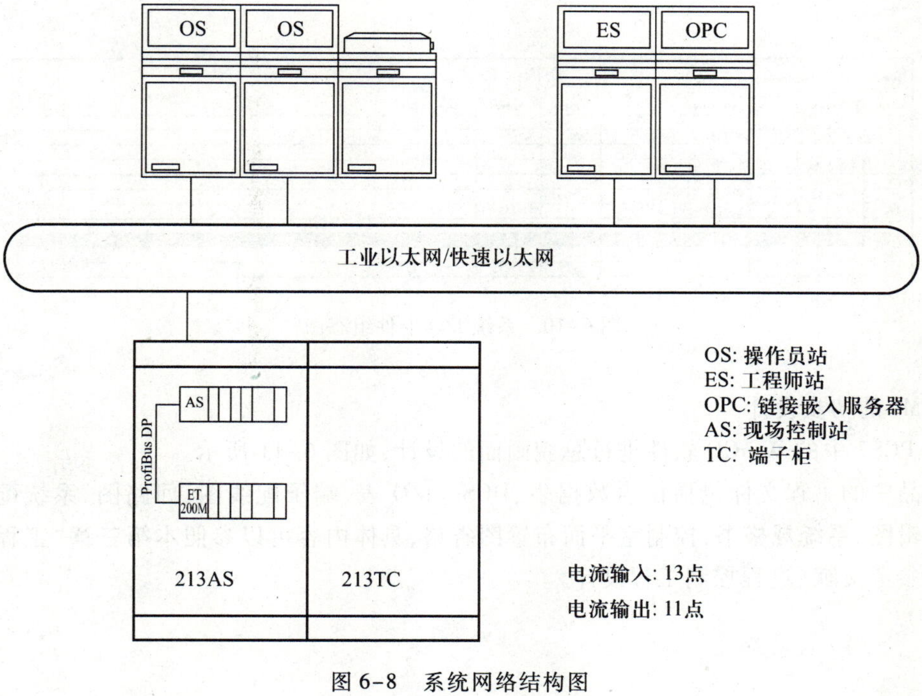

图 6-8　系统网络结构图

200M之间是用 PROFIBUS DP 连接。现场的 4 ~20 mA 信号以及数字量信号通过输入输出模块连接在 ET 200M 上。

5. 硬件组态

使用 SIMATIC MANAGER 中的"New project wizard"插入一些硬件组件，如图 6-9 所示。到达 HW - Config 界面时，可以根据实际的物理设置来编辑组件。这里首先将 WINCC Application 添加到其中，然后选取前文中选择的硬件 ET 200M，添加到其中。

然后按照表 6-8 中所选择的 I/O 卡件，选取对应的选项添加到 ET 200M 中，如图 6-10 所示。

图 6-9　系统硬件组态图

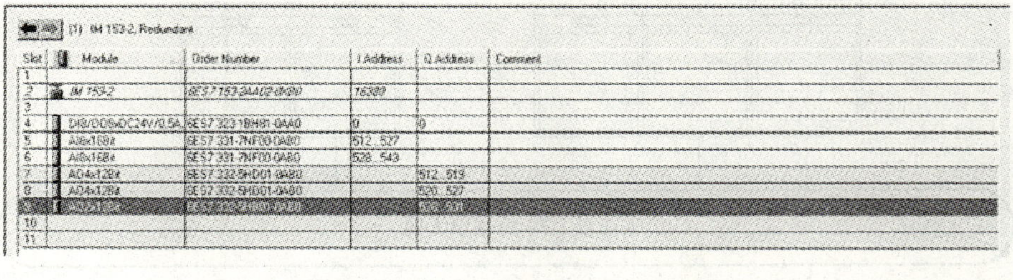

图 6-10　系统 I/O 卡件组态图

6. HMI 的初步设计

利用 PCS7 中的 WinCC 软件进行总貌画面的设计，如图 6-11 所示。

原作品中的工程文件包括仪表数据表、DCS—I/O 表、端子配线图、回路图、系统配置图、联锁系统逻辑图、系统规格书，控制室平面布置图省略，具体内容可以参照本第三章"工程设计"或者本书的参考文献《过程控制工程设计》。

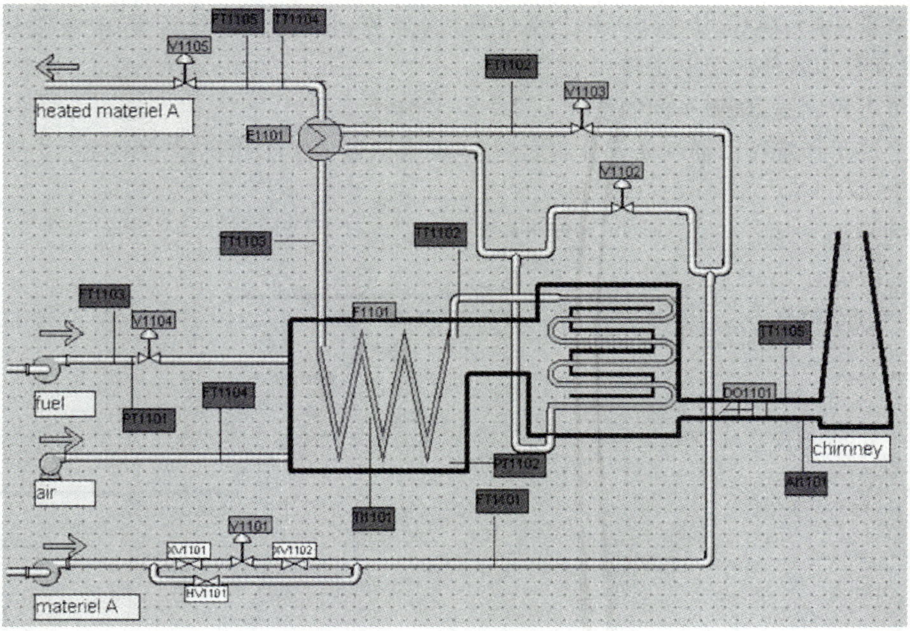

图 6-11　总貌画面

6.3 CSPAC－04－02 号参赛队伍作品（部分）

本参赛作品分为六章：序言、加热炉对象分析、加热炉控制方案设计、自控设备的选择、仪表供电系统设计、控制方案实施。其中的控制方案与上一节中的方案有很多的不同，特别是在加热系统中以先进控制算法——内模控制作为控制策略，并且在实际参赛过程中用 PCS7 实现控制算法，完成控制任务。与上一方案相同的部分本节将不赘述。

6.3.1 序言

针对本次西门子杯全国大学生控制仿真挑战赛的被控装置——加热炉，CSPAC－04－02 号参赛队遵照自控工程设计规范，进行了工程方案的设计。

自控工程设计常用的方法是由工艺专业提条件，自控与工艺专业一起讨论确定控制方案，确定开、停车以及紧急事故处理方案等。针对加热炉装置，本次工程设计的主要任务包括：

（1）接受工艺等专业的设计条件，提出设备、管道、电气等专业的设计条件；

（2）负责生产装置的检测、控制、报警、联锁/停车和监控/管理计算机系统的设计；

（3）负责检测仪表、控制系统及其辅助设备和安装材料的选型设计；

(4) 负责 DCS、PLC、SIS、ESD 和上位计算机(监控、管理)的系统配置、功能要求和设备选型,并负责或参加软件的编制工作;

(5) 负责控制室、仪表车间的设计。

在对上述工作进行了详细任务分解之后,本参赛队制定了工作流程,如图 6-12 所示。

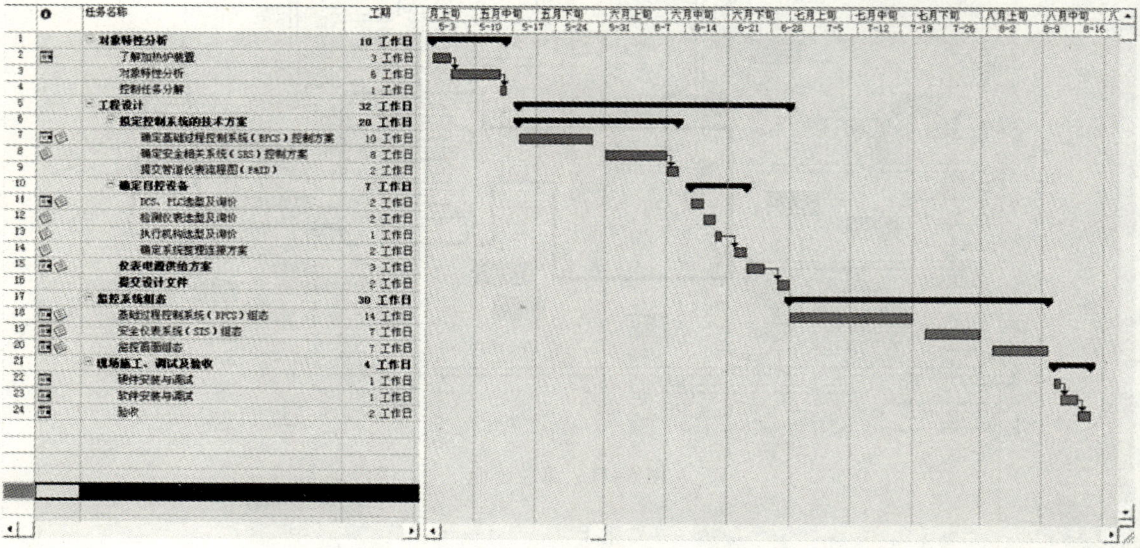

图 6-12　工作进度甘特图

6.3.2 加热炉对象分析

在对被控对象、控制任务分析(省略)后,参赛队伍用状态图、符号有向图(Signed Directed Graph,SDG)对加热炉对象描述,并对加热炉对象中的被控参数做了特性分析。

1. 加热炉装置的状态图描述

为便于对加热炉进行对象分析,更清楚、更全面地了解和掌握加热炉特性,下面采用系统描述语言——状态图对加热炉装置进行描述。状态图能够清楚表达系统的所有状态及其转移条件,图 6-13 给出了系统正常工作过程的状态图,图 6-14 给出了系统紧急停车过程的状态图。表 6-9 是系统工作状态列表,表 6-10 为条件列表。

表 6-9　系统工作状态列表

符号	内容	符号	内容
0	起始状态	3	正常停车
1	开车	4	终止状态
2	稳态工况	5	紧急停车

续表

符号	内容	符号	内容
S1	上料	S1.4	增大进料调节阀 V1101 开度
S2	准备点火	S2.1	全开挡板 DO1101
S3	点火	S2.2	吹扫加热炉炉膛
S4	调节参数	S2.3	关闭吹扫设备
S5	提升负荷	S2.4	将挡板关小到 50% 左右
S6	关闭燃料流量调节阀 V1104	S2.5	开鼓风机 K1101，使空气流量 F1104 达到开车所要求的流量
S7	停燃料泵 P1102	S2.6	开燃料泵 P1102
S8	停鼓风机 K1101	S2.7	开燃料流量调节阀 V1104
S9	打开挡板 DO1101	S2.8	增大燃料调节阀 V1104 开度
S10	逐步关小燃料流量调节阀	S4.1	调节挡板开度
S11	关闭进料调节阀 V1101 及其前、后阀 XV1101、XV1102	S4.2	炉膛负压控制回路投运
S12	停上料泵 P1101	S4.3	调节鼓风机频率
S13	紧急处理	S4.4	烟气含氧量控制回路投运
S14	全开挡板 DO1101	S4.5	空气流量控制回路投运
S15	吹扫加热炉炉膛	S4.6	燃料流量控制回路投运
S16	关闭吹扫设备	S4.7	提升燃料流量
S1.1	开上料泵 P1101	S4.8	物料 A 出口温度控制回路投运
S1.2	开阀 XV1101 和 XV1102	S5.1	增大进料调节阀 V1101 开度
S1.3	开进料调节阀 V1101	S5.2	增加进料调节阀 V1101 开度

表 6-10 条件列表

符号	内容
ready	所有阀门、泵、鼓风机等均处在关闭状态，挡板处在全开状态
start	按下开车按钮
stop	按下停车按钮
a1	上料流量 F1101 小于开车时所要求的流量并且炉管流量小于开车时所要求的流量
c1	吹扫完成
c2	吹扫三分钟
f1	燃油流量 F1103 小于开车所要求的流量
f2	物料 A 进料流量 F1101 小于正常负荷所要求的流量
f3	物料 A 进料流量 F1101 等于正常负荷所要求的流量
t1	点火成功

续表

符号	内容
t2	炉膛负压 P1102 等于所要求的压力
t3	炉膛负压 P1102 稳定
t4	烟气含氧量 A1101 在所要求的范围之内
t5	烟气含氧量 A1101 稳定
t6	空气流量 F1104 稳定
t7	燃料流量 F1103 稳定
t8	物料 A 出口温度 T1104 达到目标温度
t9	炉膛温度 T1101 小于正常值的 80%
t10	炉膛温度小于等于正常值的 30%
x1	按下紧急停车按钮或紧急停车联锁自动启动

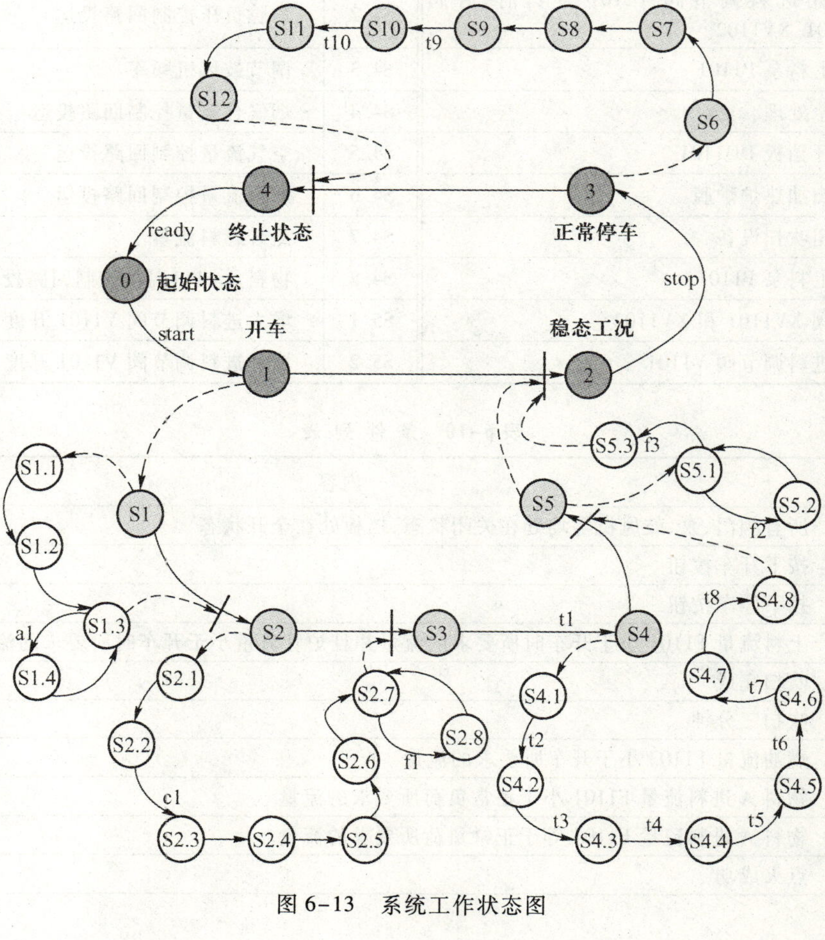

图 6-13　系统工作状态图

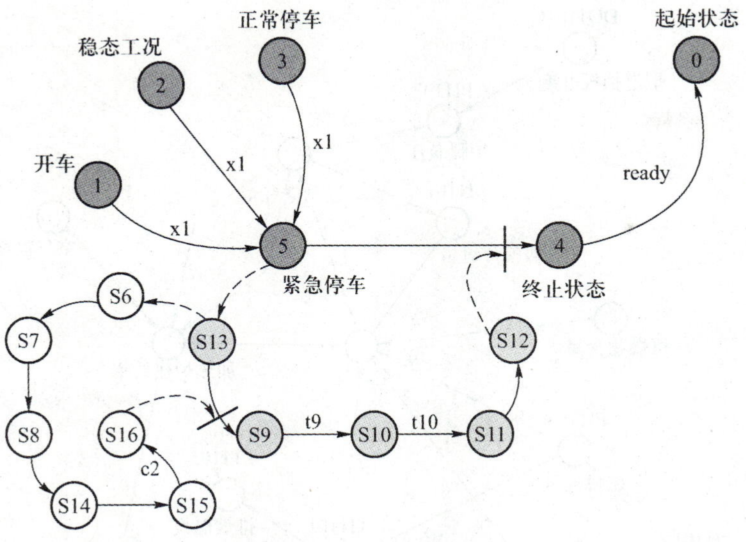

图 6-14 紧急停车状态图

2. 加热炉特性的 SDG 描述

通过上述状态图描述即可发现,加热炉装置是一个复杂的被控对象,主要输入变量包括物料 A 上料量、燃料量、送风量和引风量等,主要输出变量则是物料 A 出口温度、烟气含氧量、炉膛负压等,上述输入变量与输出变量之间相互关联。如果加热炉负荷发生变化,必将引起物料 A 出口温度等参数的变化;燃料量的变化不仅影响物料 A 出口温度,同时还会影响烟气含氧量和炉膛负压等,所以加热炉设备是一个多输入、多输出且相互关联的被控对象,各参数之间的相互影响关系可以使用符号有向图(Signed Directed Graph,SDG)进行描述,如图 6-15 所示。

SDG 是一种系统的定性描述方式,图中每一个圆圈代表一个参数,圆圈之间的箭头表达了参数之间的影响关系,箭头的始端代表影响变量,箭头的末端代表被影响变量。箭头为实线表明上游变量增大(减小)时,下游变量也会增大(减少);箭头为虚线则表明上游变量增大(减小)时,下游变量减小(增大)。通过加热炉 SDG 模型,可以直观地表达出各输入、输出变量以及中间变量之间的相互影响关系以及参数之间的耦合关系。

3. 被控参数特性分析

加热炉对象中主要包括温度、流量和压力这 3 个参数,不同类型的参数具有不同的对象特性,需要采用不同的控制方法。

(1) 温度

温度动态特性的特点:其一,惯性大,容量滞后大,有些过程的时间常数达到十几分钟;其二,温度对象通常是多容的。由于温度滞后大,控制起来不灵敏,因此温度控制系统需要增加微分作用。

在工业生产过程中,温度控制就是对传热过程的控制,包括对流传热、传导传热和辐射传热。

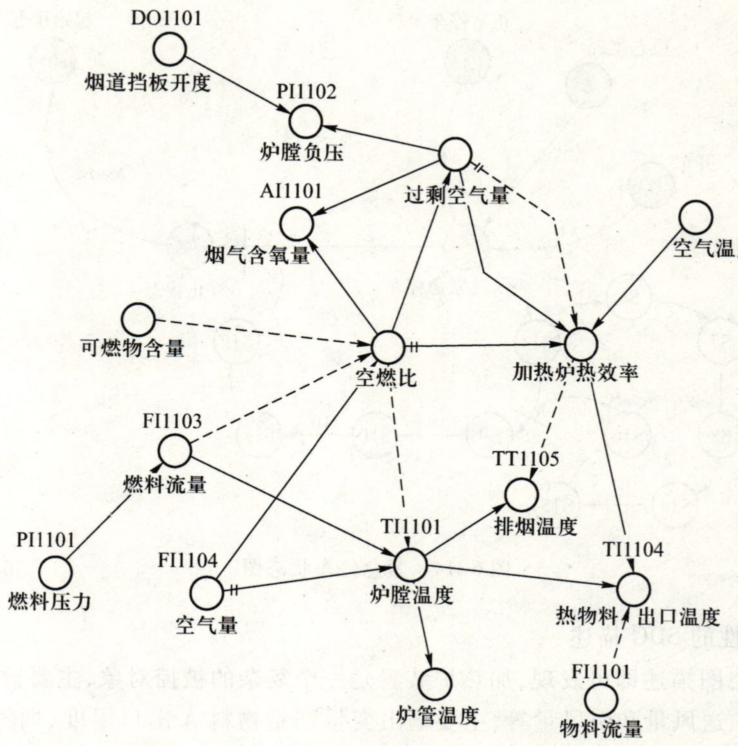

图 6-15 加热炉 SDG 模型

温度控制的操纵变量通常是流量,如加热介质的流量、冷却介质的流量、燃料的流量等。温度控制的方法与被控对象的特点、控制精度要求等有关,其种类很多。

(2) 流量

流量的测量容易受到噪声的干扰,流量本身可能是平稳的,平均流量没有什么变化,但是测量信号常常是频繁地变动。这是由于管道中的流动正常时都呈现湍流状态,流量虽然平稳,流体内部却在骚动。特别是流体通过截流装置时,此种骚动程度比较大,产生的噪声也较大。噪声是一种频率很高、变化无常的流体流动,这是流量控制系统不能加微分的原因。由于噪声频率很高,虽然幅度变化不大,但若加上微分控制器其输出容易出现波动,反而使系统不稳定。

流量过程时间常数很小,当手动调整阀门时,流量在几秒钟内就能变化完毕,响应比较灵敏。这是由于工业过程中调节阀(执行机构)往往直接作用于流量,而管道的容量有限,缓冲余地小,阀门一动作,流量立即变化,滞后时间小、响应快。

对于流量而言,广义对象的时间常数主要取决于控制器、定位器、变送器和信号传输等部分,流量自身的时间常数相对较小。

(3) 压力

压力对象的常见类型有两类。其一是具有一定容量的气罐,此种情况下,体积和容量较大,表征动态特性的时间常数较大,即惯性较大。其二是管道的压力,由于管道容积较小,所以时间常数较小,控制比较灵敏。

流量对象和压力对象与温度对象相比,都是比较快的过程,时间常数不大,大致都呈现单容特性,在控制中一般不用微分作用。

6.3.3 加热炉控制方案设计

原设计方案包括:

一、总体方案设计原则;

二、基础过程控制系统(BPCS);

三、加热炉节能减排;

四、安全相关系统(SRS);

五、加热炉管道仪表流程图(P&ID)

摘录部分内容如下。

一、总体方案设计原则

系统控制方案设计在整个工程方案设计中占有十分重要的地位,一个控制系统的成功与否主要取决于是否有一个设计优良的控制方案。

任何一种控制系统设计的目的都是为了满足生产过程中的工艺要求,从而提高产品质量和生产效率。因此,为实现此目的,设计加热炉装置的控制方案时,应遵循以下基本原则。

1. 满足要求

最大限度地满足被控对象的控制要求,这是设计该控制系统的首要前提,也是设计中最重要的一条原则。进行设计前,需要深入了解被控对象,收集资料。

2. 安全可靠

保证控制系统长期运行的安全、可靠、稳定,是设计中的重要原则。为了达到这一目的,在系统方案设计、可靠性设计、设备选择、软件编程方面应进行总体规划和全面考虑。

3. 经济实用

在满足控制要求的前提下,力求控制系统简单、经济、实用、维护方便。

4. 适应发展

考虑到生产发展和工艺的改进,设计的控制系统应具有适当的扩展功能。

本参赛队以上述原则为基本出发点,根据加热炉生产工艺要求,对加热炉进行控制方案设计。控制方案主要包括两大部分:基础过程控制系统(Basic Process Control System, BPCS)的方案设计和安全相关系统(Safety Related System, SRS)的方案设计。

二、基础过程控制系统(BPCS)

1. 基础过程控制系统设计过程中需遵循的原则

这一部分中,参赛队伍首先详述基础过程控制系统设计过程中需要遵循的原则,具体包括控制方案设计原则、调节阀选型原则、控制器正反作用选择原则、控制器规律选择原则，为之后的方案设计提供了理论依据。

(1) 控制方案设计原则

控制方案的设计遵循合理性、可行性原则，即所设计的控制方案一定是经过验证可以实施的。按照这一原则，本方案以工业上常见的控制方案为参照，以单回路控制、串级控制、前馈控制、PID 控制、内模控制等为基本方案，这样可以保证方案具有较高的可实施性和工业应用价值。

(2) 调节阀选型原则

① 阀门开闭形式原则选择

对于一个具体的控制系统来说，究竟选择气开阀还是气闭阀，要由具体的生产工艺来决定。一般来说，要根据以下几条原则进行选择：

a. 首先要从生产安全出发，即当气源供气中断、控制器故障无输出或调节阀膜片破裂、漏气等而使调节阀无法正常工作，使得阀芯回复到无能源的初始状态时，应能确保生产工艺设备的安全，不至于发生事故。

b. 从保证产品质量出发，当调节阀处于无能源状态而回复到初始位置时，不应降低产品的质量。

c. 从降低原料、成品、动力损耗来考虑。

d. 从介质的特点考虑。

一般来说，根据上面介绍的几条原则，调节阀开、闭形式不难选择。不过，如遇到下面两种情况时，在调节阀开、闭形式的选择上需要加以注意。第一种情况是由于工艺要求不一，对于同一调节阀可以有两种不同的选择结果。如果出现这种情况，需要与工艺专业人员认真分析、仔细协商、分清主次、权衡利弊、慎重选择。第二种情况是某些生产工艺对调节阀开、闭形式的选择没有严格要求，调节阀的开、闭形式可以任选。

② 阀门流量特性选择原则

调节阀的流量特性指流过调节阀的流量与阀杆行程之间的函数关系。根据调节阀两端的压降，调节阀流量特性分为固有流量特性和工作流量特性。固有流量特性是调节阀两端压降恒定时的流量特性，亦称为理想流量特性。工作流量特性是在工作状态(压降变化)下调节阀的流量特性。调节阀出厂所提供的流量特性是理想流量特性。

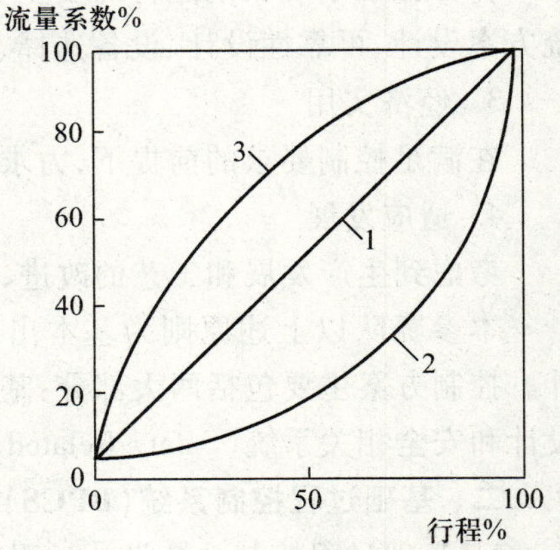

图 6-16　调节阀流量特性曲线

国内常用的理想流量特性有线性、等百分比(对数)和快开等几种。图 6-16 所示为调节阀的流量特性曲线，可以看出流过调节阀的流量随调节阀开度的变化曲线，其中 1 为线性流量特性，2 为等百分比流量特性，3 为快开流量特性。

实际应用时，由于调节阀两端的压降下降不是恒定的，因此，调节阀理想流量特性会发生畸变。所以在调节阀流量特性选择时，先选好工作流量特性，然后根据压降比 S 来确定理想流量特性。

根据控制系统稳定运行的原则，扰动或设定值变化时，控制系统静态稳定运行的条件是控制系统各开环增益之积基本恒定；控制系统动态稳定运行的条件是控制系统总开环传递函数的模基本恒定。

选择调节阀工作流量特性的目的是通过调节阀调节机构的增益来补偿因对象增益变化而造成的开环总增益变化的影响。总开环增益 $K_{开}=K_CK_{V1}K_{V2}K_PK_M$，一般已整定好的调节器增益 K_C、执行机构增益 K_{V1} 和检测变送环节增益 K_M 不随负荷或设定值而变化。为使 $K_{开}$ 恒定，需用调节阀增益 K_{V2} 的变化补偿过程对象增益 K_P。当 K_P 随负荷或设定值变化时，通过选择合适的调节阀流量特性，使 $K_{V2}K_P$ 保持基本不变。

对于流量控制回路，被控变量与操纵变量相同，都为流量，所以流量对象 $K_P=1$。若使用流量变送器时，变送器输出与流量成正比，$K_M=$ 常数，为使系统稳定，选 K_{V2} 恒定的调节阀，即线性调节阀。若使用差压变送器而又没有加开方器时，变送器输出与压差成正比，即 $Y_M=KQ^2$；$K_M=\frac{\mathrm{d}Y}{\mathrm{d}Q}=2KQ$，使 K_MK_P 与流量 Q 成正比，为补偿该非线性关系，应选择 K_{V2} 与流量 Q 的倒数成正比的调节阀流量特性，即选用快开调节阀。

由于调节阀出厂所提供的流量特性为理想流量特性，因此工作流量特性选定后，根据压降比 S 来确定理想流量特性。当 $S>0.6$ 时，应选理想流量特性与所需工作流量特性相同；当 $S<0.3$ 时，应该采用特殊的低 S 调节阀；当 $0.3<S<0.6$ 时，对应关系如表 6-11 所示。

表 6-11　当 $0.3<S<0.6$ 时，调节阀流量特性的确定

所需工作流量特性	应选理想流量特性
线性	等百分比
等百分比	等百分比
快开	线性

(3) 控制器正反作用选择原则

从控制原理可知，对于一个反馈控制系统，只有在负反馈的情况下，系统才是稳定的，当系统受到干扰时，其过渡将会是衰减的。反之，如果系统是正反馈，那么系统是不稳定的，一旦遇到干扰，过渡过程将会发散。系统不稳定当然是不希望发生的，因此，对于反馈控制系统来说，要使系统能够稳定地工作，必须要构成负反馈，即控制回路各个环节的符号之积为负值。在控制回路中，对象、调节阀、测量变送装置和偏差环节的符号是很容易确定的，这样就可以确定控制器的正反作用。

需要注意的是，对于 DCS 而言，偏差为设定值减去测量值，因为该环节的输入为测量值，当测量值减少的时候，偏差增加，当测量值增加的时候，偏差减少，因此，该环节的符号一直为负。

(4) 控制器规律选择原则

工业过程中常见的控制规律有开关控制、比例控制、比例－积分控制、比例－微分控制、比例－积分－微分控制等。过程工业中常见的参数有流量、液位、压力和温度，这些参数有些是重要的生产参数，有些是不太重要的参数，所以控制要求也是各有不同，控制规律的选择要根据具体情况而定。有一些基本原则可以在选择时加以考虑：① 对于不太重要的参数，可以考虑采用比例控制，甚至采用开关控制；② 对于不太重要的参数，但是惯性较大，又不希望动态偏差较大，可考虑采用比例－微分控制。但是对于系统噪声较大的参数，例如流量，则不能选用比例－微分控制；③ 对于比较重要的、控制精度要求比较高的参数，可采用比例－积分控制；④ 对于比较重要的、控制精度要求比较高、希望动态偏差小、被控对象的时间滞后较大的参数，应该采用比例－积分－微分控制或者是先进控制算法。

2. 控制方案

在基础过程控制系统设计原则的基础上，参赛队伍设计出控制方案：① 物料 A 进料流量控制单回路控制；② 燃料量、空气量比值控制；③ 物料 A 出口温度控制；④ 烟气含氧量闭环控制；⑤ 炉膛负压前馈—反馈控制；⑥ 加热炉燃烧系统综合控制方案；⑦ 开车顺序控制；⑧ 正常停车顺序控制。

其中，物料 A 的出口温度控制是主要设计部分，所以摘录“物料 A 出口温度控制”如下。

(1) 物料 A 出口温度的影响因素分析

物料 A 出口温度是通过吸收燃料量所释放出来的能量达到的，所以一切影响燃料热量释放的因素都会对物料 A 出口温度造成影响。经过分析可知，影响加热炉出口温度的因素包括：工艺介质的进料流量、燃烧工况（燃料流量、燃料压力、燃料组分以及空气量）以及进炉空气温度等。

① 物料 A 进料流量

当燃烧工况一定时，燃料燃烧所放出的能量是一定的。根据能量守恒原理，当物料 A 的流量增加时，物料 A 出口温度会降低；反之，当物料 A 的流量减少时，物料 A 出口温度会升高。

为了减少物料 A 进料流量波动对物料 A 出口温度的影响，要对物料 A 进料流量进行控制。

② 燃烧工况

a. 燃料量和空气量等比变化

当燃料量和空气量等比减少时：由于释放出来的能量减少，物料 A 出口温度会降低。

当燃料量和空气量等比增加时：由于释放出来的能量增加，物料 A 出口温度会升高。

b. 燃料量减少而空气量不变

由于燃料量减少，燃量燃烧释放出来的能量减少，同时过量空气会携带一部分热量排放出去，所以物料 A 出口温度会降低。

c. 燃料量增加而空气量不变

由于燃烧空气量不变，燃料可能无法充分燃烧，所释放出来的能量需视具体情况而定。

d. 燃料量不变而空气量减少

由于燃料燃烧不充分,所释放出来的能量减少,物料 A 的温度会降低。

e. 燃料量不变而空气量增加

由于过量的空气会带走一部分能量,物料 A 的温度会降低。

燃料中可燃烧成分变化时,物料 A 出口温度变化的情况与燃料量变化时的情况相同。

以上分析的结果汇总如表 6-12 表示。

表 6-12　燃烧工况对物料 A 温度的影响

	空气量增加	空气量不变	空气量减少
燃料量/燃料可燃成分增加	升高	未知	未知
燃料量/燃料可燃成分不变	降低	不变	降低
燃料量/燃料可燃成分减少	降低	降低	降低

注:上表中燃料量增加(燃料可燃成分增加)与空气量增加是等比增加的;燃料量减少(燃料可燃成分减少)与空气量减少是等比减少的。

③ 进炉空气温度

当进炉空气温度升高时,相同的燃料燃烧所释放出来的能量中,用于加热空气的能量减少,用于加热物料 A 的能量增加,则物料 A 的出口温度将会升高;反之当空气温度减少时,物料 A 的出口温度将会降低。

(2) 控制方案

工艺要求物料 A 出口温度保持稳定,以满足下游生产需求,所以被控变量为物料 A 出口温度。为了使物料 A 出口温度稳定在目标温度,必须保证燃料能够充分燃烧,释放出足够的能量,因此,选择采用串级控制系统。该控制系统中,物料 A 出口温度控制回路为串级控制系统的主回路。

副回路设计应考虑一些基本原则,如:使系统中的主要干扰包含在副环内;在可能的情况下应使副回路包含更多的干扰等。经过对干扰的分析可以得出,炉膛温度副回路比燃料流量副回路包含了更多的干扰,具有更强的抗干扰能力。但是由于在现实中很难实现对炉膛温度的准确测量,所以在实际生产中很少用炉温作为副回路。又因为物料 A 是吸收燃料燃烧所释放出来的能量达到目标温度,如果能够保证燃烧状况稳定,则物料 A 出口温度也就稳定。所以选择燃料、空气比值控制系统作为该串级控制系统的副回路,燃料量、空气量作为操纵变量。该串级控制系统的方块图如图 6-17 所示。

在该控制方案中,当物料 A 出口温度由于某种干扰而变化时,通过物料 A 出口温度控制器的输出来改变燃料控制器的给定值,使燃料量跟着变化。然后通过比值控制器使空气量也随之改变,保持燃料量和空气量的流量比不变。

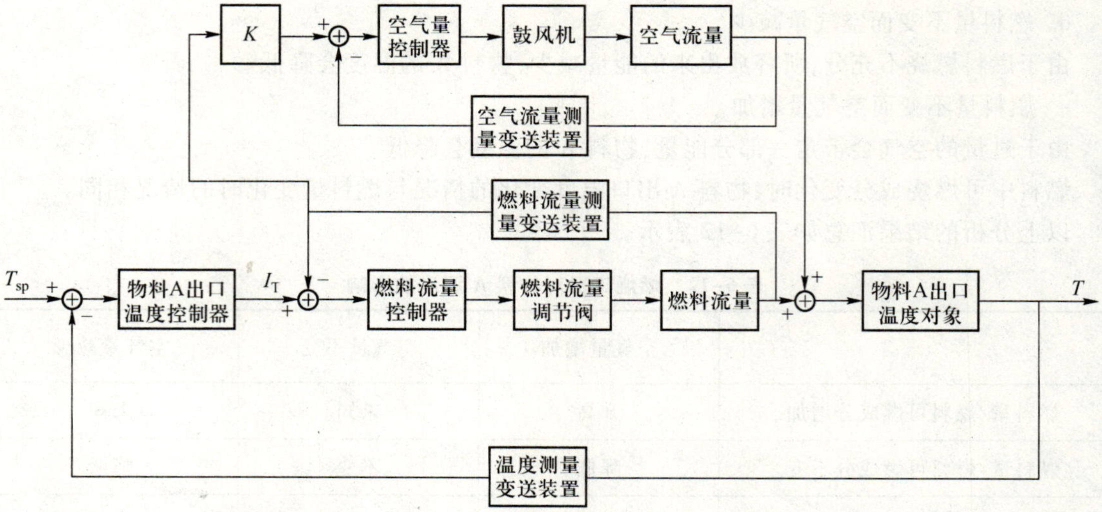

图 6-17 物料 A 出口温度－燃料/空气双闭环串级－比值控制系统方块图

该控制系统稳定时，燃料量、空气量可以保持比值一定。但从动态角度看，因物料 A 出口温度变化首先反应到燃料量给定值变化，使燃料量随之变化，再经过燃料量测量变送器、比值器，改变空气量控制器的给定值，空气量才跟着变化。显然，空气量的变化滞后于燃料量，即动态比值不能得到保证。

因此在图 6-17 所示方案上稍作修改，基本上实现动态比值，方块图如图 6-18 所示。

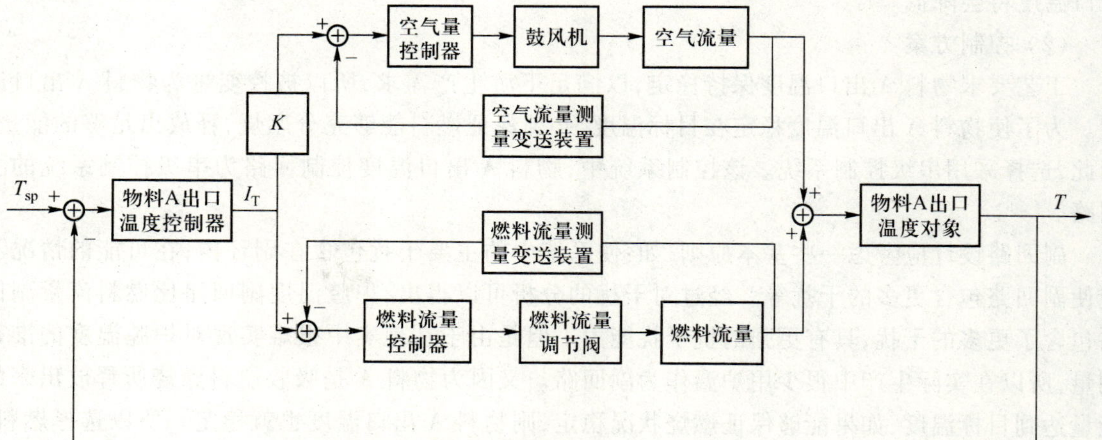

图 6-18 修改后的物料 A 出口温度－燃料/空气双闭环串级－动态比值控制系统方块图

实际工业生产中，为了使燃料完全燃烧，在提负荷时要求先提空气量，后提燃料量，在降负荷时，要求先降燃料量，后降空气量，即所谓具有逻辑提降量的比值控制系统。在图 6-18 的基础上，通过加两个选择器组成具有逻辑提降功能的燃烧过程控制系统，如图 6-19 所示。

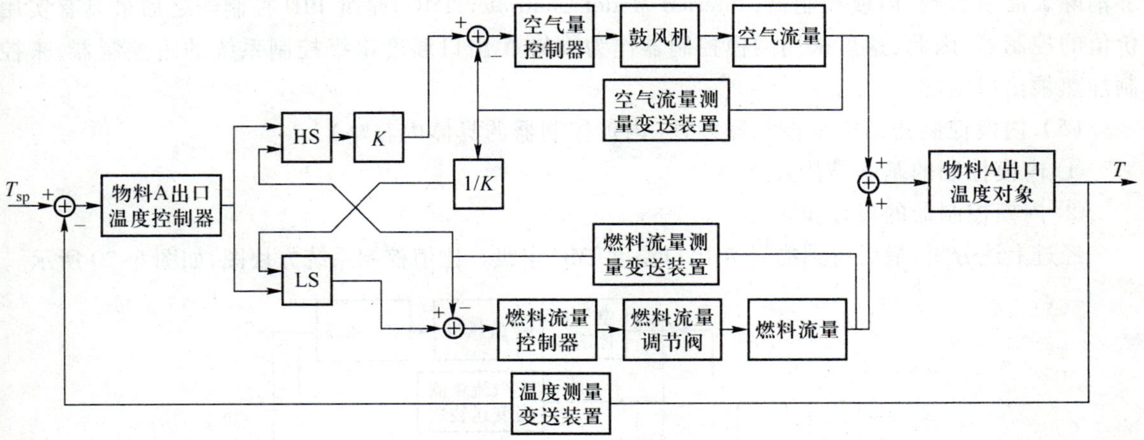

图 6-19 具有逻辑提降功能的物料 A 出口温度 - 燃料/空气双闭环串级 - 逻辑动态比值控制系统方块图

(3) 控制器正反作用确定

在串级控制系统中控制器正反作用的确定采取“先副后主”的判断过程。

该串级控制系统的副回路为燃料/空气比值控制系统，燃料流量控制器以及空气流量控制器的正反作用在燃料、空气比值控制方案中已经确定。这里只需要确定主控制器——物料 A 出口温度控制器的正反作用即可。

在串级控制系统中，副回路是随动控制系统，所以整个副回路的符号为“正”；温度对象以及测量变送装置的符号均为“正”；偏差环节的符号为“负”；根据整个回路必须构成负反馈的原则可以得出，主控制器为正作用控制器。

(4) 控制规律选择

在串级控制系统中，副控制器不需要有微分作用，因为有微分作用时，一旦主控制器和输出稍有变化，调节阀就将大幅度变化，不利于控制。副回路是一个随动系统，它的给定值随主控制器输出的变化而变化，为了能快速跟踪，副控制器最好不带积分作用，因为积分作用会使跟踪变得缓慢。而且从串级控制系统的控制要求角度看，副回路通常不要求消除余差，可不用积分。但这里副被控变量是燃料流量，并要求精确控制该流量，根据前面对流量控制系统的分析，流量控制器常采用 PI 控制器，所以副控制器选用 PI 控制器。

物料 A 是首先通过加热炉对流段加热，进而再通过辐射段加热，最终达到下游所需要的温度，控制通道长，是一个典型的大滞后系统。大滞后控制系统会使控制品质变差，首先调节器的校正作用要滞后一个纯滞后时间，会导致被调参数的最大偏差增加，调节系统的动态质量下降；其次滞后使开环系统的相位滞后增大，使闭环系统的稳定性下降。本方案中，通过调节燃料量来调节物料 A 的出口温度，由于大滞后的存在，普通 PID 方法很难控制。

针对大滞后过程有许多先进控制算法，由于这些算法大都比较复杂，加上加热炉的复杂性和危险性,很多先进控制算法在加热炉控制系统中还没有得到很好的应用。但是,内模控制算法能够消除大滞后影响,内模控制器(Internal Model Controller,IMC)是继 PID 控制器之后最具有实用价值的控制器,因此,这里采用内模控制器作为物料 A 出口温度串级控制系统的主控制器,来控制加热炉出口温度。

(5) 内模控制器结构及控制器设计(内模控制器的具体内容略)

① 内模控制的基本结构及性质

② 内模控制器的设计步骤

经过上述分析,最后得到物料 A 出口温度 IMC 串级 - 比值控制系统方块图,如图 6-20 所示。

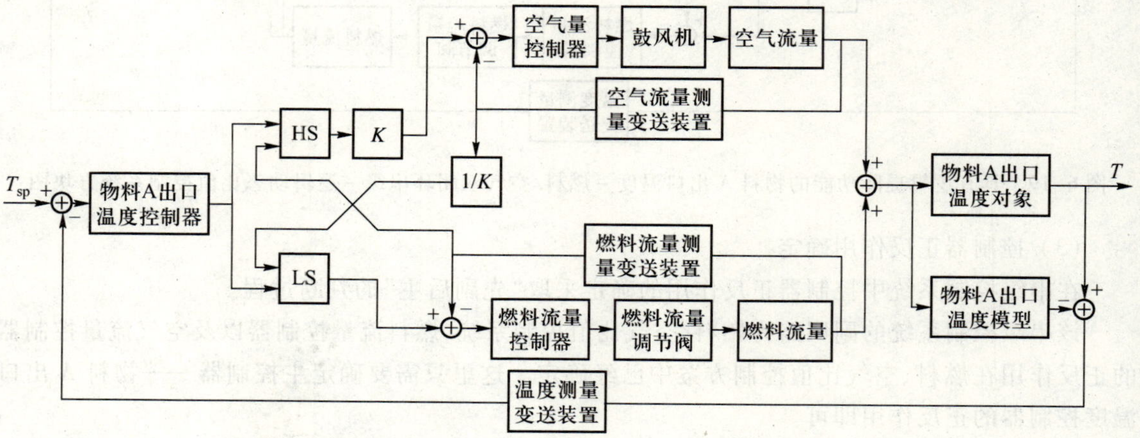

图 6-20 物料 A 出口温度 IMC 串级 - 比值控制系统方块图

(6) 内模模型的辨识

内模控制效果如何,主要取决于对物料 A 出口温度所建立的内部模型。参赛队伍在这一章设计最小二乘方法,辨识加热炉物料出口温度模型的具体参数。

(7) 抗扰动分析

影响物料 A 出口温度的因素包括物料 A 进料流量、燃料量、燃料压力、空气量、空气温度等。燃料量、燃料压力是来自副环的干扰;物料 A 进料流量、空气量、空气温度是来自主环的干扰。当干扰分别来自副环、主环时,该控制系统工作过程如下所述。

① 第一种情况:干扰来自副环

例如,当燃料流量增加时,物料 A 出口温度还未升高,物料 A 出口温度控制器尚未感受到偏差,而燃料流量控制器感觉到负偏差,该控制器为正作用控制器,则其输出将减小,燃料流量调节阀将关小。经过一段时间之后,物料 A 出口温度将增加,这时物料 A 出口温度控制器感受到负偏差,该控制器为正作用,则其输出将减小,即燃料流量控制器的设定值将下降,促使燃料流量控制器对燃料流量进一步调整。此过程一直持续到物料 A 出口温度稳定,这时调节阀将处于一个新的开度上。

在这里,流量控制器相当于起“预调”的作用,调整适当与否,要由主变量温度是否回到给定值来决定。如果不合适,则进一步由主控制器进行“细调”。

② 第二种情况:干扰来自主环

例如,物料 A 进料量增加,经过一段时间之后,物料 A 出口温度将降低,物料 A 出口温度控制器产生正偏差,其输出将增大,即燃料流量控制器的设定值增加。这时,流量测量值还没有发生变化,因此燃料流量控制器感受到正偏差,燃料流量控制器的输出将增加,调节阀的开度也将增加,此时燃料流量增大,物料 A 出口温度将逐渐回升。该过程一直持续到物料 A 出口温度达到设定值温度为止。

③ 第三种情况:主环和副环同时有干扰

主环和副环同时有干扰时,经过燃料流量控制器“粗调”,物料 A 出口温度“细调”,可以将物料 A 出口温度调回设定值,具体的过程这里不再赘述。

经过以上分析,当出现引起物料 A 出口温度变化的干扰时,必须等物料 A 出口温度发生变化时,控制器才作用,滞后比较大。为了减小控制动作的滞后,将对流段出口温度信号 T1102 作为前馈信号,提前打开去换热器的物料 A 流量调节阀 V1103,在尽可能短的时间内利用冷流 F1102 将系统中多余的热量吸收利用,吸收完毕之后,将 V1103 关闭,这样既可节约一定的燃料,又起到超前控制的作用。为了实现这个功能,采用专家控制方案,利用规则控制 V1103。具体的工作过程如下。

如果对流段出口温度 T1102 后一时刻的测量值减去前一时刻的测量值大于某正数值(具体的数值通过实验获得)的话,表明物料 A 最终温度有可能升高,这时就将该差值作为信号准备触发或者直接触发 V1103(阀门开度的大小根据温差的大小而定,准确数据通过实验获得),提前为换热器提供 F1102,吸收多余的能量。当对流段出口温度后一时刻的测量值减去前一时刻的测量值小于某正数值时,将 V1103 关闭。

该方案可以提前克服各种引起物料 A 最终温度升高的干扰,例如,燃料流量或者压力、空气温度以及物料 A 进料流量等扰动,节约燃料量。同时,在加热炉装置降负荷时,通过适当开关 V1103,尽可能在最短的时间内吸收多余的热量,达到节能的目的。

(8) 参数整定步骤

① 断开主回路(物料 A 出口温度控制回路),闭合副回路(燃料流量控制回路和空气流量控制回路),整定流量控制器的参数。按照 PID 参数的整定方法,整定出 P、I 参数,使流量能够满足随动系统快速、准确的要求。

② 闭合主、副回路,保持第①步的副回路参数,根据现场实际调试的情况,调节内模控制器的参数。

③ 主、副回路闭合,主回路参数不变的情况下,再调整副回路的参数。

④ 如果结果仍不满意,重复第②步和第③步。

在图 6-20 的基础上,参赛队伍结合“烟气含氧量分析闭环控制”分析得到最终的加热炉燃烧系统综合控制方案,如图 6-21 所示。

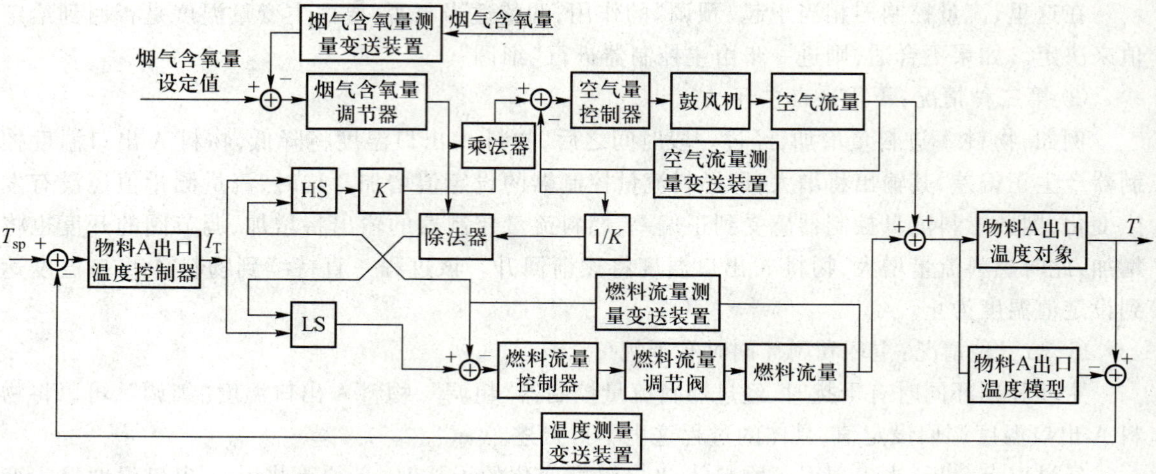

图 6-21　加热炉燃烧系统最终综合控制方案

三、加热炉节能减排

随着国家对节能减排要求的提高以及企业对利润追求的最大化，在设计的过程中要考虑加热炉节能减排的问题。

正常工作下的加热炉装置，节能就是要提高加热炉的效率，即减少加热炉热损失。在加热炉热损失当中，排烟热损失是加热炉热损失中最大的一项。因此要提高加热炉热效率，就要减少排烟热损失。影响排烟热损失的主要因素是排烟温度和排烟容积，排烟温度越高、排烟容积越大，其热损失就越大。排烟温度只能在一个合理、有效的范围内进行调整，降低排烟热损失的主要途径就是降低排烟容积，而合理的烟气含氧量控制是减少排烟容积、降低排烟热损失从而提高加热炉热效率的一个主要手段。

对于加热炉而言，主要的排放污染来自燃烧过程。如果燃料没有充分燃烧，则会产生 CO、氮氧化合物等有毒气体，因此要对燃料量和空气量的配比进行控制，使其配比达到最优，降低污染物的生成与排放。

经过以上分析，可以从以下几个方面考虑加热炉的节能减排，包括：加热炉开车过程；加热炉控制方案的设计过程；加热炉相关参数的优化，主要是烟气含氧量的优化。

（1）加热炉开车过程的节能

在开车过程中，根据加热炉出口温度上升曲线确定投燃料的最优曲线，使燃料量跟踪加热炉开车过程中的燃料量最优曲线，这就保证在开车过程中，加热炉物料 A 出口温度达到目标温度并且无超调，在较短的时间内使用最少的燃料达到稳定工况。

（2）加热炉控制方案设计中的节能减排

在设计控制方案时，要充分考虑节能减排的要求，以达到节能减排的目的。例如，在设计燃料量和空气量比值控制系统时，为了保证燃料的充分燃烧，在提升负荷时，先增加空气量，再增加燃料量；而在降负荷时，先减少燃料量，再减少空气量。另外，在保证燃料充分燃烧的同时，还要保证烟气含氧量最优。空气量在和燃料量进行比值控制的同时,还要用烟气含氧量校正空气量来保证烟气含氧量最优,保证加热炉的效率维持在最优状态。

(3) 烟气含氧量优化

根据前文分析可以得出,保证加热炉热效率(经济燃烧)的最简便方法就是用检测到的烟气氧含量来表征。根据燃烧方程式,可计算出燃料完全燃烧时所需的氧量,从而可得出所需的空气量,称为理论空气量 QT。但是实际生产中,完全燃烧所需的空气量 Q_P 要超过理论空气量 Q_T,即需有一定的空气过剩量。当过剩空气量增多时,不仅使炉膛温度下降,而且也使烟气热损失增加。因此,对不同的燃料,过剩空气量都有一个最优值,即所谓最经济燃烧。

过剩空气量常用过剩空气系数 α 来表示,定义为实际空气量 Q_P 和理论空气量 Q_T 之比。

$$\alpha = \frac{Q_P}{Q_T} \tag{6-1}$$

因此,α 是衡量经济燃烧的一种指标。过剩空气系数 α 很难直接测量,但与烟气中氧含量 A_0 有关,可近似表示为:

$$\alpha = \frac{21}{21 - A_0} \tag{6-2}$$

根据上式,就可近似地确定空气过剩系数。当 $\alpha = 1$ 时,即为理论燃烧状况。

α 并不是可以无限下降,在一定限度内,α 降得过低将会导致不完全燃烧损失的增加,所以寻求合适的 α 是保证加热炉热效率达到理想水平的主要手段。燃油炉的 α 在 1.1 左右,就可达到较理想的燃烧要求。并且,伴随着氧量的减少,进入空气量与排出烟气量均下降,还可降低风机用电率。因此,根据过剩空气系数,即可以确定最优的烟气含氧量指标。

四、安全相关系统(SRS)

在安全连锁系统设计中,参赛队伍按照安全相关系统的设计步骤:结合风险矩阵定义加热炉事故风险等级;通过 SDG-HAZOP(Hazard and Operability Analysis)模型进行风险辨识;用 LOPA(Layers of Protection Analysis)方法进行加热炉装置防护层分析,并最终设计声光报警、安全连锁系统。

(1) 加热炉装置事故风险等级定义(略)

(2) 加热炉装置风险辨识(仅以“炉管爆裂”为例)

如图 6-22 所示,炉管温度超高,将可能导致炉管爆裂。从炉管温度反向搜索,可以得到燃料压力过高、进料中断以及其他因素如受热不均等,都会导致炉管温度升高,使炉管结焦最终破裂。与之相应的 HAZOP 结论如表 6-13 所示。

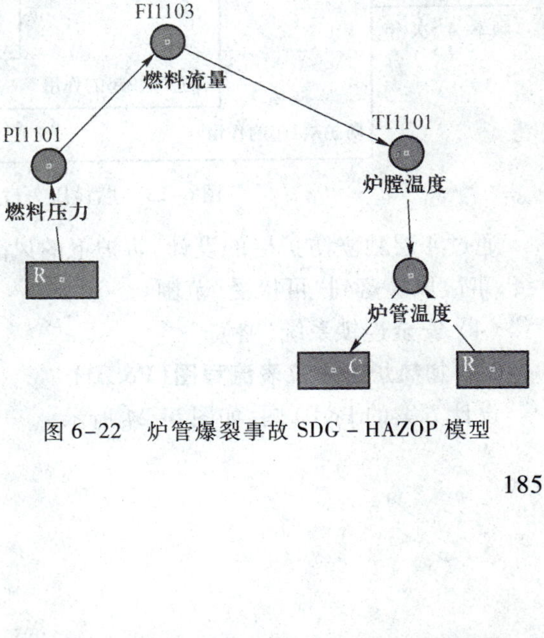

图 6-22 炉管爆裂事故 SDG - HAZOP 模型

表 6-13　炉管爆裂事故 HAZOP 结论

偏差	原因		后果		已有防护措施
	描述	概率	描述	严重度	
炉管温度超高	燃料压力过高	5	炉管爆裂	3	燃料流量自动控制
	进料中断	4			进料流量自动控制

风险传播链如下：

① 燃料压力过高→燃料流量过高→炉膛温度超高→炉管温度超高→炉管爆裂

② 进料中断→炉管温度超高→炉管爆裂

由风险传播链①可以发现，炉膛温度是表征炉管温度的重要参数。

(3) 加热炉装置防护层分析(仅以“燃料压力过高导致炉管爆裂的 LOPA”为例)

根据 SDG－HAZOP 的结果，燃料压力过高可能导致炉管爆裂，事故发生概率为 5 级，后果严重度为 3 级，属于“不可接受”风险。风险的传播链前文已经给出：燃料压力过高→燃料流量过高→炉膛温度超高→炉管温度超高→炉管爆裂。

假设由于某些故障因素导致燃料压力过高的事故频率为 4.5 次/年，加热炉装置已有燃料流量自动控制系统，该控制系统只能将风险发生的概率降低至 4 级，仍属于“不可接受”风险。

考虑再为燃料压力参数和炉膛温度参数增加报警及参数值过高的自动联锁，在 4 道独立防护层作用下，重新计算燃料压力过高时的风险概率，如图 6-23 所示。

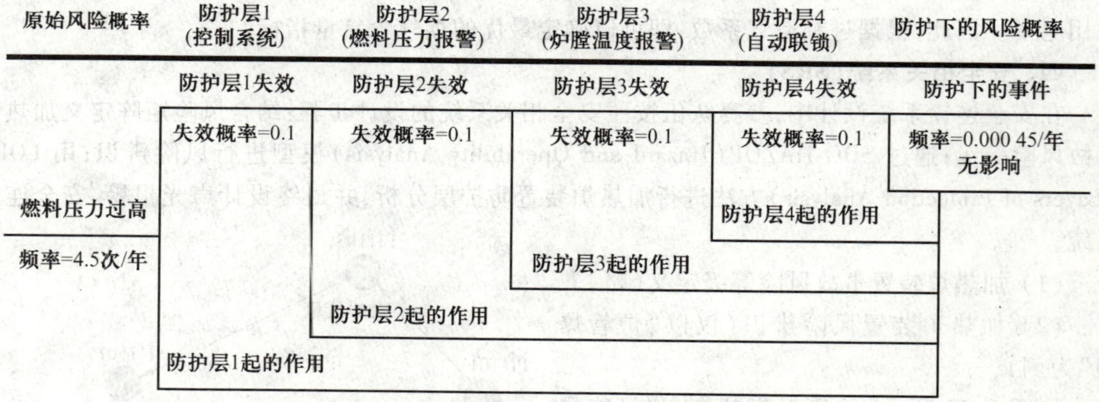

图 6-23　燃料压力过高导致炉管爆裂的 LOPA

通过 4 层独立防护层的设计，防护下的风险概率降低到 0.000 45 次/年，事故发生概率变为 1 级，事故风险落到“可接受”范围。

(4) 安全连锁系统(略)

五、加热炉管道仪表流程图(P&ID)

设计方案的 P&ID 图，如图 6-24 所示。

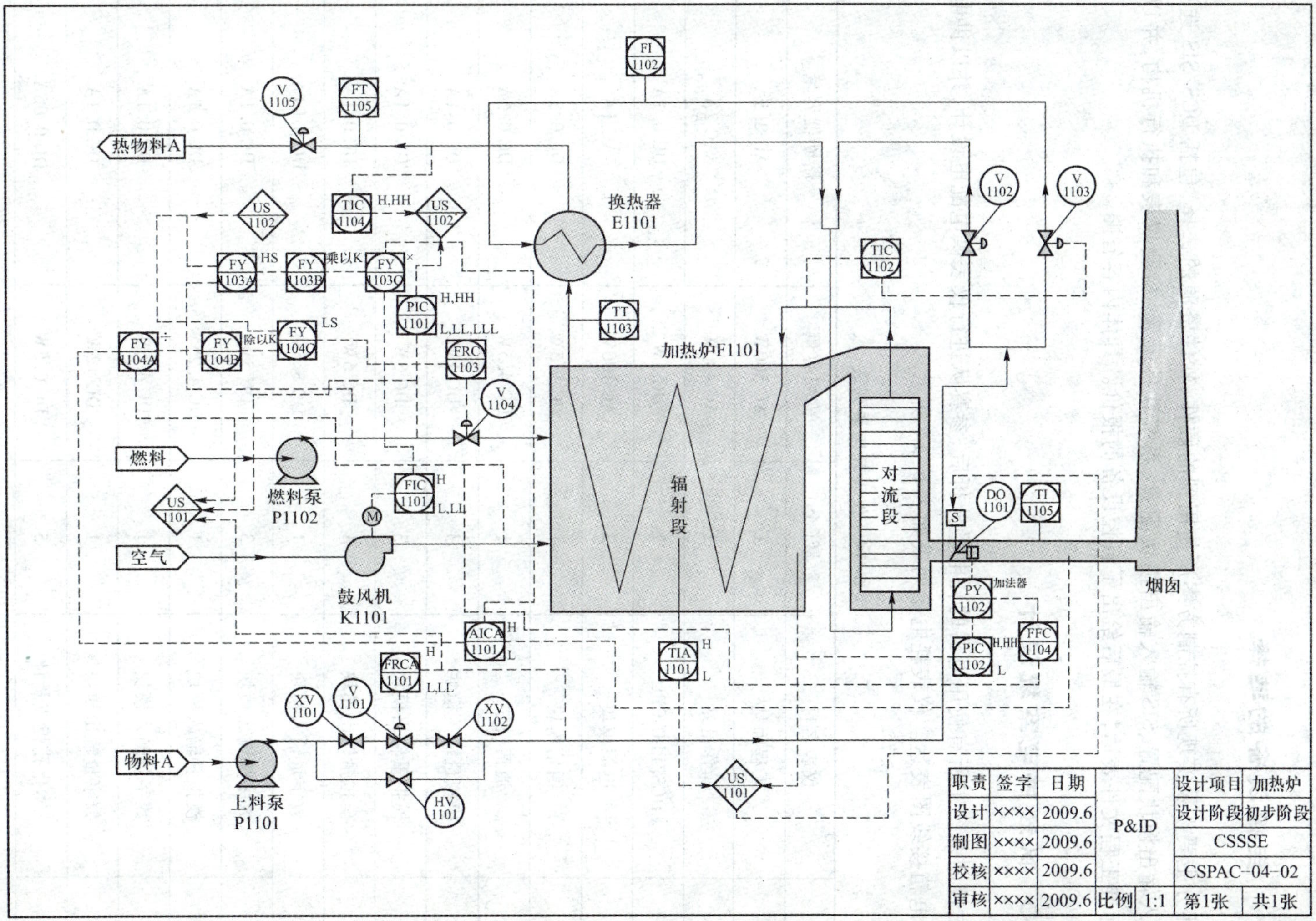

图6-24　该设计方案的P&ID图

6.3.4 自控设备的选择

这部分主要涉及实现所有控制方案所使用到的硬件、软件资源的选择，包括 DCS/SIS 选型、BPCS 输入输出模块配置、SIS 输入输出模块配置、系统软件配置、检测仪表和执行机构，并以相对应的标准工程文件表达，在最后给出了自控设备的报价。具体内容省略。

6.3.5 仪表供电系统设计

在对控制系统中所有使用电器的耗电量分析后，参赛队进行仪表供电配电设计，并以供电系统图、供电箱接线图表达。仪表耗电量列表如表 6-14 所示。

表 6-14 仪表耗电量列表

序号	仪表名称	数量(个)	需要容量	熔断器容量
1	工程师站	1	AC 500W	AC 2.5A
2	操作员站	2	AC 400W	AC 2A
3	DCS/PLC CPU	2	DC 5W	DC 0.1A
4	电源模块	2	AC 100W	AC 1A
5	通信模块	1	DC 5.5W	DC 0.5A
6	通信模块	1	DC 4.5W	DC 0.5A
7	模拟量输入模块	3	DC 1W	DC 0.1A
8	模拟量输出模块	3	DC 3W	DC 0.1A
9	模拟量输出模块	1	DC 6W	DC 0.1A
10	数字量输入模块	1	DC 3.5W	DC 0.01A
11	数字量输出模块	3	DC 5W	DC 0.1A
12	模拟量输入模块	1	DC 4.25W	DC 0.1A
13	数字量输入模块	1	DC 4.5W	DC 0.1A
14	数字量输出模块	1	DC 12W	DC 0.1A
15	一体化孔板流量计	5	DC 0.5W	DC 0.02A

续表

序号	仪表名称	数量(个)	需要容量	熔断器容量
16	压力变送器	2	DC 0.5W	DC 0.02A
17	一体化温度变送器	4	DC 0.5W	DC 0.02A
18	烟道氧分析仪	1	AC 10W	AC 0.5A
19	红外测温仪	1	AC 20W	AC 0.1A
20	变频器	1	AC 120W	AC 0.1A
21	质量流量计	2	DC 0.5W	DC 0.02A
22	压力变送器	2	DC 0.5W	DC 0.02A
23	温度变送器	1	DC 0.5W	DC 0.02A
24	挡板气源截断阀	1	DC 3.5W	DC 0.2A
25	检测端安全栅	18	DC 2W	DC 0.02A
26	操作端安全栅	7	DC 2W	DC 0.02A
27	接触器	3	AC 200W	AC 1A
28	继电器	33	DC 0.9W	DC 0.05A
29	指示灯	28	DC 0.5W	DC 0.02A
30	报警灯	1	DC 50W	DC 2A
31	报警喇叭	1	DC 0.5W	DC 0.02A
32	电压表、电流表	2	AC 2W	AC 0.01A
33	风扇	2	AC 100W	0.5A

6.3.6 控制方案实施

参赛队在 PCS7 V6.1 系统中完成了软件实施，具体包括：通信网络实施；控制功能实施(CFC、SFC)；监控功能实施。仅以“燃料量－空气量逻辑动态比值控制”图为例。图 6-25 是该系统的 CFC 图。

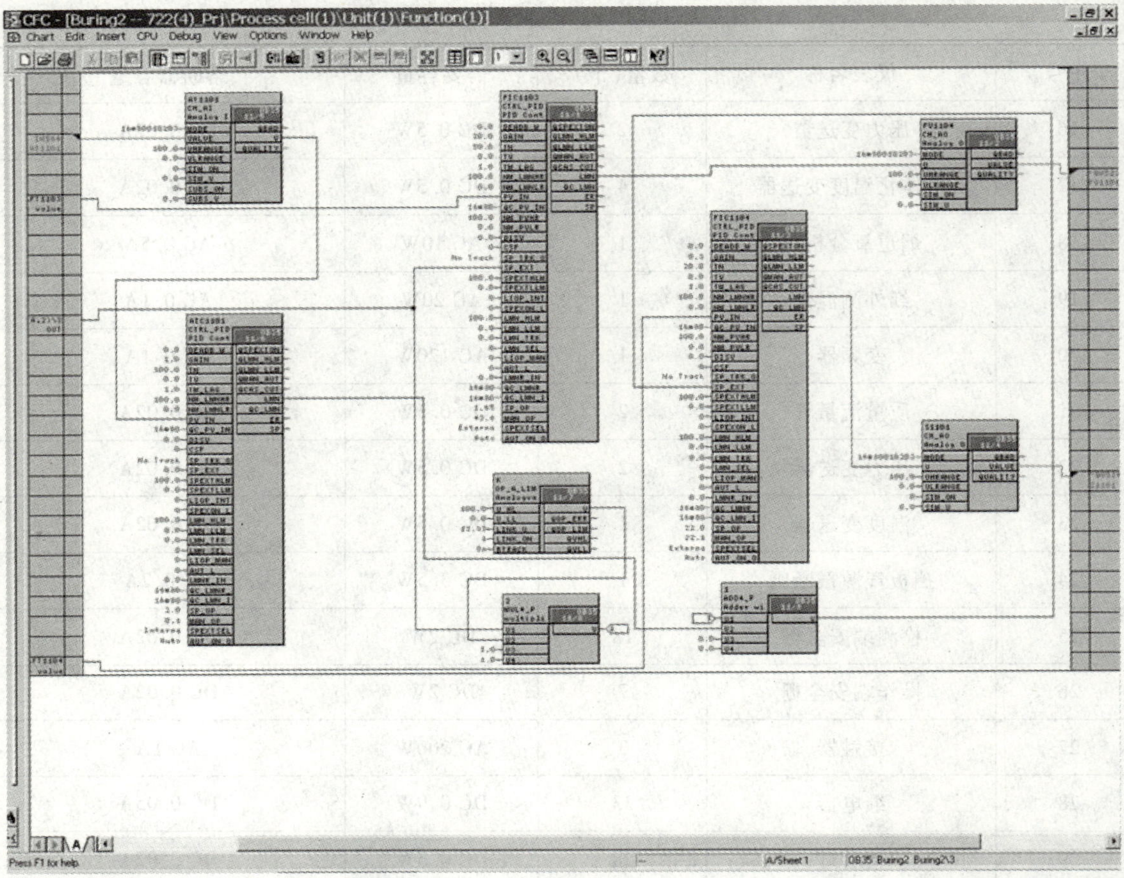

图 6-25　燃料量－空气量逻辑动态比值控制 CFC

附录1　西门子杯大赛简介

一、关于西门子杯全国大学生控制大赛

2005 年,在西门子全球教育合作项目 SCE 的资助下,我们十多位国内自动化专业的教师参加了德国 FHTE 大学开设的可编程控制器的课程。给我们授课的 Wiedmann、Kayser、Geis 三位教授使我们切身感受到了德国优秀自动化工程师严谨的工作态度和深厚的工程文化。他们向我们展示的对系统分析的狂热偏执、对完美的不懈追求以及在控制器编程方法与思路上的严密逻辑,给了我们极大的震撼。正是源于这种震撼,使我们充分认识到了中外工程师之间真正的差距不在于技术,而在于理念、文化、思路与方法等层面。也正是这种震撼,使我们后来能够与西门子(中国)公司及各位志同道合的老师共同推进卓越工程人才培养的探索,包括全国大学生控制仿真挑战赛的发起也正是源于此。

本书起源于这几年来所举办的西门子杯全国大学生控制大赛的过程与体验。自 2006 年创办赛事以来,四年间共有数百支来自全国各个高校的参赛学生队伍。在大赛的组织过程中,我们深刻感受到在校学生在参加工程项目过程中,缺乏严谨的工程理念与方法,系统分析和设计能力薄弱,复杂问题的解决方法和思路也比较欠缺。有感于此,特地组织了相关专家和工程师撰写了本书。我们希望通过这本书,一方面能够对参赛的学生了解工程项目如何开展给予一些指导,另一方面也是想对在校自动化专业的学生们在向工程师成长的道路上给予一些帮助。

二、赛事起源

1. 2005 开始,西门子(中国)公司自动化及驱动事业集团教育合作项目(SCE)向全国 ASEA 注册工程师认证办公室捐赠总价值超过 1 000 万元的控制工程设备,用于工程人才的培训与认证。同时,西门子开始与全国部分高校的教师接触,共同探讨在中国如何进行高水平工程人才的培养。

2. 2006 年,在中国系统仿真学会的领导下,由西门子公司与北京化工大学共同发起创办了西门子杯全国大学生控制仿真挑战赛,开创了基于一个完整的工程项目为背景的比赛风格。当年在北京化工大学举办了第一届西门子杯全国大学生控制仿真挑战赛。时任教育部副部长吴启迪亲临开幕式致辞。比赛得到了国内十多位自动化领域的大师们的关注与支持,正是老一代自动化领域的前辈们对下一代年轻工程师成长的关心,使得大赛的规模与质量日益提高。

3. 2007 年,第二届西门子杯全国大学生控制仿真挑战赛仍在北京化工大学举行,参赛队伍增加了一倍,涉及省份达到二十多个省市。自此,大赛逐步形成中国系统仿真学会与西门子公司共同主办,中国自动化学会协办,北京化工大学提供技术支持协办的运行模式。鉴于生产安全事故不断引起社会的关注,为了让参赛学生牢固地形成安全生产的意识,本届大赛开始将"安全"

列入了竞赛主题,并在随后的几届大赛中一直保持该主题。

4. 2008年,第三届西门子杯大赛在华东理工大学举行,“节能”列为大赛的新一项主题。吴启迪副部长再次到场,参加了闭幕仪式。同年,来自西安交通大学、哈尔滨工业大学、厦门大学、南京理工大学、北京理工大学、北京化工大学、深圳职业技术学院等多名热心教师,以及来自西门子工程公司的多位资深工程师在SCE的赞助下齐聚厦门大学,组成了工程人才培养的草根专家组,就工程师培养目标等问题开始了民间的探讨。四天的会议,最后提出了以能力模型为导向的卓越工程师培养体系,对卓越工程人才培养的目标逐步清晰。同时,为了更好地适应大赛的发展,落实卓越工程人才培养的具体理念,西门子与北京化工大学联合启动了大赛新一代通用型工程实践设备的研发。研发过程同时得到了国内兄弟院校以及包括上海自动化仪表股份有限公司在内的自动化及仪表龙头企业的支持。

5. 2009年,第四届西门子杯大赛在美丽的江南大学举行,“减排”也列入大赛的主题之一。吴启迪副部长第三次来到比赛现场,表达了领导人对年青一代工程师成长的殷切关注。在比赛期间,同时召开了参赛教师的教学研讨会和草根专家组的第二次集中讨论。在会议中,逐步将自动化工程人才的能力模型从过程控制扩展到制造业离散控制。

6. 2010年,第五届西门子大赛在上海应用技术学院举行,“低碳”成为本届大赛的主题。同时,教育部高等教育自动化专业教育指导专家委员会成为大赛的新的主办方,标志着大赛已经获得了官方的认可。

7. 通过五届大赛的组织工作,我们与大批兄弟院校的教师不断分析和讨论工程人才培养的诸多问题,慢慢形成了对工程人才培养的核心理念。同时,我们也逐渐将大赛不仅仅定位于一场学生之间的交流和选拔的活动,更是针对工程人才的一次培养过程。这已经成为大赛的核心价值与根本理念。

三、比赛形式

“西门子杯”全国大学生控制仿真挑战赛是面向大学生的创新性科技活动,旨在贯彻落实教育部关于教学改革精神促进大学生工程实践水平的全面提高,激发广大大学生学习工程技术的兴趣;鼓励成绩优秀的大学生开展此项活动,有助于高等学校实施素质教育,培养大学生的创新能力、协作精神和理论联系实际的学风。

“西门子杯”全国大学生控制仿真挑战赛是由中国系统仿真学会、西门子(中国)有限公司工业领域工业自动化与驱动技术集团主办,中国自动化学会、北京化工大学等单位协办的控制领域的创新型竞赛。大赛通过仿真技术构建中等复杂的被控对象作为一项虚拟的工程项目,在大约半年时间内将参赛学生置身于一次完整的自动化工程项目实践当中,要求学生完整地参与到工程项目的分析、设计、投标、实施、调试和维护等各个阶段,从而将所学基础知识与技能进行系统地融合。在项目开展过程中,不仅掌握相关的工程方法与技能,更重要的是要去转变思维理念,养成严谨的工作态度,培养合格工程师所应具有的优良素质。

比赛的阶段大致分为初赛与决赛两部分。初赛阶段类似于项目招投标阶段。由大赛组委会扮演甲方，给出工艺流程图、工艺说明和一些粗略的控制要求。各参赛队伍扮演乙方，在充分的需求分析基础上，通过对工艺机理的分析判断被控对象的特性，从而选择控制策略，设计控制方案。参赛队所提交的初赛方案应与工程标书的技术方案类似，需要参赛学生充分考虑项目过程中所涉及的各种问题，在保证甲方利益和力求项目可行的前提下，平衡技术与商务的关系。教师在对学生进行指导时，也应当以置身于工程项目的方式来进行。凡是能让甲方或业主满意的东西都应当反映在方案中。为了要让学生切实体会做实验与做实际工程的不同，我们特别强调方案的完整性和成熟度。要求学生在方案设计中必须要在充分的系统分析基础上再做设计。设计的内容要尽可能地全面，所产生的方案也要尽可能成熟。最后，初赛所提交的所有方案由大赛组委会组织专家进行评审，根据方案的可行性、完整性、成熟度等指标选出一定数量的中标方案，作为进入决赛的入围名单。

决赛阶段（即西门子创新夏令营）类似于现场项目施工过程。所有进入决赛的参赛队伍将以工程承包商的身份进入现场，通过硬件接口（4 ~ 20mA、Profibus DP、OPC 等）从被控对象装置上获取实时数据。在为期约一周的时间内，组委会将安排一定时间给各参赛队了解被控对象的实际特性，从而调整原先的控制方案。同时，我们还将邀请国内知名的专家，包括来自企业的专家和高校的专家共同给学生进行指导和评判。参赛队伍不仅要在仿真装置上完成大赛规定的控制要求，还要接受专家现场提出的各种苛刻要求。最后，专家组将综合每个参赛方案各个环节的得分决出名次。

大赛的目的不在于鼓励各个高校间为了名次进行较量，事实上我们极力反对这一点。组织这项赛事的根本目的是为在校学生探索一条工程人才培养的新路。通过几个月的比赛，将一批优秀的学生置身于一项复杂的工程项目任务中，通过工程项目来获取相应的技能和先进的理念是我们最愿意看到的。

四、赛事风采

附图 1-1　专家教授与参赛选手

附图 1-2　赛事开幕式

附图 1-3　西门子公司外国专家与参赛选手

附图 1-4　参赛选手比赛中

五、致谢

特别要感谢教育部原副部长吴启迪教授，吴教授曾三次亲临大赛现场，给予我们极大的鼓励和支持。感谢教育部国际合作与交流司欧洲处处长席茹女士和高等教育司理工处处长李茂国先生为大赛的推广和教育部认可一事奔走联络，并提供了切实的指导和帮助。同时，我们要感谢教育部高等学校自动化专业教学指导分委员会、中国系统仿真学会、中国自动化学会、国家 ASEA 注册工程师认证办公室、北京化工大学、华东理工大学、江南大学、上海应用技术学院等主办、承办和协办单位的各位领导和同仁们。

要感谢长期以来的合作伙伴——西门子公司。拥有 160 余年历史的西门子公司，是一家值得尊敬的企业，其强烈的社会责任感以及对教育的关注已经超出了我们对传统企业的定义。要特别感谢西门子公司教育项目的杨大汉先生、元娜女士。他们作为大赛的最初发起人，一直全身心贡献着卓越的才智与思想。在与他们亲密无间的合作中，我本人也得到了非常大的启发和提升。范骏、韩永刚、庄学君、谢非、唐进、骆燕、丁善仕等一批优秀的工程师给大赛非常大的技术支持，一并在此感谢！

北京化工大学作为大赛的发起单位之一，承担了第一、二届大赛的具体组织和承办工作。仿真中心主任吴重光教授亲自设计，并与我一起开发了大赛最初的比赛设备，促成了与西门子 SCE 在教育领域的合作。北京化工大学原副校长郭广生教授(现北京市教委副主任)、副校长付志峰教授、北京化工大学信息科学与学院的朱群雄教授、何苏勤教授等领导给大赛的发起和组织给予了巨大支持。学院办公室主任王琪等老师承担了两次大赛的具体组织工作。作为中国系统仿真学会教育与科普工作委员会的副理事长单位和全国工程教育专业认证委员会秘书处单位，北京化工大学对大赛核心思想与价值予以不断地抽提与凝练，逐渐形成一套系统的工程教育理念，为保持大赛旺盛生命力提供了重要保证。

中国系统仿真学会在大赛的全国推广和壮大过程中起到了关键性的作用。从第三届开始，大赛的组织工作由学会办公室亲自负责。学会理事长李伯虎院士、副理事长肖田元教授、陈宗基教授、吴重光教授、费敏锐教授和秘书长吴云洁教授给予了大赛大力的支持，并直接领导了部分具体工作。学会办公室张平、赵罡、刘诗璇等老师承担了大量具体且烦琐的大赛组织工作。作为国家一级学会的中国系统仿真学会，严谨、务实、融洽的学术氛围为大赛注入了优秀的精神元素。没有中国系统仿真学会上下领导的努力，大赛不可能在这么短的时间内得到大力发展。

还要感谢在大赛组织和巡回过程中给予我们大力支持的西安交通大学、同济大学、东北大学、重庆大学、南京理工大学、华中科技大学、华南理工大学、哈尔滨工程大学、广东工业大学、天津科技大学、郑州轻工业学院、上海应用技术学院等单位。

本书所提及的工程师能力模型是在西门子公司发起组织的工程人才培养讨论中由多位老师和工程师共同形成的，他们是厦门大学的林育兹老师、南京理工大学的姜建芳老师、哈尔滨工业大学的陈宏均老师、北京理工大学的叶勤老师、深圳职业技术学院的龚崇权老师等。该能力模型也得到了本书作者北京化工大学的孙洪程老师和马昕老师的建议，一并感谢！

最让我们觉得感动的，是一直活跃在中国自动化和仿真领域的专家前辈们。他们牺牲了假期的休息时间，推掉了其他社会活动，积极地来担当大赛评委，为的就是能够让下一代年轻的自动化工程师能够尽快成长起来。也正是他们的这种关怀与精神，一直鼓励着我们继续这项有意义的工作。这些专家前辈包括：孙柏林将军、金以慧教授、王树青教授、邵惠鹤教授、俞金寿教授、萧德云教授、王雄教授、吴惕华教授、龚至豪教授、吴连伟教授、吴重光教授、潘立登教授、曹柳林教授、顾幸生教授、周坚刚教授等。清华大学的萧德云教授甚至带病长途奔走为大赛担当评委。没有这些国家级的专家为大赛奔波和义务工作，就不可能有大赛的今天。他们热心公益的精神和对人才培养的关心值得我们这一代人努力学习。

本书的创意，受到了南京理工大学姜建芳老师多年工程实践形成的设计风格的启发，特此感谢！同时，感谢多年来支持我们的各兄弟院校的教师，许多人给我们的工作提供了非常具有建设性的建议和批评。正是你们的奉献和工作，才使得我们参赛的学生得到了一次全面的锻炼。

卓越工程师培养事业方兴未艾，让我们共同努力为国家培养更多优秀的工程师，完成中华民族的伟大复兴。

对为西门子大赛多年以来默默工作和奉献的人们再次表示感谢！

工程师改变了世界！

Engineers Shaped Our World!

张贝克

2010 年 4 月 2 日于北京化工大学

附录2　设计文件目录

采用常规仪表的工程设计文件有37个设计文件。具体文件目录为：

(1）设计文件目录；

(2）仪表设计规定；

(3）仪表技术说明书；

(4）仪表施工安装要求；

(5）仪表索引；

(6）仪表数据表；

(7）报警联锁设定值表；

(8）电缆表；

(9）管缆表；

(10）铭牌表；

(11）仪表伴热绝热表；

(12）仪表空气分配器表；

(13）仪表安装材料表；

(14）控制室内电缆表；

(15）电缆分盘表；

(16）联锁系统逻辑图；

(17）顺序控制系统时序图；

(18）继电器联锁原理图；

(19）仪表回路图；

(20）控制室布置图；

(21）仪表盘布置图；

(22）闪光报警器灯屏布置图；

(23）半模拟盘流程图；

(24）继电器箱布置图；

(25）端子配线图；

(26）半模拟盘接线图；

(27）仪表供电系统图；

(28）供电箱接线图；

(29）仪表穿板接头图；

(30) 控制室电缆(管缆)布置图;
(31) 仪表位置图;
(32) 仪表电缆桥架布置总图;
(33) 仪表电缆(管缆)及桥架布置图;
(34) 现场仪表配线图;
(35) 仪表空气管道平面图(或系统图);
(36) 仪表接地系统图;
(37) 仪表安装图。

采用 DCS 的工程项目,设计文件的组成如下:

(1) 设计文件目录;
(2) DCS 技术规格书;
(3) DCS - I/O 表;
(4) 联锁系统逻辑图;
(5) 仪表回路图;
(6) 控制室布置图;
(7) 端子配线图;
(8) 控制室电缆布置图;
(9) 仪表接地系统图;
(10) DCS 监控数据表;
(11) DCS 系统配置图;
(12) 端子(安全栅)柜布置图。

附录3　自控专业工程设计用标准及规范

1. 行业法规及管理规定

1.1 化工厂初步设计内容深度规定[(88)化基设字第251号]

1.2 化工厂初步设计内容深度规定中有关内容更改的补充[(92)化基发字第695号]

1.3 自控专业施工图设计内容深度规定(HG 20506)

1.4 化工装置自控工程设计规定(HG/T 20636—20639)

1.4.1 自控专业设计管理规定(HG/T 20636)

① 自控专业的职责范围(HG/T 20636.1)

②自控专业与工艺、系统专业的设计条件关系(HG/T 20636.2)

③ 自控专业与管道专业的设计分工(HG/T 20636.3)

④ 自控专业与电气专业的设计分工(HG/T 20636.4)

⑤ 自控专业与电信、机泵及安全(消防)专业的设计分工(HG/T 20636.5)

⑥ 自控专业工程设计的任务(HG/T 20636.6)

⑦ 自控专业工程设计的程序(HG/T 20636.7)

⑧ 自控专业工程设计质量保证程序(HG/T 20636.8)

⑨ 自控专业工程设计文件校审提要(HG/T 20636.9)

⑩ 自控专业工程设计文件的控制程序(HG/T 20636.10)

1.4.2 自控专业工程设计文件的编制规定(HG/T 20637)

① 自控专业工程设计文件的组成和编制(HG/T 20637.1)

②自控专业工程设计用图形符号和文字代号(HG/T 20637.2)

③ 仪表设计规定的编制(HG/T 20637.3)

④ 仪表施工安装要求的编制(HG/T 20637.4)

⑤ 仪表请购单的编制(HG/T 20637.5)

⑥ 仪表技术说明书的编制(HG/T 20637.6)

⑦ 仪表安装材料的统计(HG/T 20637.7)

⑧ 仪表辅助设备及电缆、管缆的编号(HG/T 20637.8)

1.4.3 自控专业工程设计文件的深度规定(HG/T 20638)

1.4.4 自控专业工程设计用典型图表及标准目录(HG/T 20639)

① 自控专业工程设计用典型表格(HG/T 20639.1)

② 自控专业工程设计用典型条件表(HG/T 20639.2)

③ 自控专业工程设计用标准目录(HG/T 20639.3)

1.5 化工装置工艺系统工程设计规定(HG 20557—20559)

1.5.1 工艺系统设计管理规定(HG 20557)

1.5.2 工艺系统设计文件内容的规定(HG 20558)

1.5.3 管道仪表流程图设计规定(HG 20559)

1.6 石油化工装置基础设计(初步设计)内容规定(SHSG－033)

1.7 石油化工自控专业工程设计施工图深度导则(SHB－Z01)

2. 图形符号

2.1 过程检测和控制流程图用图形符号和文字代号(GB 2625)

2.2 过程检测和控制系统用文字代号和图形符号(HG 20505)

2.3 Instrumentation Symbols and Identification 仪表符号和标志[SHB－Z02 (等同于 ISA S5.1)]

2.4 Binary Logic Diagrams for Process Operations 用于过程操作的二进制逻辑图[SHB－Z03 (等同于 ISA S5.2)]

2.5 Graphic Symbols for Distributed Control/Shared Display Instrumentation, Logic and Computer Systems 分散控制/共用显示仪表、逻辑和计算机系统用图形符号[SHB－Z04 (等同于 ISA S5.3)]

2.6 Instrument Loop Diagrams 仪表回路图图形[SHB－Z05 (等同于 ISA S5.4)]

2.7 Graphic Symbols for Process Displays (ISA S5.5) 过程显示图形符号

2.8 分散型控制系统硬件设备的图形符号(JB/T5539)

2.9 Process Measurement Control Function and Instrumentation－Symbolic Representation (ISO 3511)过程测量控制功能及仪表符号说明

2.10 Recommended Graphical Symbols Part 15: Binary Logic Elements (IEC 117－15)推荐的图形符号:二进制逻辑元件

2.11 Graphic Symbols for Logic Diagrams (two state devices) (ANSI Y32.14)逻辑图用图形符号(二状态元件)

2.12 Symbolic Representation for Process Measurement Control Functions and Instrumentation (BS 1646)过程测量控制功能及仪表用符号说明

2.13 Bildzeichen fü r messen, steuern, regeln: Allgemeine bildzeichen. 自控图例:一般图形(DIN 19228)

2.14 仪表符号 (JIS Z8204)

3. 工程设计规范

3.1 计算站场地技术要求(GB 2887)

3.2 计算机机房用活动地板技术条件(GB 6650)

3.3 城乡燃气设计规范(GB 50028)

3.4 氧气站设计规范(GB 50030)

3.5 乙炔站设计规范(GB 50031)
3.6 工业企业照明设计标准(GB 50034)
3.7 锅炉房设计规范(GB 50041)
3.8 小型火力发电厂设计规范(GB 50049)
3.9 电子计算机机房设计规定(GB 50174)
3.10 氢气站设计规范(GB 50177)
3.11 压缩空气站设计规范(GBJ 29)
3.12 冷库设计规范(GBJ 72)
3.13 洁净厂房设计规范(GBJ 73)
3.14 石油库设计规范(GBJ 74)
3.15 工业用软水除盐设计规范(GBJ 109)
3.16 工业电视系统工程设计规范(GBJ 115)
3.17 化工厂控制室建筑设计规范(HG 20556)
3.18 石油化工储运系统罐区设计规范(SH3007)
3.19 炼油厂燃料油燃气锅炉房设计技术规定(SHJ 1026)
3.20 加油站建设规定(SHQ1)
4. 自动化仪表
4.1 工业自动化仪表电源、电压(GB 3368)
4.2 不间断电源设备(GB 7260)
4.3 工业自动化仪表用模拟气动信号(GB 777)
4.4 工业自动化仪表用模拟直流电流信号(GB 3369)
4.5 工业过程测量和控制系统用电动和气动模拟记录仪和指示仪性能测定方法(GB 3386)
4.6 工业过程测量和控制用检测仪表和显示仪表精度等级(GB/T 13283)
4.7 工业自动化仪表用气源压力范围和质量(GB 4830)

附录4　关于反馈、控制器正反作用和执行器安全位置

1. 关于反馈

反馈的定义是：将系统输出的一部分反送到系统的输入，具有这样的系统叫做反馈系统。如果反馈回来的信号削弱了输入作用则叫做负反馈，如果反馈回来的信号增强了系统的输入作用则叫作正反馈。

关于正反馈与负反馈，不同的专业有不同的理解。一种理解是只要具有输出的一部分反送到系统的输入的系统结构就是反馈系统，至于是正反馈还是负反馈，要看信号在回路中传递时的相移情况，如果正好移动了 -180°则为负反馈，如果相移为 0 或者 -360°则为正反馈。电子学、电路中多采用这种定义。另一种系统学科、控制学科中的观点是，系统反馈是预先决定好的，构造成正反馈即为正反馈系统，构造成负反馈则为负反馈系统。如系统已经构造成为负反馈，如果信号在回路中传递相移了 -180°，则系统就变为正反馈系统了。系统稳定性分析中正是采用了这种观点，例如系统稳定频率特性分析就是如此。

2. 关于控制器正反作用

一个环节的正反作用是：当其输入增加输出增加，则该环节为正作用环节；当其输入增加输出减小，则该环节为反作用环节。不同专业看待控制器的正反作用是不同的，主要是因为出发点是不一样的。

(1) 仪表专业定义

附图 4-1 是控制器的原理图：

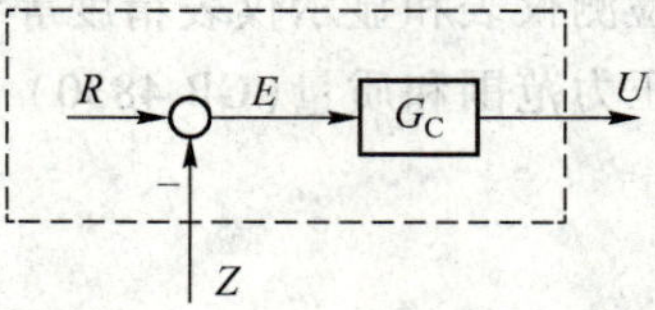

附图 4-1

图中 U 为控制器输出，Z 为控制器的测量输入，R 为控制器内部的给定。对于这个环节，Z 为输入信号 U 为输出信号，而 R 为控制器内部的设定信号，所以当 Z 增加 U 增加，则控制器为正作用控制器。这种定义意味着其偏差定义是 $E=Z-R$，即 Z 增加则 E 增加，正作用控制器的输出也增加。同样道理，如果增加控制器内部的给定设定导致偏差增加，导致控制器输出增加，也能推断出控制器是正作用控制器。

(2) 系统专业定义

附图 4-2 是一个单回路控制系统方块图：

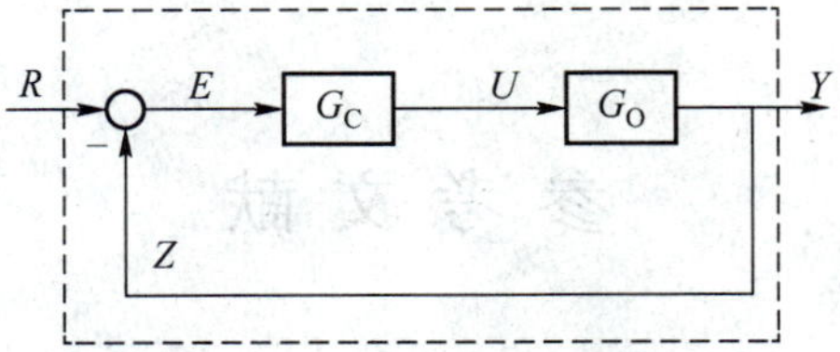

附图 4-2

图中 Y 为控制系统输出，R 为控制系统输入，Z 为控制系统内部的反馈。对于这个环节，R 为输入信号 Y 为输出信号，而 Z 为控制器内部的反馈信号，所以当 R 增加 Y 增加，则控制系统为正作用控制系统。这种定义意味着其偏差定义是 $E=R-Z$，即 R 增加则 E 增加，正作用控制系统的输出也增加。同样道理，如果控制系统内部反馈信号 Z 增加而系统给定不变 R（即控制器测量输入增加），则控制系统输出 Y 最终还会稳定在 R 上。

上面两种偏差的定义是基于不同学科的定义。系统分析时采用系统偏差定义，确定控制器正反作用时采用仪表偏差定义。

（3）关于 DCS 等控制器的正反作用

由于 DCS、FCS、PLC、IPC 等基于计算机的控制工具的大量采用，基于计算的“虚拟”控制器大量出现，现在业内也大量地采用系统偏差定义作为控制器正反作用判定依据。此时需要注意这两种正反作用相差一个负号。

3. 关于执行器安全位置

执行器是控制系统的执行机构，考虑到系统故障时，执行器失去信号的时候，此时执行器所处的位置应当是安全的。这是确定执行器安全位置的安全原则。这里的“安全”是分层次的，首先应当是确保人身安全，其次是设备安全，然后是环境安全，再其次是生产安全。具体确定安全条件的时候可能是这诸多因素的综合。如果这些安全因素还不能确定执行器安全位置，则需要考虑节能、节约原材料。这是确定执行器的节约原则。

过程工业中常常采用控制阀，控制阀大致分为气动和电动两类。由于石油、化工、石化、天然气等工业现场常常是危险区域，所以气动控制阀采用的最多。气动控制阀和电动控制阀由阀体可执行机构两部分组成，阀体又可分为正作用与反作用两种，执行器部分也分为正作用与反作用两种，所以控制阀有四种组合结果。从整体特性来说，需要确定在其失去信号之后的位置。对于气动控制阀来说，失去信号之后的位置有四类，即失去信号时完全打开、失去信号时完全关闭、失去信号时保持阀门位置、失去信号时保持阀门位置不定。工程上分别用 FO（Fault Open）、FC（Fault Close）、FL（Fault Lock）、FI（Fault Infinitive）表示。对于前两种，教科书上用 A. C（Air Close）表示气闭，即作用在控制阀上的气压信号增加阀门开度减小，等效于 FO。用 A. O（Air Open）表示气开，即作用在控制阀上的气压信号增加阀门开度增加，等效于 FC。对应于电动控制阀，则有电开和电关之分。

参考文献

[1] 陆德民．石油化工自动控制设计手册．第三版．北京:化学工业出版社,2000 年．
[2] 秦起佑．工业自动化仪表手册．北京:机械工业出版社,1995 年．
[3] 周春晖．过程控制工程手册．北京:化学工业出版社,1993 年．
[4] 孙洪程,翁维勤．过程控制系统工程设计．北京:化学工业出版社,2001 年．
[5] 艾伦 L. 谢尔德拉克．电气工程手册．孙洪程,马欣等译．北京:化学工业出版社,2006 年．
[6] 张修正．化工厂电气手册．北京:化学工业出版社,1994 年．
[7] 翁维勤,周庆海．过程控制系统及工程．北京:化学工业出版社,1996 年．
[8] 李洪亮,曹志清．中国化工装备产品手册．北京:化学工业出版社,2001 年．
[9] 孙洪程,魏杰．过程自动检测与控制技术．北京:化学工业出版社,2007 年．
[10] 廖常初．西门子人机界面(触摸屏)组态与应用技术．北京:机械工业出版社,2007 年．
[11] 柴瑞娟,陈海霞．西门子 PLC 编程技术及工程应用．北京:机械工业出版社,2006 年．
[12] 张达英．分析仪器．第二版．重庆:重庆大学出版社,1995 年．
[13] 中国化工勘察设计协会．过程测量和控制仪表的功能标志及图形符号(HG/T 20505—2000)．北京:全国化工工程建设标准编辑中心,2000 年．
[14] 化学工业部自控设计技术中心站．自控专业施工图设计内容深度规定(HG 20506—92)．北京:全国化工工程建设标准编辑中心,1992 年．
[15] 中国化工勘察设计协会．自动化仪表选型设计规定(HG/T 20507—2000)．北京:化工工程建设标准编辑中心,2000 年．
[16] 中国化工勘察设计协会．控制室设计规定(HG/T 20508—2000)．北京:全国化工工程建设标准编辑中心,2000 年．
[17] 中国化工勘察设计协会．仪表供电设计规定(HG/T 20509—2000)．北京:全国化工工程建设标准编辑中心,2000 年．
[18] 中国化工勘察设计协会．仪表供气设计规定(HG/T 20510—2000)．北京:全国化工工程建设标准编辑中心,2000 年．
[19] 中国化工勘察设计协会．信号报警、安全联锁系统设计规定(HG/T 20511—2000)．北京:全国化工工程建设标准编辑中心,2000 年．
[20] 中国化工勘察设计协会．仪表配管配线设计规定(HG/T 20512—2000)．北京:全国化工工程建设标准编辑中心,2000 年．
[21] 中国化工勘察设计协会．仪表系统接地设计规定(HG/T 20513—2000)．北京:全国化工

工程建设标准编辑中心,2000年.
[22] 中国化工勘察设计协会.仪表及管线伴热和绝热保温设计规定(HG/T 20514—2000).北京:全国化工工程建设标准编辑中心,2000年.
[23] 中国化工勘察设计协会.仪表隔离和吹洗设计规定(HG/T 20515—2000).北京:全国化工工程建设标准编辑中心,2000年.
[24] 中国化工勘察设计协会.自动分析室设计规定(HG/T 20516—2000).北京:全国化工工程建设标准编辑中心,2000年.
[25] 中国化工勘察设计协会.自控设计常用名词术语(HG/T 20699—2000).北京:全国化工工程建设标准编辑中心,2000年.
[26] 中国化工勘察设计协会.可编程控制器系统工程设计规定(HG/T 20700—2000).北京:全国化工工程建设标准编辑中心,2000年.
[27] 中国化工勘察设计协会.化工装置自控工程设计规定(上、下)(HG/T 20636~20639—1998).北京:全国化工工程建设标准编辑中心,1998年.
[28] 中国石化工程建设公司.石油化工安全仪表系统设计规定(SH/T 3018—2003).北京:中国石化集团公司工程建设标准发行站,2003年.
[29] 中国石化工程建设公司.石油化工仪表接地设计规定(SH/T 3081—2003).北京:中国石化集团公司工程建设标准发行站,2003年.
[30] 化学工业部自控设计技术中心站.分散型控制系统工程设计规定(HG 20573—95).北京:中国石化集团公司工程建设标准发行站,1995年.
[31] 刘艳.基于PCS7的间歇反应控制系统设计.北京:北京化工大学,2008年.